La conquista social de la Tierra

La conquista social de la Tierra

¿De dónde venimos? ¿Qué somos? ¿Adónde vamos?

EDWARD O. WILSON

**Traducción de
Joandomènec Ros**

Papel certificado por el Forest Stewardship Council®

MIXTO
Papel | Apoyando la
silvicultura responsable
FSC® C117695

Penguin
Random House
Grupo Editorial

Título original: *The Social Conquest of Earth*

Primera edición con esta presentación: junio de 2024

© 2012, Edward O. Wilson
© 2012, 2024, Penguin Random House Grupo Editorial, S. A. U.
Travessera de Gràcia, 47-49. 08021 Barcelona
© 2012, Joandomènec Ros i Aragonès, por la traducción

Printed in Spain – Impreso en España

ISBN: 978-84-10214-00-2
Depósito legal: B-7864-2024

Impreso en Impreso en Liber Digital, S.L.
Casarrubuelos (Madrid)

C 2 1 4 0 0 2

Índice

Prólogo   11

I

¿POR QUÉ EXISTE LA VIDA SOCIAL AVANZADA?

1. La condición humana   19

II

¿DE DÓNDE VENIMOS?

2. Los dos caminos a la conquista   27
3. La aproximación   37
4. La llegada   50
5. Atravesando el laberinto evolutivo   64
6. Las fuerzas creativas   68
7. El tribalismo es un rasgo humano fundamental   77
8. La guerra es la maldición hereditaria de la humanidad . .   82
9. La salida   98
10. La explosión creativa   107
11. La carrera a la civilización   121

III

CÓMO LOS INSECTOS SOCIALES CONQUISTARON EL MUNDO DE LOS INVERTEBRADOS

12. La invención de la eusocialidad 133
13. Invenciones que hicieron progresar a los insectos sociales   145

IV

LAS FUERZAS DE LA EVOLUCIÓN SOCIAL

14. El dilema científico de la rareza 161
15. Explicación del altruismo y la eusocialidad de los insectos   168
16. Los insectos dan el gran salto 178
17. De qué manera la selección natural crea instintos sociales   189
18. Las fuerzas de la evolución social 198
19. El surgimiento de una nueva teoría de la eusocialidad . .   217

V

¿QUÉ SOMOS?

20. ¿Qué es la naturaleza humana? 225
21. Cómo evolucionó la cultura 248
22. Los orígenes del lenguaje 262
23. La evolución de la variación cultural 275
24. Los orígenes de la moralidad y del honor 281
25. Los orígenes de la religión 297
26. Los orígenes de las artes creativas 311

VI

¿Adónde vamos?

27. Una nueva Ilustración   333

Agradecimientos   349
Referencias   351
Índice analítico   379

Prólogo

No hay grial más escurridizo o precioso en la vida de la mente que la clave para comprender la condición humana. Siempre ha sido costumbre de quienes lo buscan explorar el laberinto del mito: para la religión, los mitos de la creación y los sueños de los profetas; para los filósofos, las nuevas percepciones de la introspección y el razonamiento basados en ellos; para las artes creativas, las afirmaciones basadas en un juego de los sentidos.

El gran arte visual en particular es la expresión del viaje de una persona, una evocación de sentimientos que no puede expresarse en palabras. Quizá en lo que hasta la fecha está oculto se halla un significado más profundo, más esencial. Paul Gauguin, cazador de secretos y famoso Hacedor de Mitos (como se le ha llamado), hizo ese intento. Su relato es un telón de fondo valioso para la respuesta moderna que se ofrecerá en la presente obra.

A finales de 1897, en Punaauia, a cinco kilómetros del puerto tahitiano de Papeete, Gauguin se sentaba para plasmar en un lienzo su pintura mayor y más importante. Estaba débil por la sífilis y una serie de ataques cardíacos que lo habían extenuado. Sus fondos casi habían desaparecido, y estaba deprimido por la noticia de que su hija Aline había muerto recientemente de neumonía en Francia.

Gauguin sabía que se le acababa el tiempo. Quería que ese cuadro fuera el último. De manera que, cuando lo terminó, se dirigió a las montañas situadas detrás de Papeete decidido a suicidarse. Llevaba consigo un frasco de arsénico que había guardado, quizá sin saber lo dolorosa que puede ser la muerte causada por este veneno. Pretendía

11

esconderse antes de ingerirlo, de manera que su cadáver no fuera encontrado enseguida y pudiera ser devorado por las hormigas.

Pero después se desdijo, y volvió a Punaauia. Aunque le quedaba muy poco tiempo de vida, había decidido seguir adelante. Para sobrevivir, aceptó un trabajo en Papeete, de seis francos al día, como administrativo del Ministerio de Obras Públicas e Inspecciones. En 1901 se aisló todavía más y se mudó a la pequeña isla de Hiva Oa, en el remoto archipiélago de las Marquesas. Dos años más tarde, sumido en problemas legales, Paul Gauguin murió de un ataque al corazón causado por la sífilis. Fue enterrado en el cementerio católico de Hiva Oa.

«Soy un salvaje —escribió a un magistrado pocos días antes de su muerte—. Y la gente civilizada lo sospecha, porque en mis obras no hay nada tan sorprendente ni desconcertante como este aspecto de "salvaje a pesar de mí mismo".»

Gauguin había llegado a la Polinesia Francesa, a este casi imposible fin del mundo (solo las islas Pitcairn y de Pascua son más remotas), para encontrar a la vez la paz y una nueva frontera de expresión artística. Alcanzó la segunda, si no la primera.

El viaje de cuerpo y alma de Gauguin fue único entre los grandes artistas de su época. Nacido en París en 1848, su madre medio peruana lo crió en Lima y después en Orleans. Esta mezcla étnica ya ofrecía un atisbo de lo que iba a venir. De joven se incorporó a la marina mercante francesa y viajó alrededor del mundo a lo largo de seis años. Durante ese período, en 1870-1871, fue testigo de la guerra franco-prusiana, en el Mediterráneo y en el mar del Norte. A su retorno a París prestó primero poca atención al arte, para convertirse en corredor de bolsa bajo el asesoramiento de Gustave Arosa, su adinerado tutor. Su interés por el arte lo despertó y lo mantuvo Arosa, un importante coleccionista de arte francés, entre cuyas obras figuraban las últimas del impresionismo. Cuando el mercado de valores francés se hundió en 1882 y su propio banco quebró, Gauguin se dedicó a pintar y empezó a desarrollar su considerable talento. Inspirado en el impresionismo de pintores de grandeza indudable (Pissarro, Cézanne, Van Gogh, Manet, Seurat, Degas), se esforzó para unirse a sus filas. Mientras viajaba aquí y allá, de Pontoise a Ruán, de Pont-Aven a París, creó retratos, naturalezas muertas, paisajes en una obra cada vez más fantasmagórica, que presagiaba el Gauguin que estaba por llegar.

Pero Gauguin estaba descontento con el resultado, y permaneció muy poco tiempo en compañía de sus deslumbrantes contemporáneos. No se había hecho rico y famoso con su propio esfuerzo, aunque, como declararía más tarde, sabía que era un gran artista. Anhelaba una vida más sencilla y más fácil para encontrar su destino. París, escribió en 1886, «es un desierto para un hombre pobre. [...] Me voy a Panamá para vivir la vida de un nativo. [...] Me llevaré mis pinturas y mis pinceles y me revigorizaré lejos de la compañía de los hombres».

No fue solo la pobreza lo que alejó a Gauguin de la civilización. En el fondo era un alma inquieta, un aventurero, siempre ansioso de encontrar lo que había más allá del lugar en el que vivía. En arte, por consiguiente, era un experimentalista. En sus peregrinaciones era atraído por el exotismo de las culturas no occidentales, y quería sumergirse en ellas en busca de nuevos modos de expresión visual. Pasó un tiempo en Panamá y después en la Martinica. De regreso a su hogar, solicitó un puesto en la provincia de Tonkín, en la actualidad Vietnam del Norte, que entonces era gobernada por Francia. Al no conseguirlo, se dirigió finalmente a la Polinesia Francesa, el último paraíso.

El 9 de junio de 1891, Gauguin llegó a Papeete y se sumergió en la cultura indígena. Con el tiempo se convirtió en defensor de los derechos de los nativos, y por lo tanto en un alborotador a los ojos de las autoridades coloniales. Pero mucho más importante fue que se convirtió en pionero de un nuevo estilo denominado primitivismo: plano, pastoral, a menudo de colores violentos, simple y directo, y auténtico.

No obstante, no podemos eludir la conclusión de que Gauguin buscaba algo más que ese nuevo estilo. Estaba asimismo profundamente interesado en la condición humana, en lo que era en realidad, y en cómo retratarla. Los escenarios de la Francia metropolitana, especialmente París, constituían un paisaje de mil voces que clamaban para conseguir la atención, en el que la vida intelectual y artística estaba regida por autoridades reconocidas, cada una de ellas enraizada en su propia parcela de pericia. Al sentir de Gauguin, nadie podía hacer una nueva unidad a partir de esa cacofonía.

Sin embargo, eso podría hacerse en el mundo de Tahití, muchísimo más simple, pero aun así totalmente funcional. Allí, posiblemente, se podría cortar hasta la roca madre de la condición humana. En ese aspecto, Gauguin era como Henry David Thoreau,* quien anteriormente se había retirado a su minúscula cabaña a orillas del estanque Walden, «para afrontar solo los hechos cruciales de la vida, y ver si acaso podía yo aprender aquello que esta tenía que enseñar […] para hacer un gran papel y salir airoso, para arrinconar a la vida y reducirla a sus términos más bajos».

Esta percepción la expresa mejor Gauguin en su obra de arte de tres metros y medio de ancho. Observemos atentamente sus detalles. Contiene una serie de figuras distribuidas frente a una tenue mezcla de paisajes tahitianos, montaña y mar. La mayoría de las figuras son femeninas (este es el Gauguin de Tahití). A la vez realistas y surrealistas, representan el ciclo de vida humano. El artista intenta que las veamos de derecha a izquierda. Un niño en el extremo derecho representa el nacimiento. En el centro se ha colocado un adulto de sexo ambiguo, con los brazos levantados, un símbolo de la aceptación individual de sí mismo. Junto a él, a la izquierda, una pareja que coge y come manzanas es el arquetipo de Adán y Eva, en busca del saber. Más a la izquierda, representando a la muerte, una mujer anciana se halla encorvada, apesadumbrada y desesperada (se

---

* Henry David Thoreau (1817-1862), ensayista y poeta estadounidense que abandonó su profesión de maestro para dedicarse a la contemplación y estudio de la naturaleza. Escribió numerosos textos que recogían sus observaciones, de los que el más famoso es *Walden, a Life in the Woods* (1854; hay varias traducciones al español, entre ellas *Walden, mi vida en los bosques y lagunas*, Espasa-Calpe, Buenos Aires, 1949). Es considerado uno de los primeros defensores de la naturaleza y de lo que hoy se denominaría un modo de vida sostenible, tesis que expuso en un conocido ensayo (*Excursions*, 1863). (*N. del T.*)

14

cree que fue inspirada por el grabado de 1514 *Melancolía*, de Alberto Durero).

Un ídolo de color azulado nos contempla desde el fondo de la izquierda, con los brazos levantados ritualmente, quizá benigno o quizá maligno. El propio Gauguin describió su significado con reveladora ambigüedad poética.

> El Ídolo está aquí no como una explicación literaria, sino como una estatua, quizá menos estatua que las figuras animales; menos animal también, transformándose en uno en mi sueño, frente a mi choza, con toda la naturaleza, dominando *nuestra alma primitiva*, el consuelo imaginario de nuestros sufrimientos y lo que contienen de valor y de incomprensible ante el misterio de nuestros orígenes y nuestro futuro. (La cursiva es de Gauguin.)

En el extremo superior izquierdo del lienzo escribió el famoso título: *D'où Venons Nous / Que Sommes Nous / Où Allons Nous.**
El cuadro no es una respuesta. Es una pregunta.

---

* De dónde venimos / Qué somos / Adónde vamos. *(N. del T.)*

I

¿Por qué existe la vida social avanzada?

1

La condición humana

¿De dónde venimos? ¿Qué somos? ¿Adónde vamos? Concebidos en su máxima simplicidad por Paul Gauguin en el lienzo de su obra maestra tahitiana, estos son efectivamente los problemas centrales de la religión y la filosofía. ¿Seremos capaces de resolverlos? A veces parece que no. Pero quizá podamos.

Hoy en día, la humanidad es como un soñador que despierta, atrapado entre las fantasías del sueño y el caos del mundo real. La mente busca, pero no puede encontrar el lugar y la hora precisos. Hemos creado una civilización de Guerra de las Galaxias, con emociones de la Edad de Piedra, instituciones medievales y tecnología que parece de dioses. Nos revolvemos. Nos confunde el hecho mismo de nuestra existencia, y nos ponemos en peligro a nosotros y al resto de la vida.

La religión no resolverá nunca este gran enigma. Desde los tiempos del Paleolítico, cada tribu (de las que debieron de existir miles y miles) inventó su propio mito creacionista. Durante este largo tiempo de sueño de nuestros antepasados, seres sobrenaturales hablaban a chamanes y profetas. Se identificaron de diversas maneras a los mortales: como Dios, una tribu de dioses, una familia divina, el Gran Espíritu, el Sol, fantasmas de los ancestros, serpientes supremas, híbridos de animales diversos, quimeras* de hombres y bestias, ara-

---

* Aquí y en otros lugares del texto, quimera tiene el significado de monstruo mítico con cabeza de león, vientre de cabra y cola de dragón, o el significado biológico de organismo constituido por células de dos o más genomas distintos, como resultado de la manipulación experimental, y no el de objetivo inalcanzable. *(N. del T.)*

ñas celestiales omnipotentes… cualquier cosa, todo lo que pudieran conjurar los sueños, los alucinógenos y la fértil imaginación de los líderes espirituales. Fueron modelados en parte por los ambientes de aquellos que los inventaron. En la Polinesia, los dioses separaron el cielo de la tierra y el mar, y de ahí se siguió la creación de la vida y de la humanidad. En los patriarcados del judaísmo, el cristianismo y el islamismo, que vivían en desiertos, los profetas concibieron, de forma nada sorprendente, un patriarca divino, todopoderoso, que habla a su pueblo a través de las sagradas escrituras.

Los relatos creacionistas conferían a los miembros de cada tribu una explicación de su existencia. Los hacía sentirse amados y protegidos por encima de todas las demás tribus. A cambio, sus dioses exigían creencia y obediencia absolutas. Y con toda razón. El mito creacionista era el lazo esencial que mantenía unida a la tribu. Proporcionaba a sus creyentes una identidad única, dictaba su fidelidad, reforzaba el orden, dispensaba la ley, animaba el valor y el sacrificio y ofrecía significado a los ciclos de la vida y de la muerte. Ninguna tribu podía sobrevivir mucho tiempo sin conocer el significado de su existencia a través de un relato creacionista. La opción era debilitarse, disolverse y morir. Por lo tanto, en la historia temprana de cada tribu había que afirmar el mito en piedra.

El mito creacionista es un mecanismo darwiniano de supervivencia. El conflicto tribal, en el que los creyentes de dentro se oponían a los infieles de fuera, fue la fuerza motriz principal que modeló la naturaleza biológica humana. La verdad de cada mito residía en el corazón, no en la mente racional. Por sí misma, la construcción de mitos no podría desvelar nunca el origen y el significado de la humanidad. Pero el orden inverso es posible. El descubrimiento del origen y del significado de la humanidad podría explicar el origen y el significado de los mitos, y de ahí la esencia de la religión organizada.

¿Podrán reconciliarse alguna vez estas dos concepciones del mundo? La respuesta, para decirlo de manera simple y honesta, es no. No pueden reconciliarse. Su oposición define la diferencia entre la ciencia y la religión, entre la confianza en el empirismo y la creencia en lo sobrenatural.

Si el gran enigma de la condición humana no puede resolverse recurriendo a los fundamentos míticos de la religión, tampoco lo hará a través de la introspección. La indagación racional por sí sola no tiene manera de concebir su propio proceso. La mayoría de las actividades del cerebro ni siquiera son percibidas por la mente consciente. El cerebro es una ciudadela, como dijo una vez Darwin, que no puede tomarse mediante un asalto directo.

Pensar sobre el pensamiento es el proceso nuclear de las artes creativas, pero nos dice muy poco acerca de *cómo* pensamos de la manera en que lo hacemos, y mucho menos de *por qué* se originaron las artes creativas, para empezar. La consciencia, al haber evolucionado a lo largo de millones de años de lucha a vida o muerte, y además debido a dicha lucha, no estaba diseñada para el examen de sí misma. Estaba diseñada para la supervivencia y la reproducción. El pensamiento consciente es impulsado por la emoción; en último término, y totalmente, está comprometido con el objetivo de la supervivencia y la reproducción. Las delicadas distorsiones de la mente pueden ser transmitidas por las artes creativas en detalles magníficos, pero están construidas como si la naturaleza humana no hubiera tenido nunca una historia evolutiva. Sus potentes metáforas no nos han acercado más a la resolución del enigma que los dramas y la literatura de la antigua Grecia.

Los científicos, explorando los perímetros de la ciudadela, buscan brechas potenciales en sus muros. Al haber conseguido penetrar en ella con la tecnología diseñada para este fin, ahora leen los códigos y resiguen las rutas de miles de millones de neuronas. En una generación, es probable que hayamos avanzado lo suficiente para explicar la base física de la consciencia.

Pero... cuando se haya resuelto la naturaleza de la consciencia, ¿sabremos entonces lo que somos y de dónde venimos? No, no lo sabremos. Comprender las operaciones físicas del cerebro hasta su fundamento nos acerca al grial. Sin embargo, para encontrarlo necesitamos mucho más conocimiento, acopiado tanto de la ciencia como de las humanidades. Necesitamos comprender cómo evolucionó el cerebro de la manera en que lo hizo, y por qué.

Además, nos dirigimos en vano a la filosofía en respuesta al gran enigma. A pesar de su noble objetivo y de su noble historia, la filosofía pura abandonó hace mucho tiempo las cuestiones fundamentales acerca de la existencia humana. El interrogante mismo es un destructor de reputaciones. Se ha convertido en una Gorgona para los filósofos, a cuya faz incluso los mejores pensadores temen mirar. Tienen buenas razones para su aversión. La mayor parte de la historia de la filosofía consiste en modelos de la mente que han fracasado. El campo del discurso está sembrado con las ruinas de teorías de la consciencia. Después de la caída del positivismo lógico a mediados del siglo xx, y del intento de dicho movimiento de fusionar la ciencia y la lógica en un sistema cerrado, los filósofos profesionales se dispersaron en una diáspora intelectual. Emigraron a las disciplinas más tratables que la ciencia todavía no había colonizado: la historia intelectual, la semántica, la lógica, la matemática fundacional, la ética, la teología y, de manera más lucrativa, los problemas de ajuste de la vida personal.

Los filósofos prosperan en estos diversos cometidos, pero, al menos por el momento, y mediante un proceso de eliminación, la solución del enigma se ha dejado a la ciencia. Lo que la ciencia promete, y en parte ya ha proporcionado, es lo que sigue. Existe un único relato creacionista real de la humanidad, y no es un mito. Se está descubriendo y se está comprobando, se enriquece y se refuerza, paso a paso.

Voy a proponer que los avances científicos, en especial los que se han producido durante las dos últimas décadas, son ahora suficientes para que planteemos de manera coherente las preguntas de dónde venimos y qué somos. Sin embargo, para hacerlo necesitamos respuestas a dos preguntas todavía más fundamentales que la indagación ha planteado. La primera es por qué existe la vida social avanzada, y por qué se ha dado tan rara vez en la historia de la vida. La segunda es la identidad de las fuerzas motrices que la hicieron aparecer.

Estos problemas pueden resolverse si se reúne información procedente de diversas disciplinas, desde la genética molecular, la neurociencia y la biología evolutiva a la arqueología, la ecología, la psicología social y la historia.

Para poner a prueba una teoría de un proceso tan complejo es útil sacar a la luz a estos otros conquistadores sociales de la Tierra, los insectos altamente sociales: hormigas, abejas, avispas y termes, y así lo haré. Los necesitamos para tener perspectiva a la hora de desarrollar la teoría de la evolución social. Me doy cuenta de que se me puede interpretar mal al poner a los insectos junto a las personas. ¿No teníamos ya bastante con los simios, puede decir el lector, que ahora hay que acudir a los insectos? En biología humana siempre es provechoso realizar estas yuxtaposiciones. Hay precedentes de esta comparación de los menores con los mayores. Los biólogos han estudiado con gran éxito las bacterias y las levaduras para aprender los principios de la genética molecular humana. Se han basado en los nematodos y los moluscos para descubrir la base de nuestra propia organización neural y nuestra memoria. Y las moscas del vinagre nos han enseñado muchas cosas acerca del desarrollo de los embriones humanos. No tenemos menos que aprender de los insectos sociales, en este caso para añadir antecedentes al origen y significado de la humanidad.

II

¿DE DÓNDE VENIMOS?

2

Los dos caminos a la conquista

Los seres humanos crean culturas mediante lenguajes maleables. Inventamos símbolos que se pretende que sean entendidos entre nosotros, y a partir de ahí generamos redes de comunicación muchos órdenes de magnitud mayores que las de cualquier animal. Hemos conquistado la biosfera y la hemos convertido en un erial como no ha hecho ninguna otra especie en la historia de la vida. Somos únicos en lo que hemos efectuado.

Pero no somos únicos en nuestras emociones. En ellas se podrá encontrar, como en nuestra anatomía y nuestras expresiones faciales, lo que Darwin denominó el sello indeleble de nuestro origen animal. Somos una quimera evolutiva, y vivimos a base de una inteligencia regida por las demandas del instinto animal. Esta es la razón por la que estamos desmantelando estúpidamente la biosfera y, con ella, nuestras propias perspectivas de una existencia permanente.

La humanidad es un logro magnífico pero frágil. Nuestra especie todavía es más impresionante si tenemos en cuenta que somos la culminación de una epopeya evolutiva que se desarrolló continuamente con gran peligro. La mayor parte del tiempo, nuestras poblaciones ancestrales fueron muy reducidas, de un tamaño que en el decurso de la historia de los mamíferos conllevaba una alta probabilidad de extinción temprana. Todas las partidas prehumanas tomadas en su conjunto constituían una población de, como máximo, unas pocas decenas de miles de individuos. Muy temprano, los antepasados prehumanos se escindieron en dos o más de golpe. Durante ese período, la vida media de una especie de mamífero era de solo me-

27

dio millón de años. De conformidad con dicho principio, la mayoría de los linajes colaterales prehumanos desaparecieron. El destinado a dar origen a la humanidad moderna vaciló al borde de la extinción al menos una vez, y posiblemente muchas veces, a lo largo del último medio millón de años. La epopeya podría haber terminado fácilmente en cualquiera de dichas constricciones, y desaparecer para siempre en un abrir y cerrar de ojos geológico. Podría haber ocurrido durante una fuerte sequía en la época y el lugar equivocados, o debido a una enfermedad extraña que se hubiera extendido por la población a partir de animales de las inmediaciones, o por la presión ejercida por otros primates más competitivos. Después, lo que hubiera seguido habría sido... nada. La evolución de la biosfera hubiera continuado, sin producir nunca de nuevo aquello en lo nos habíamos convertido.

Los insectos sociales, que en la actualidad dominan el ambiente de los invertebrados terrestres, hicieron su aparición evolutiva, en su mayor parte, hace más de 100 millones de años. Las estimaciones que han hecho los especialistas sitúan el origen de los termes a mediados del Triásico, es decir, hace 220 millones de años; el de las hormigas hace unos 150 millones de años, del Jurásico Tardío al Cretácico Temprano; y el de los abejorros y las abejas melíferas en el Cretácico Tardío, hace aproximadamente 70-80 millones de años. Con posterioridad, y durante el resto de la era Mesozoica, la diversidad de las especies en estas distintas líneas evolutivas aumentó en consonancia con el auge y la extensión de las plantas con flores. Aun así, hormigas y termes solo adquirieron su espectacular dominancia actual entre los invertebrados terrestres después de habitar el planeta durante un largo período de tiempo. Su potencial total se consiguió gradualmente, a base de nuevas innovaciones, y alcanzó sus niveles actuales hace entre 65 y 50 millones de años.

A medida que los enjambres de hormigas y termes se extendían por todo el mundo, otros muchos invertebrados terrestres evolucionaron con ellos y, como resultado, no solo sobrevivieron, sino que prosperaron. Plantas y animales desarrollaron mediante evolución defensas contra sus depredaciones. Muchos se especializaron para depender de hormigas, termes y abejas como alimento. Estos depredadores comprendían incluso plantas jarro, atrapamoscas y otras plantas capaces de atrapar y digerir gran número de dichos invertebrados para complementar los nutrientes que obtenían del suelo. Un amplio abanico de especies de plantas y animales formó simbiosis íntimas con los insectos sociales, a los que aceptaron como socios. Un porcentaje elevado llegó a depender totalmente de ellos para su supervivencia, en sus diversos papeles de presas, simbiontes, carroñeros, polinizadores o removedores del suelo.

En su conjunto, el ritmo de la evolución de hormigas y termes fue lo bastante lento para resultar equilibrado por la contraevolución en el resto de la vida. Como resultado, estos insectos no pudieron despedazar al resto de la biosfera terrestre por la fuerza de su número, pero se convirtieron en elementos vitales de ella. Los ecosistemas que en la actualidad dominan no solo son sostenibles, sino que dependen de ellos.

En marcado contraste, los seres humanos de la única especie *Homo sapiens* aparecieron en los últimos cientos de miles de años y solo empezaron a expandirse por el planeta en los últimos sesenta mil años. No hemos tenido tiempo para coevolucionar con el resto de la biosfera. Las demás especies no estaban preparadas para la embestida. Esta insuficiencia tuvo pronto consecuencias calamitosas para el resto de la vida.

Al principio hubo un proceso, benigno desde el punto de vista ambiental, de formación de especies en las poblaciones de nuestros antepasados inmediatos, repartidos por todo el Viejo Mundo. La mayoría de estas especies acabaron por extinguirse y, por lo tanto, en callejones genéticos sin salida: ramitas del árbol de la vida que dejaron de crecer. Un zoólogo nos diría que no hubo nada insólito en este patrón geográfico. En el archipiélago de las islas Menores de la Sonda, al este de Java, vivían los extraños y diminutos «hobbits»,*

---

* Nombre tomado de los personajes fantásticos de J. R. R. Tolkien. *(N. del T.)*

Homo floresiensis. Poseían un cerebro no mucho mayor que el de los chimpancés, pero desarrollaron utensilios líticos. Aparte de eso, conocemos muy poco de su vida. En Europa y el Levante se encontraban los neandertales, *Homo neanderthalensis*, una especie hermana de la nuestra, *Homo sapiens*. Omnívoros como nuestros antepasados, los neandertales poseían una estructura ósea voluminosa y un cerebro mayor incluso que el de los *Homo sapiens* modernos. Utilizaban utensilios de piedra toscos pero sin embargo especializados. La mayoría de sus poblaciones se adaptaron a los duros climas de la «estepa del mamut», las sabanas frías que bordeaban el glaciar continental. Con el tiempo podrían haber evolucionado hasta una forma humana moderna propia, pero se redujeron hasta la extinción sin efectuar ningún otro avance. Finalmente, completando el bestiario humano en Asia septentrional y conocida solo, mientras escribo esto, a partir de unos pocos fragmentos óseos, había otra especie, los «denisovanos», que las pruebas indican que era vicariante de los neandertales que ocupaban la tierra al este.

Ninguna de estas especies de *Homo* (y seamos generosos y llamémoslas las otras especies humanas) ha sobrevivido hasta la actualidad. Si alguna lo hubiera hecho, sería alucinante pensar en las cuestiones morales y religiosas que se hubieran planteado en la época moderna. (¿Derechos civiles para los neandertales? ¿Educación especial para los hobbits? ¿Salvación y cielo para todos?) Aunque no tenemos pruebas directas, poca duda cabe acerca de la causa de la extinción de los neandertales, que, a juzgar por los restos encontrados en Gibraltar, no fue más tarde de hace treinta mil años. Por uno u otro medio, mediante competencia por la comida o el espacio, o por matanza directa, o por ambas cosas, nuestros antepasados fueron los futuros exterminadores de esta especie y de cualquier otra que surgiera durante la radiación adaptativa de *Homo*. Aisladas en África mientras los neandertales vivían todavía, había razas arcaicas de *Homo sapiens*, cuyos descendientes estaban destinados a expandirse explosivamente fuera del continente. Poblaron el Viejo Mundo directamente hasta Australia y al final se abrieron camino más allá, hasta el Nuevo Mundo y los distantes archipiélagos de Oceanía. En el proceso, todas las demás especies humanas que encontraron se vieron desbordadas y suprimidas.

Hace solo diez mil años llegó la invención de la agricultura, que se produjo al menos ocho veces de manera independiente, tanto en el Viejo Mundo como en el Nuevo. Su adopción aumentó de forma espectacular los recursos alimentarios y, con ellos, la densidad de la población sobre la tierra. Este avance decisivo desencadenó un crecimiento demográfico exponencial y la conversión de la mayor parte del ambiente natural en ecosistemas drásticamente simplificados. Allí donde los humanos saturaban las tierras salvajes, la biodiversidad retornaba a la escasez de su período más temprano, quinientos millones de años antes. El resto del mundo vivo no podía coevolucionar lo bastante deprisa para contrarrestar la embestida violenta de un conquistador espectacular que parecía llegar de ninguna parte, y empezó a desmoronarse por la presión.

Incluso por la definición estrictamente técnica que se aplica a los animales, *Homo sapiens* es lo que los biólogos denominan «eusocial», es decir, que está constituido por miembros de grupos que contienen múltiples generaciones y que están dispuestos a realizar actos altruistas como parte de su división del trabajo. En este aspecto, son técnicamente comparables a hormigas, termes y otros insectos eusociales. Pero permítaseme añadir a continuación que existen diferencias importantes entre los humanos y los insectos incluso dejando de lado nuestra posesión única de cultura, lenguaje e inteligencia elevada. La más fundamental de ellas es que todos los miembros normales de las sociedades humanas son capaces de reproducirse y que la mayoría compiten entre sí para hacerlo. Asimismo, los grupos humanos están formados por alianzas muy flexibles, no solo entre miembros de la familia, sino entre familias, géneros, clases y tribus. Los lazos se basan en la cooperación entre individuos o grupos que se conocen unos a otros y que son capaces de distribuir propiedad y nivel social sobre una base personal.

La necesidad de una evaluación precisa por parte de los miembros de la alianza significaba que los antepasados prehumanos tuvieron que conseguir la eusocialidad de una forma radicalmente diferente a la de los insectos regidos por los instintos. La ruta hacia la eusocialidad se trazó mediante un combate entre la selección basada en el éxito relativo de los individuos dentro de los grupos y el éxito relativo entre grupos. Las estrategias de este juego se escribieron como una mezcla complicada de altruismo, cooperación, competencia, dominación, reciprocidad, defección y engaño, todos estrechamente calibrados.

Para jugar el juego a la manera humana era necesario que las poblaciones en evolución adquirieran un grado de inteligencia aún mayor. Tenían que sentir empatía hacia otros, para medir las emociones tanto de los amigos como de los enemigos, para juzgar las intenciones de todos ellos, y para planear una estrategia para las interacciones sociales personales. Como resultado, el cerebro humano se hizo de manera simultánea muy inteligente e intensamente social. Tenía que construir con rapidez situaciones mentales hipotéticas de relaciones personales, tanto a corto como a largo plazo. Sus recuerdos tenían que viajar a gran distancia en el pasado para recuperar situaciones hipotéticas pretéritas, y a gran distancia en el futuro para imaginar las consecuencias de cada relación. La amígdala y otros centros que controlan las emociones en el cerebro y en el sistema nervioso autónomo gobernaban los planes de acción alternativos.

Así nació la condición humana, egoísta en un momento, abnegada en otro, con los dos impulsos a menudo en conflicto. ¿Cómo alcanzó *Homo sapiens* este lugar único en su viaje a través del gran laberinto evolutivo? La respuesta es que nuestro destino estuvo predeterminado por dos propiedades biológicas de nuestros lejanos antepasados: gran tamaño y movilidad limitada.

En la era Mesozoica, los primeros mamíferos eran minúsculos comparados con los grandes dinosaurios que tenían alrededor. Pero entonces eran, como hoy en día siguen siendo, enormes en comparación con los insectos y con otros animales, en su mayoría invertebrados. Después de la desaparición de los dinosaurios, y mientras la Era de los Reptiles daba paso a la Era de los Mamíferos, los mamíferos proliferaron en miles de especies y ocuparon una amplia gama de nichos,* desde murciélagos en persecución aérea de insectos voladores hasta ballenas gigantescas que comen plancton mientras recorren las azules aguas de polo a polo. El murciélago más pequeño tiene el tamaño de un abejorro, y el rorcual azul, que alcanza los 24 metros de longitud y pesa hasta 120 toneladas, es el mayor animal de cualquier especie de las que han vivido en la Tierra.

Durante la radiación adaptativa de las especies de mamíferos en tierra, unas pocas superaron los diez kilogramos de peso, entre ellas los ciervos y otros animales herbívoros, junto con los grandes felinos y otros carnívoros que hacían presa en ellos. Es probable que el número de especies en todo el mundo en un momento determinado fuera de entre cinco mil y diez mil. Entre ellas aparecieron los primates del Viejo Mundo y, después, en el período Eoceno Tardío, hace aproximadamente 35 millones de años, los catarrinos más primitivos, entre ellos las especies que dieron origen a los monos del Viejo Mundo, a los simios y a los humanos actuales. Hace aproximadamente 30 millones de años, los antepasados de los monos del Viejo Mundo divergieron en su evolución de los de los simios y humanos modernos. Algunas de las especies de estos últimos que proliferaron se especializaron en el consumo de plantas; otras en el de carne obtenida mediante la caza o el carroñeo. Unas pocas comían una mezcla de ambas cosas. De una de las ramas de la radiación humana surgió el linaje prehumano temprano.

Por más razones que solo el tamaño, los prehumanos eran un tipo de candidato radicalmente nuevo para la eusocialidad. Los insectos, a partir de su origen en la primera vegetación sobre tierra durante el Devónico Temprano, hace 400 millones de años, hasta la actualidad, han estado encerrados en una armadura de caballero de exoesqueleto quitinoso. Al final de cada intervalo de crecimiento, han de crear una nueva armadura, más cara, y mudar la vieja que se encuentra sobre ella. Mientras que los músculos de los mamíferos y

---

* El nicho ecológico es una amalgama de la función que realizan los organismos y del espacio ecológico que ocupan. (N. del T.)

de otros vertebrados se encuentran en el exterior de los huesos, y tiran de la superficie externa de estos, los músculos de los insectos se hallan encerrados por su esqueleto quitinoso y han de tirar desde el interior. Por esta razón los insectos no pueden crecer hasta los tamaños que alcanzan los mamíferos. Los mayores insectos del mundo son los escarabajos goliat, africanos, con un tamaño como el de un puño humano, y los wetas, insectos parecidos a grillos de un tamaño casi igual, que evolucionaron para ocupar en Nueva Zelanda el papel ecológico de los ratones en ausencia de especies nativas en este archipiélago remoto.

De ahí se sigue que aunque las especies eusociales pueden dominar el mundo de los insectos en número de individuos, tenían que basarse en un cerebro pequeño y el mero instinto para su conquista. Además, y fundamentalmente, eran demasiado pequeños para encender fuego y controlarlo. Con independencia de cuántos eones hubieran transcurrido, nunca hubieran conseguido la eusocialidad a la manera humana.

Mientras se abrían paso a lo largo del serpenteante camino hacia la eusocialidad, los insectos tenían sin embargo una ventaja: poseían alas y podían viajar a través de la tierra mucho más lejos que los mamíferos. La diferencia se vuelve evidente cuando se ajusta a la escala. Una cuadrilla humana que se dispone a iniciar una nueva colonia puede viajar cómodamente diez kilómetros en un día para emigrar de un lugar de campamento a otro. Una reina de hormiga de fuego acabada de inseminar, para tomar un ejemplo típico de entre los miles de especies de hormigas, puede volar aproximadamente la misma distancia en unas pocas horas para iniciar una nueva colonia. Cuando se posa en tierra, rompe y desprende sus alas, que están compuestas de tejido muerto (como el pelo y las uñas de los humanos). Después excava en el suelo un pequeño nido, en cuyo interior cría una puesta de obreras hijas a partir de las reservas de grasa y músculo de su propio cuerpo. Un ser humano es unas doscientas veces más largo que una reina de hormiga de fuego. De modo que un vuelo de diez kilómetros para una hormiga es el equivalente para un humano de una caminata entre Boston y Washington, D.C.* Incluso un vuelo de medio minuto que cubra cien metros realizado por una hormiga alada desde su nido de nacimiento a un lugar de nidificación propio, es equivalente a medio maratón para un humano en tierra.

La magnitud del vuelo de un insecto tiene como resultado una dispersión mucho mayor de hormigas reinas individuales cada generación, en relación con el tamaño. Lo mismo tuvo que haber ocurrido con las avispas solitarias que fueron los antepasados de las hormigas, así como con los antepasados protoblatoideos de los termes.

La diferencia entre los antepasados de las hormigas voladoras, en los que cada progenitor de la siguiente generación se marchaba por su cuenta, y los mamíferos de andar pausado antepasados de los humanos, que se veían obligados a permanecer cerca de otros, puede hacer que a primera vista parezca que el origen de un comportamiento social avanzado sea menos probable que evolucione en los insectos. Pero ocurre lo contrario. En un ambiente en cambio constante, la hormiga voladora tiene más probabilidades que el mamífero errante de encontrar un espacio desocupado cuando se posa en tierra. Además, el territorio que necesita para sobrevivir es mucho más pequeño que el de un mamífero, y es menos probable que se superponga con territorios ya establecidos de individuos de la misma especie.

El insecto social en potencia tiene otra ventaja: la hembra colonizadora no necesita ningún macho en su viaje. Una vez que ha sido inseminada durante su vuelo nupcial, lleva el semen que ha recibido en un saquito de almacenaje (la espermateca) dentro de su abdomen. Puede desembolsar un espermatozoide cada vez para fecundar sus huevos, creando cientos o miles de obreras en un período de varios años. Las hormigas cortadoras de hojas tienen el récord: una reina puede dar origen a 150 millones de hijas obreras a lo largo de su vida, que es de alrededor de una docena de años. En cualquier momento dado, hay de tres a cinco millones de estos esbirros vivos, una

---

* Dicha distancia es de unos 700 kilómetros. *(N. del T.)*

población que por su tamaño se sitúa entre las poblaciones humanas de Letonia y Noruega.

Los mamíferos, en especial los carnívoros, tienen territorios mucho más grandes que defender cuando se instalan para construir un nido. Sea a donde sea que viajen, es probable que encuentren rivales. Las hembras no pueden almacenar espermatozoides en su cuerpo. Han de encontrar un macho y aparearse para cada parto. Si las oportunidades y las presiones del ambiente hacen que sea beneficioso constituir grupos sociales, ello debe hacerse mediante lazos y alianzas personales basados en la inteligencia y la memoria.

Para resumir hasta este punto lo referente a los dos conquistadores sociales de la Tierra, la fisiología y el ciclo de vida en los antepasados de los insectos sociales y en los de los humanos diferían fundamentalmente en las rutas evolutivas seguidas hasta la formación de sociedades avanzadas. La reina de los insectos podía producir descendientes robots guiados por el instinto; los prehumanos tenían que basarse en los vínculos y la cooperación entre individuos. Los insectos pudieron evolucionar hasta la eusocialidad mediante la selección individual en la estirpe de la reina, de generación en generación; los prehumanos evolucionaron hasta la eusocialidad mediante la interacción de la selección al nivel del individuo y la selección al nivel del grupo.

3

La aproximación

No hay ninguna ruta evolutiva individual, de ningún tipo, que pueda predecirse, ni al principio ni hacia el final de su trayectoria. La selección natural puede llevar a una especie al borde de un cambio revolucionario importante, solo para desviarla después. Sin embargo, algunas trayectorias de la evolución pueden juzgarse posibles o imposibles, al menos en este planeta. Hay insectos que pueden evolucionar hasta ser casi microscópicos, pero nunca serán tan grandes como los elefantes. Los cerdos pueden hacerse acuáticos, pero sus descendientes nunca volarán.

La posible evolución de una especie puede visualizarse como un viaje a través de un laberinto. Cada vez que esta se acerca a un progreso importante, como el origen de la eusocialidad, cada cambio genético, cada movimiento en el laberinto hace que o bien la consecución de aquel nivel sea menos probable, o incluso imposible, o bien lo mantiene abierto para poder acceder a él en el siguiente movimiento. En los primerísimos pasos que mantienen vivas otras opciones, queda todavía mucho camino por recorrer, y alcanzar la meta última, muy alejada, resulta poco probable. En los últimos pasos solo queda una corta distancia por recorrer, y la consecución se hace más probable. El propio laberinto está sometido a evolución a lo largo del camino. Corredores antiguos (nichos ecológicos) pueden cerrarse, al tiempo que pueden abrirse otros nuevos. La estructura del laberinto depende en parte de quién lo esté atravesando, lo que incluye cada una de las especies.

En todos los juegos de azar evolutivo que se dan de una generación a la siguiente, ha de vivir y morir un número muy grande de in-

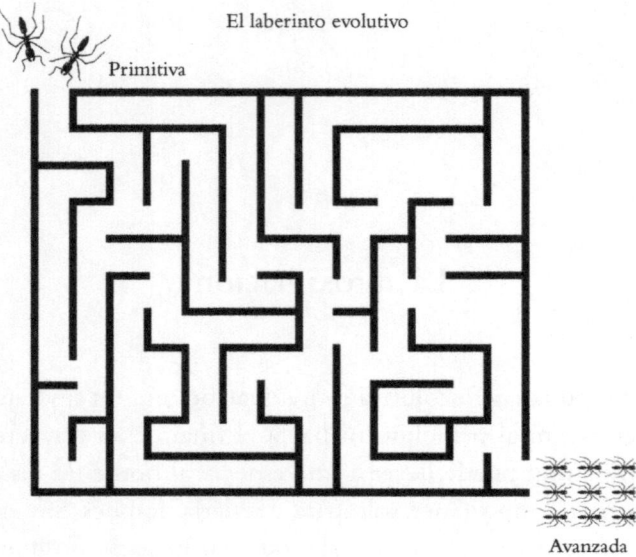

FIGURA 3.1. La evolución de una especie puede visualizarse como un laberinto que presenta el ambiente, con oportunidades que se cierran repetidamente o que permanecen abiertas a medida que el propio laberinto evoluciona. En el ejemplo que se ilustra aquí, la ruta va desde una vida social primitiva a otra muy social.

dividuos. Sin embargo, este número no es incontable. Se puede hacer una estimación aproximada del mismo, lo que proporcionará al menos una conjetura plausible del orden de magnitud. Para todo el recorrido de la evolución que lleva de nuestros ancestros mamíferos primitivos de hace cien millones de años al único linaje que se abrió camino para convertirse en el primer *Homo sapiens*, el número total de individuos que fueron necesarios pudo haber sido de cien mil millones. Sin que lo supieran, todos ellos vivieron y murieron por nosotros.

Muchos de los jugadores, entre las otras especies que evolucionaban, cada una de las cuales contenía por término medio unos pocos miles de individuos reproductores por generación, también menguaban y desaparecían con frecuencia. Si esto le hubiera ocurrido a cualquiera de la larga línea de antepasados que conducen hasta *Homo sapiens*, la epopeya humana habría terminado enseguida. Nuestros antepasados prehumanos no eran elegidos, ni eran grandes. Simplemente, tuvieron suerte.

Investigaciones recientes en diversas disciplinas científicas se suman para arrojar luz sobre los pasos evolutivos que condujeron a la condición humana, y ofrecen al menos una solución parcial al «problema de la singularidad humana» que tanto ha desesperado a la ciencia y a la filosofía. Considerado a lo largo del tiempo desde el principio hasta el logro de la condición humana, cada paso puede interpretarse como una preadaptación. Al presentarlo así no pretendo sugerir que las especies que condujeron a la nuestra estuvieran en modo alguno guiadas hacia tal fin. Más bien, cada paso fue una adaptación por derecho propio: la respuesta de la selección natural a las condiciones que predominaban alrededor de dicha especie en aquel lugar y aquella época.

La primera preadaptación fue el ya mencionado gran tamaño e inmovilidad relativa que predeterminaron la trayectoria de la evolución de los mamíferos, a diferencia de la de los insectos sociales. La segunda preadaptación en la línea temporal encaminada a los humanos fue la especialización de los primeros primates, hace entre 70 y 80 millones de años, a la vida arborícola. El rasgo más importante que surgió por evolución en este cambio fueron los pies y las manos modelados para agarrar. Además, su forma y musculatura eran más adecuadas para suspenderse de las ramas, más que simplemente para agarrarlas como soporte. Su eficiencia aumentó por la aparición simultánea de pulgares oponibles y de grandes dedos de los pies. Y aumentó todavía más por la modificación de la punta de los dedos de las manos y los pies en uñas planas, en oposición a las garras curvadas hacia abajo y puntiagudas del tipo que poseen la mayoría de otras especies de mamíferos arborícolas. Además, las palmas de las manos y las plantas de los pies estaban cubiertas de crestas cutáneas que ayudaban al agarre; y estaban dotadas de receptores de presión que aumentaban el sentido del tacto. Equipado de esta manera, el primate primigenio podía utilizar la mano para coger y abrir frutas al tiempo que extraía las diversas semillas. Los bordes de la uña podían cortar y raspar objetos que las manos habían agarrado. Un animal de

Figura 3.2. Un chimpancé anda bípedamente por el bosque asabanado de Fongo-li, Senegal. (De Mary Roach, «Almost Human», *National Geographic* [abril de 2008], p. 128. Fotografía de Frans Lanting. Frans Lanting/National Geographic Stock.)

este tipo, al utilizar las extremidades posteriores para la locomoción, podía transportar comida a distancias considerables. No necesitaba para ello utilizar sus mandíbulas a la manera de un gato o un perro. Ni tampoco tenía que regurgitar el alimento a su cría como lo hace un ave en el nido.

Quizá como una acomodación a la manera relativamente compleja y a la flexibilidad de su comportamiento alimentario, y a la estructura tridimensional y de vegetación abierta de su hábitat, los primeros primates prehumanos desarrollaron un cerebro grande. Por la misma razón, acabaron por depender más de la visión y menos del olfato que la mayoría de los demás mamíferos. Adquirieron ojos grandes con visión de los colores, ojos que se situaban en la parte delantera de la cabeza para conferir visión binocular y un mejor sentido de profundidad. Al andar, el primate prehumano no movía sus patas traseras separándolas en paralelo; en cambio, alternaba el movimiento de sus patas casi en una única línea, colocando un pie

Figura 3.3. Un chimpancé está sentado sobre un termitero en el hábitat que dio origen a los prehumanos. Aquí también utilizan utensilios toscos. (De W. C. Mc-Grew, «Savanna chimpanzees dig for food», *Proceedings of the National Academy of Sciences, U.S.A.*, 104, 49 [2007], pp. 19.167-19.168. Fotografía de Paco Bertolani, Leverhulme Centre for Human Evolutionary Studies.)

delante del otro. Además, los hijos eran menos en número y precisaban más tiempo para desarrollarse.

Cuando un linaje de esos extraños animales arborícolas evolucionó para vivir sobre el suelo, como ocurrió en África, se tomó la preadaptación siguiente, un nuevo giro afortunado en el laberinto evolutivo. Se adoptó el bipedalismo, lo que liberó las manos para otros fines. Las dos especies actuales de chimpancés, el chimpancé común y el bonobo, los dos parientes filogenéticos más cercanos del hombre, también avanzaron mucho en esta dirección, y aproximadamente en la misma época. En la actualidad, cuando se hallan en el suelo, con frecuencia levantan los brazos y corren o andan sobre sus patas traseras. Pueden incluso fabricar utensilios primitivos.

Siguiendo su divergencia en la evolución desde la línea de los chimpancés, los prehumanos, ahora distinguibles como un grupo de

FIGURA 3.4. *Ardipithecus ramidus*, a partir de fósiles encontrados en la región del Awash Medio, en Etiopía, es con 4,4 millones de años el predecesor bípedo más antiguo conocido de los humanos modernos. Andaba sobre extremidades traseras alargadas, al tiempo que conservaba brazos alargados, adecuados para una vida parcialmente arbórea. (De Jamie Shreeve, «The evolutionary road», *National Geographic* [julio de 2010], pp. 34-67. Ilustración de Jon Foster. Jon Foster/National Geographic Stock.)

especies denominado australopitecinos, llevaron mucho más allá la tendencia de andadura bípeda. En conformidad, su cuerpo en conjunto se remodeló. Las piernas se alargaron y se enderezaron, y los pies se alargaron para crear un movimiento de oscilación durante la locomoción. La pelvis se reestructuró en un cuenco somero para sostener las vísceras, que ahora presionaban hacia las piernas en lugar de colgar, como en los simios, debajo del cuerpo horizontal.

Es muy probable que la revolución bípeda fuera responsable del éxito general de los prehumanos australopitecinos, al menos si se mide por la diversidad que consiguieron en forma del cuerpo, musculatura mandibular y dentición. Durante un período, hace alrededor de dos millones de años, en el continente africano vivían al menos tres especies de australopitecinos. En sus proporciones corporales, postura erecta, cabeza bamboleante situada en la parte superior y extremidades traseras alargadas sobre las que corrían y saltaban, a una distancia considerable habrían tenido el aspecto de humanos modernos. Casi con toda seguridad se desplazaban en grupos pequeños, a la manera de los cazadores-recolectores actuales. Su cerebro no era mayor que el de un chimpancé, pero fue a partir de este conjunto del que saldría finalmente la especie ancestral del primer *Homo*. En evolución, los australopitecos descubrieron que de la diversidad surge la oportunidad.

Los australopitecos ancestrales y sus especies descendientes que forman el género *Homo* vivieron en un ambiente propicio a la andadura erguida. Nunca utilizaron la andadura sobre los nudillos que practican los chimpancés y otros simios modernos, con las manos curvadas en puños y empleadas como pies delanteros. Andar con los brazos balanceándose a los lados a la nueva manera de los australopitecos confería velocidad a un coste energético mínimo, aunque causaba problemas de espalda y rodillas, además del riesgo mayor debido al hecho de equilibrar la nueva cabeza, globular y pesada, sobre un delicado cuello vertical.

Para primates cuyo cuerpo había sido estructurado originalmente para la vida en los árboles, los bípedos podían correr con rapidez. Pero no podían compararse con los animales de cuatro patas que

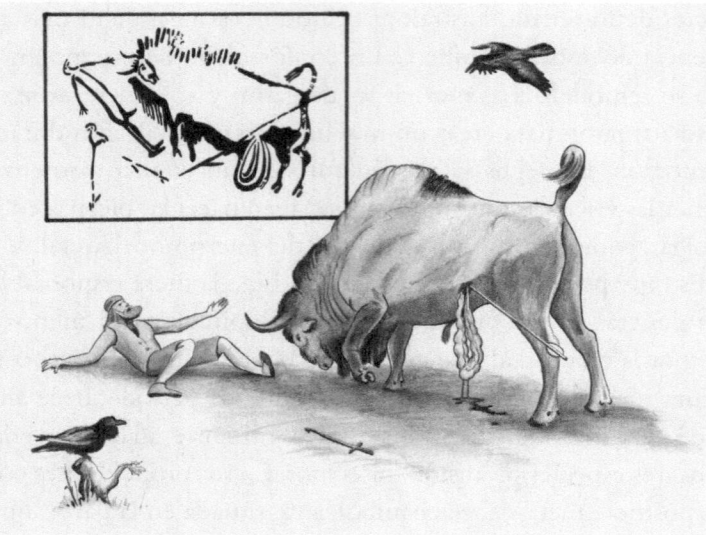

Figura 3.5. La caza fue una práctica muy adaptativa (y peligrosa) en la prehistoria humana. La ilustración pequeña, que forma parte de las pinturas paleolíticas de la cueva de Lascaux, representa a un bisonte herido en el vientre que se abalanza sobre un cazador caído. Un cuervo (un carroñero común que sigue a los cazadores) se halla cerca. (La interpretación es de R. Dale Guthrie en *The Nature of Paleolithic Art*, University of Chicago Press, Chicago, 2005.)

cazaban como presas. Antílopes, cebras, avestruces y otros animales podían correr más que ellos, cómodamente, en distancias cortas. Millones de años de persecuciones por leones y otros carnívoros corredores de carreras cortas habían transformado a las especies presa en campeones de los 100 metros. Sin embargo, si los primitivos humanos no podían correr más que estos animales olímpicos, al menos podían resistir más que ellos en un maratón. En algún punto, los humanos se convirtieron en corredores de larga distancia. Solo necesitaban comenzar una persecución y seguir la pista de la presa, kilómetro tras kilómetro, hasta que esta se agotaba y podía ser vencida. El cuerpo de los prehumanos, que a cada paso se impelía con el muelle del pie y que mantenía un ritmo uniforme, desarrolló una gran capacidad aeróbica. Con el tiempo, el cuerpo perdió asimismo todo el pelo, excepto sobre la cabeza y el pubis, y en las axilas, productoras de feromonas. Añadió glándulas sudoríparas por todas partes, lo que permitía un enfriamiento rápido y creciente de la superficie desnuda del cuerpo.

En *Racing the Antelope*, Bernd Heinrich, un distinguido biólogo y corredor de ultradistancia con diversos récords, ha desarrollado extensamente el tema del maratón. Cita a Shawn Found, el campeón nacional estadounidense de los veinticinco kilómetros en el año 2000, para expresar la intensa alegría de la carrera de persistencia: «Cuando experimentas la carrera [...] revives la caza. Correr supone unos cincuenta kilómetros de perseguir a la presa que puede ganarte en una carrera corta y rápida, y seguirle la pista y devolver la vida a tu aldea. Es algo hermoso».

Mientras tanto, las extremidades anteriores de los antepasados prehumanos se rediseñaron para la flexibilidad en la manipulación de los objetos. El brazo, especialmente el de los machos, se hizo eficiente en el lanzamiento de objetos, como piedras, y posteriormente también de lanzas, y así por primera vez los prehumanos podían matar a distancia. La ventaja que esta capacidad les dio durante los conflictos con otros grupos peor dotados tuvo que haber sido enorme.

Al menos una población de chimpancés comunes actuales ha desarrollado la capacidad de lanzar piedras. El comportamiento parece ser una innovación cultural, que quizá descubrió un único individuo. Pero es inconcebible que ningún chimpancé pueda llegar nunca a equipararse a un atleta humano moderno. Ninguno puede lanzar una piedra a 140 kilómetros por hora, o una lanza a una distancia que es casi la longitud de un campo de rugby. Ni tampoco un chimpancé joven, aunque estuviera adiestrado, podría lanzar un objeto con la pericia de un niño humano. Los humanos primitivos tenían el equipo innato (y probablemente también la tendencia) para usar proyectiles con el fin de capturar presas y de ahuyentar enemigos. Las ventajas obtenidas fueron, a buen seguro, decisivas. Las puntas de lanza y de flecha figuran entre los artefactos más antiguos que se encuentran en los yacimientos arqueológicos.

El ambiente en el que se desenvolvió la epopeya prehumana era ideal para el desarrollo de los primeros bípedos y de sus descendientes maratonianos. Durante el período de evolución crítica, la mayor parte del África subsahariana pasó por una época seca, durante la cual las pluviselvas se retiraron hacia el cinturón ecuatorial al tiempo que se reducían en bastiones dispersos en el norte. Una gran parte del continente estaba cubierta por sabana arbolada que alternaba con bosque seco y pradera. Cuando se desplazaban en áreas abiertas, los prehumanos y *Homo* podían ponerse en pie y mirar por encima de la vegetación baja en busca de presas y depredadores que pretendieran hacer presa en ellos. Cuando se veían amenazados, podían correr hasta el refugio de los árboles cercanos. Las acacias y otros árboles dominantes eran relativamente bajos, y su copa consistía en ramas que pendían cerca del suelo y a las que era fácil trepar, todo lo cual suponía una ventaja para los bípedos. La estructura del ambiente era similar a la que todavía se conserva en el Serengeti, Amboseli, Gorongosa y otros grandes parques de África oriental. Tanto a los poetas como a los turistas les gusta la sensación de esta tierra, mucho más que la de otros hábitats del África subsahariana. Es probable que se sientan conmovidos, como explicaré más adelante, por un instinto que evolucionó a lo largo de millones de años en sus antepasados en estos mismos lugares.

La cuna de la humanidad no fueron las pluviselvas profundas con su elevada bóveda arbórea y su interior oscuro. Tampoco fueron las praderas y desiertos relativamente monótonos. Por el contrario, la humanidad nació en la sabana arbolada, favorecida por su complejo mosaico de diferentes hábitats locales.

El paso siguiente que se dio en el camino hacia la eusocialidad fue el control del fuego. Hoy en día, los fuegos terreros que se extienden a partir de los rayos son comunes en las praderas y bosques africanos. Cuando se extinguen, debido al suelo húmedo en los retazos de bosque alrededor de ríos y en los terrenos pantanosos que se inundan fácilmente, el sotobosque crece hasta convertirse en yesca. Entonces, la caída de un rayo o la intrusión de un fuego terrero pueden convertirse en un incendio, cuyas llamas se extienden tanto por la vegetación del

FIGURA 3.6. Bosquimanos en busca de comida en la pradera del Kalahari meridional. Probablemente, la escena no es muy distinta de las que se daban de forma común en la misma área hace sesenta mil años. (De Stephan C. Schuster *et al.*, «Complete Khoisan and Bantu genomes from southern Africa», *Nature* 463 [2010], pp. 857, 943-947. Foto © Stephan C. Schuster.)

suelo como, hacia arriba, hasta la bóveda del bosque de sabana inmediato. Unos pocos animales, especialmente los jóvenes, los enfermos y los viejos, resultan atrapados y mueren. A buen seguro, a los prehumanos errantes no pasó desapercibida la importancia de los incendios como fuente de comida. Además, encontraban algunos de los animales caídos ya cocinados, con la carne fácil de arrancar y de comer.

Los aborígenes australianos no solo han preservado esta munificencia hasta la actualidad, sino que extienden deliberadamente los incendios con antorchas hechas con ramas de árboles. ¿Podrían haber hecho lo mismo los prehumanos? No hay manera de saber de qué modo ocurrió por primera vez esta práctica, pero es seguro que muy pronto en la historia de *Homo* el control del fuego se convirtió en un acontecimiento fundamental en el viaje zigzagueante hasta la condición humana moderna.

En cambio, el uso del fuego les fue negado para siempre a los insectos y a otros invertebrados terrestres. Eran físicamente demasiado pequeños para encender yesca o para transportar un objeto en llamas sin convertirse en pasto de ellas. Desde luego, también les fue negado a los animales acuáticos, con independencia del tamaño o del grado previo de inteligencia de la naturaleza que fuera. Un nivel de inteligencia del tipo de *Homo sapiens* solo puede aparecer en tierra, ya sea aquí en la Tierra o en cualquier otro planeta concebible. Incluso en el mundo de la fantasía, las sirenas y el dios Neptuno tuvieron que evolucionar en tierra antes de penetrar en su dominio acuático.

El paso siguiente, y el decisivo para el origen de la eusocialidad humana, si aceptamos las pruebas que nos proporcionan otros animales, fue la reunión de pequeños grupos en lugares de campamento. Las congregaciones estaban compuestas por familias extendidas y, también, si las sociedades de cazadores-recolectores que sobreviven hoy en día nos sirven de guía, incluían mujeres obtenidas mediante intercambio para el matrimonio exógamo.

A partir de abundantes pruebas arqueológicas, sabemos que los lugares de campamento fueron usados por los *Homo sapiens* africanos tempranos y por su especie hermana europea *Homo neanderthalensis*, así como por su antepasado común *Homo erectus*. De ahí que la práctica se remonte a hace al menos un millón de años. Existe una razón *a priori* para creer que los lugares de campamento fueron la adaptación crucial en el camino hacia la eusocialidad: los lugares de campamento son, en esencia, nidos hechos por seres humanos. Todas las especies animales que han alcanzado la eusocialidad, sin excepción, construyen primero nidos que defienden de los enemigos. Estas, al igual que hacían sus antepasados conocidos, criaban a sus crías en el nido, se alejaban de este para ir en busca de comida y retornaban para compartir sus recursos con los demás. Una variación de este comportamiento se da en los termes primitivos, en los escarabajos de ambrosía y en los pulgones y trips que producen agallas, para los cuales la comida es el propio nido. Pero la disposición básica, que obedece al principio de la primacía del nido en la evolución eusocial, sigue siendo la misma.

FIGURA 3.7. Perros salvajes africanos. (De E. O. Wilson, *Sociobiology*, Harvard University Press, Cambridge, MA, 1975, pp. 510-511; hay trad. cast., *Sociobiología*, Omega, Barcelona, 1980. Dibujo de Sarah Landry.)

Las especies altrices de aves (las que crían pollos desvalidos) poseen una preadaptación similar. En unas pocas especies, los adultos jóvenes permanecen con los progenitores durante un tiempo para ayudar en el cuidado de sus hermanos. Pero no hay ninguna especie de ave que haya llegado por evolución a producir sociedades completamente eusociales. Al poseer solo pico y garras, nunca han estado dotadas para manipular utensilios con un mínimo grado de complejidad, y mucho menos el fuego. Los lobos y los perros salvajes africanos cazan en jaurías coordinadas, del mismo modo que lo hacen los chimpancés y los bonobos, y los perros salvajes africanos también excavan cubiles, en los que una o dos hembras paren una camada grande. Algunos miembros de la jauría cazan y aportan una fracción del alimento a la perra reina y a las crías, mientras que otros permanecen en casa como guardianes. Estos notables cánidos, aunque han adoptado la preadaptación más rara y difícil, no han alcanzado la eusocialidad completa, con una casta de obreras y ni siquiera con una inteligencia al nivel de la de los simios. No pueden fabricar utensilios. Carecen de manos capaces de agarrar y de dedos de punta blanda. Siguen desplazándose a cuatro patas, y dependen de sus dientes carniceros y de sus garras revestidas de pelaje.

4

La llegada

Hace dos millones de años, primates homínidos recorrían el suelo africano sobre patas posteriores alargadas. Si aplicamos el criterio de diversidad genética, medida mediante diferencias hereditarias en la anatomía, fueron un éxito. Habían conseguido una radiación adaptativa, en la que múltiples especies coexistían en el tiempo y se superponían, al menos parcialmente, en sus respectivas áreas de distribución geográfica. Dos o tres eran australopitecinos, y al menos tres eran lo bastante diferentes en tamaño cerebral y dentición para que los taxónomos los hayan colocado en el género *Homo*, de evolución reciente. Todos vivían en un mundo complejo de sabana, sabana arbolada y bosque fluvial de galería entrelazados. Los australopitecos eran vegetarianos y subsistían a base de una dieta de hojas, frutos, tubérculos subterráneos y semillas. Las especies de *Homo* también recolectaban y consumían alimento vegetal, pero además comían carne, muy probablemente compartiendo los cadáveres de presas mayores abatidas por otros depredadores, así como capturando animales más pequeños que podían manejar ellos mismos. Este cambio, penetrar en una rama disponible del laberinto evolutivo, iba a suponer toda la diferencia.

Estos primates homínidos de hace dos millones de años eran diversos, pero no lo eran más que los antílopes o los monos cercopitecoideos que abundaban a su alrededor. Eran ricos en cuanto a potencial, como atestigua nuestra propia presencia. No obstante, de una generación a la siguiente su existencia continuada era precaria. Sus poblaciones eran escasas en comparación con los grandes herbí-

FIGURA 4.1. Reconstrucción de un grupo de *Australopithecus afarensis*, un predecesor humano y probable antepasado que vivió en África hace entre cinco y tres
millones de años. (© John Sibbick. De *The Complete World of Human Evolution*, de
Chris Stringer y Peter Andrews, Thames & Hudson, Londres, 2005, p. 119.)

voros, y eran menos abundantes que algunos de los carnívoros de
tamaño equivalente al humano que los cazaban.

Durante el período Neógeno, que duró diez millones de años
y que se extendió antes de la aparición de los primates homínidos y
durante la misma, y que con frecuencia fue severo, nuevas especies
de mamíferos tan grandes como los humanos evolucionaron con
más frecuencia, pero asimismo sucumbieron a la extinción más a
menudo. Por término medio, los mamíferos más pequeños fueron
capaces de resistir mejor los cambios ambientales extremos que los
mayores, incluidos los humanos. Sus métodos incluían la excavación
de madrigueras, la hibernación y el aletargamiento prolongado,

adaptaciones que no estaban disponibles para los mamíferos grandes. Los paleontólogos han determinado que la tasa de renovación en las especies es todavía mayor en los mamíferos que forman grupos sociales. Señalan que los grupos sociales tienden a permanecer separados unos de otros durante la reproducción, con lo que crean poblaciones todavía más reducidas, lo que las hace susceptibles tanto a una divergencia genética más célere como a tasas de extinción mayores.

Durante el período de seis millones de años desde la divergencia entre chimpancé y prehumano hasta el origen de *Homo sapiens*, tuvieron lugar acontecimientos rápidos que culminaron en la salida de esta especie de África. A medida que los glaciares continentales avanzaban hacia el sur a través de Eurasia, África sufrió un período de sequía y enfriamiento prolongado. Gran parte del continente estaba cubierto por praderas áridas y desiertos. En esos tiempos de tensión, la muerte de unos pocos miles de individuos, posiblemente de solo unos pocos cientos, podría haber truncado totalmente la línea que conducía a *Homo sapiens*. Pero, a pesar de estas baquetas ambientales que los homininos se vieron obligados a pasar (o quizá a causa de ello), *Homo sapiens* surgió, dispuesto a expandirse fuera de África.

¿Qué impulsó a los homininos a seguir avanzando hasta alcanzar un cerebro mayor, una inteligencia superior y, a partir de ahí, una cultura basada en el lenguaje? Esta, desde luego, es la pregunta de las preguntas. Los australopitecos habían adquirido algunas de las preadaptaciones esenciales. Ahora, una de sus especies dio los pasos adicionales que la llevarían a dominar el mundo y, en potencia, a una longevidad prácticamente infinita.

Este logro, que es una de la media docena de grandes transiciones en la historia de la vida, no se hizo en un único salto. La evolución que lo presagiaba había empezado mucho antes. Hace entre tres y dos millones de años, una de las especies de australopitecos pasó al consumo de carne. Más precisamente, se hizo omnívora al añadir carne a una dieta ya existente basada en las plantas. El cambio había ocurrido en la época de *Homo habilis*, una especie derivada de los australopitecinos conocida a partir de fósiles encontrados en el desfiladero de Olduvai, Tanzania, y datados de 1,8-1,6 millones de años antes del presente. Aunque no se ha identificado de forma definitiva como el antepasado directo de *Homo sapiens*, *H. habilis* poseía características clave que conforman un enlace entre los australopitecos primitivos y la especie más antigua conocida y algo más avanzada que puede, con razonable certeza, situarse como un antepasado directo de *H. sapiens*. *H. habilis* tenía un cerebro mayor que el de los australopitecinos, 640 centímetros cúbicos de volumen frente a entre 400 y 550 centímetros cúbicos, pero esto todavía era solo la mitad del volumen cerebral de los humanos modernos (*Homo sapiens*). Los dientes molares eran de tamaño reducido, un efecto evolutivo común del consumo de carne. Los caninos eran mayores, posiblemente una prueba adicional del paso al carnivorismo. El cráneo de *Homo habilis* tenía unas crestas superciliares más finas, y su cara era menos prominente que la de otros australopitecinos más simiescos. Los pliegues del lóbulo frontal del cerebro se disponían en un patrón más parecido al de los humanos modernos. Otras tendencias en el cerebro hacia la modernidad humana eran protuberancias bien desarrolladas en el área de Broca y parte del área de Wernicke, un conjunto de centros neurales que organizan el lenguaje en los humanos modernos.

La condición de *Homo habilis* y de otras especies de homininos que vivían en África hace entre tres y dos millones de años es, por lo tanto, de crucial importancia en el análisis de la evolución humana. Los cambios en el cráneo de *H. habilis* pueden interpretarse como el inicio de la carrera evolutiva hacia la condición humana moderna. Representan no solo un progreso anatómico, sino un cambio básico en el modo de vida de la población de *H. habilis*. Expresado en los términos más simples, *Homo habilis* se hizo más inteligente que los otros homininos contemporáneos.

¿Por qué evolucionó en esta dirección un linaje de australopitecinos? Una hipótesis común que comparten los paleontólogos es que una serie de cambios en el clima y la vegetación de África favorecieron la evolución de la adaptabilidad. Datos sobre el aumento y la disminución de determinadas especies de animales indican que el

FIGURA 4.2. Un avance fundamental en el laberinto evolutivo. *Homo habilis*, que aquí se ilustra en una imaginaria localidad de caza, ha pasado a depender mucho más de la carne y del uso de utensilios líticos para destazar los cadáveres. (© John Sibbick. De *The Complete World of Human Evolution*, de Chris Stringer y Peter Andrews, Thames & Hudson, Londres, 2005, p. 133.)

ambiente africano general, de hace entre 2,5 y 1,5 millones de años, se hizo más seco. Sobre la mayor parte del continente, las selvas lluviosas se convirtieron en bosques tropicales secos y sabana boscosa de transición, que posteriormente se transformaron en praderas continuas y desiertos que las invadían. Los antepasados australopitecinos podían haberse adaptado a ese ambiente más riguroso aumentando la variedad de sus alimentos. Por ejemplo, podían haber usado utensilios para excavar raíces y tubérculos como alimentos de reserva durante los períodos de sequía. Con toda seguridad tenían el equipo cognitivo para hacerlo. Como prueba, se ha observado que chimpancés modernos en sabanas boscosas realizan esta práctica, empleando huesos de vaca y fragmentos de madera y corteza como utensilios para excavar. Cuando se hallaban cerca de la costa o de corrientes de agua del interior, los australopitecinos pudieron asimismo haber añadido marisco a su dieta.

Quizá, reza el razonamiento tradicional, los retos de los nuevos ambientes confirieron una ventaja a los tipos genéticos capaces de descubrir y usar recursos nuevos para evitar a los enemigos, así como la capacidad para vencer a los que competían por el alimento y el espacio. Dichos tipos genéticos eran capaces de innovar y de aprender de sus competidores. Fueron los supervivientes de los tiempos difíciles. Las especies flexibles desarrollaron por evolución un cerebro mayor.

¿Cómo se sostiene esta hipótesis familiar de innovación y adaptabilidad a la vista de los estudios de otras especies animales? Un análisis de seiscientas especies de aves introducidas por los humanos en zonas del mundo fuera de sus áreas de distribución nativa, y por lo tanto en ambientes extraños, parece apoyar esta idea. En general, las especies con un cerebro mayor en relación con su tamaño corporal fueron más capaces de establecerse en los nuevos ambientes. Además, hay pruebas de que ello se hizo por una mayor inteligencia y capacidad de inventiva. Sin embargo, la transferencia de un rasgo documentado en aves no nativas a la historia de los humanos puede ser prematura. Las especies estudiadas se vieron abocadas de golpe en ambientes radicalmente diferentes. La ordenación entre ellas fue muy distinta en lo que a calidad se refiere de la presión de selección natural que actuó sobre nuestros antepasados entre los australopitecos anteriores a *H. habilis*. A diferencia de las aves desplazadas, los australopitecos anteriores a *H. habilis* evolucionaron gradualmente a lo largo de muchos miles de años con el ambiente que cambiaba a su alrededor.

El cambio que con más probabilidad afectó a la evolución de los primeros homínidos fue el aumento en la cantidad total de pradera y de sabana arbolada que tenían a su disposición. Es mejor pensar en los homínidos como especialistas en estos hábitats que como especies adaptadas a cambios que tenían lugar fuera o dentro de los hábitats. Todos los naturalistas que han trabajado en sabanas arboladas en particular conocen la enorme variedad de subhábitats que componen dichos ecosistemas. Bosquetes de densidad variable se ven interrumpidos por franjas de pradera abierta cruzadas por bosques de ribera y salpicados por sotos de bosques densos en pantanos de inundación estacional. A lo largo de los siglos, los componentes individuales cambian, uno dando paso a otro, en un sentido y en otro, pero la frecuencia de cada cambio y los patrones caleidoscópicos que forman en su conjunto cambian mucho más lentamente, al menos si se mide por generaciones animales y tiempo ecológico. En tanto que animales grandes, los homínidos debieron de tener áreas de campeo de al menos diez kilómetros de diámetro. Entre la mezcla de hábitats presentes, podían patrullar por la pradera en busca de presas y alimento vegetal, y salir corriendo ante la aparición de un depredador hacia los sotos cercanos para trepar a los árboles y esconderse. Podían extraer tubérculos comestibles del suelo de los terrenos abiertos y recolectar frutos y ápices de plantas comestibles de los arbustos y árboles de los bosques. Sospecho que no se adaptaron a uno u otro de estos lugares locales, y que tampoco pasaban de un ecosistema a otro, sino que se adaptaron al área aumentada y a la constancia relativa a lo largo del tiempo evolutivo de los patrones caleidoscópicos que estas localidades formaron.

Es probable que los homínidos primitivos vivieran en grupos de varias decenas, como hacen ahora nuestros parientes vivos más cercanos, el chimpancé común y el bonobo. Puede parecer muy evidente que si el comportamiento social complejo requiere la evolución de un cerebro mayor en proporción al tamaño corporal, un cerebro mayor sugiere la presencia de comportamiento social. Si esto fuera cierto, entonces un cerebro mayor creado en respuesta a un ambiente cambiante sería un precursor esperado del comportamiento social. Sin embargo, cuando se quiso comprobar tal relación entre el tamaño del cerebro y el comportamiento social en una muestra grande de carnívoros vivos y fósiles, entre los que se incluían gatos, perros, osos, armiños y sus parientes, no se encontró dicha relación. La asociación no era general, ni tampoco lo bastante fuerte para crear una tendencia detectable. John A. Finarelli y John J. Flynn, que dirigieron la investigación, llegaron a la conclusión de que «procesos complejos modelaron la distribución moderna de la encefalización en todos los Carnívoros». En otras palabras, deben buscarse fuerzas de selección múltiples.

Si no es la adaptación al cambio ambiental (y el asunto queda lejos de estar zanjado), entonces ¿qué desencadenó el rápido crecimiento evolutivo del cerebro de los homínidos? Entre las causas, puestas de manifiesto por los profundos cambios en la anatomía del cráneo y de la dentición, es probable que figurara el paso a una mayor dependencia de la carne como fuente principal de proteína. Tampoco esto ocurrió de repente. Antes del cambio, es probable que los antecesores de *Homo habilis* utilizaran partes de los cadáveres de animales grandes. Los utensilios líticos más antiguos, descantillados toscamente para servir a una función u otra, datan de 6-2 millones de años antes del presente. A partir de su forma oblonga y sus bordes cortantes, y a partir de marcas de cortes encontradas en un hueso fósil de antílope, se puede concluir razonablemente que los utensilios se utilizaron para extraer carne y médula ósea de animales grandes, quizá después de haber ahuyentado a otros carroñeros para conseguir el control. Los homínidos en este nivel de evolución eran evidentemente australopitecos.

Hace 1,95 millones de años, durante la época de *Homo habilis* y antes de la aparición de *Homo erectus*, de aspecto más moderno, sus descendientes, los homininos ancestrales, tomaban asimismo presas acuáticas, entre ellas tortugas, cocodrilos y peces. Estos últimos eran, con toda probabilidad, siluros, que incluso en la actualidad se concentran en gran densidad en charcas durante las sequías y pueden capturarse fácilmente a mano. En mis propias investigaciones zoológicas de campo, he encontrado charcas reducidas en tamaño por la sequía en las que era posible capturar mediante redes decenas de peces y serpientes de agua con poco esfuerzo. (Era tan fácil que puedo imaginarme a mí mismo cazando para obtener mi alimento con un grupo de *H. habilis*, una vez que se hubieran habituado a mi gran tamaño y a la extraña forma de mi cabeza.)

Pero cazar presas, y obtener de esta manera proteína animal útil para el desarrollo cerebral en animales concretos, no explica en sí mismo por qué el cerebro de los homínidos creció de manera tan espectacular hasta un tamaño enorme. Al parecer, la causa real es *cómo* se cazan las presas. Los chimpancés modernos cazan, haciendo presa principalmente en monos, y obtienen alrededor del 3 por ciento de sus calorías totales a partir de la carne conseguida de esa manera. Los humanos modernos, si se les da la oportunidad, obtienen diez veces esa cantidad. Pero incluso con este magro incentivo, los chimpancés forman grupos organizados y estrategias complejas cuando cazan. Su comportamiento es casi único entre los primates. Los otros primates no humanos que se sabe que cooperan durante la caza son los monos capuchinos centroamericanos y sudamericanos, de cerebro grande.

Las bandas de caza de los chimpancés están formadas únicamente por machos. Se les ha observado capturando monos en equipos coordinados. Un mono que pueda ser separado de su grupo es primero arrinconado en un árbol relativamente aislado. Uno o dos chimpancés trepan al árbol para hacer descender a la presa, mientras que otros se dispersan a la base de los árboles adyacentes para evitar que el mono se desplace a la bóveda de otros árboles y descienda por su tronco en busca de la libertad. Cuando la presa es agarrada, es golpeada con los puños y mordida hasta que muere. Después, los cazadores la descuartizan y comparten la carne entre ellos. También dan, de mala gana, pequeños pedazos a otros miembros de la tropilla. El mismo comportamiento se ha observado en bonobos, los parientes vivos más cercanos de los chimpancés, pero en ellos participan los dos sexos. La excitación de la caza no se pierde en los bonobos, aun cuando en ellos las hembras son las dominantes.

La caza en grupos es rara en los mamíferos en su conjunto. Aparte de los primates, es practicada por las leonas (el macho o los dos machos de cada manada comparten la pieza cazada, pero ellos rara vez cazan). También se da en los lobos y en los perros salvajes africanos.

Chimpancés y bonobos tienen una historia evolutiva que se remonta a seis millones de años, el tiempo estimado en el que su línea se desgajó del clado humano. Compartimos antepasados antes de la división, de modo que ¿por qué no han alcanzado también ellos el nivel humano? La respuesta puede ser la menor inversión que los antepasados de chimpancés y bonobos hicieron en la captura y consumo de animales vivos. Las poblaciones que evolucionaron hasta llegar a *Homo* se especializaron en un consumo elevado de proteína animal. Para tener éxito necesitaban un nivel elevado de trabajo en equipo, y el esfuerzo valía la pena: la carne es, gramo por gramo, más

FIGURA 4.3. *Homo erectus*, del que las investigaciones sugieren que es un antepasado inmediato de *Homo sapiens*, realizó los dos principales pasos siguientes hacia el comportamiento social humano moderno: el establecimiento de campamentos y el control del fuego. (© John Sibbick. De *The Complete World of Human Evolution*, de Chris Stringer y Peter Andrews, Thames & Hudson, Londres, 2005, p. 137.)

eficiente desde el punto de vista energético que el alimento vegetal. La tendencia alcanzó su punto álgido en las poblaciones de *Homo neanderthalensis*, la especie hermana de *Homo sapiens* de la Edad del Hielo, que en invierno dependía de la caza de animales, incluidos los de caza mayor.

Queda todavía un aspecto en el escenario mínimo para la aparición de un cerebro grande y del comportamiento social complejo en los homínidos primitivos. Todos los demás animales conocidos que desarrollaron eusocialidad evolutivamente, como he indicado, empezaron con un nido protegido desde el que se podían realizar incursiones para recolectar comida. Otras especies de animales relativamente grandes que han llegado casi tan lejos como las hormigas en la eusocialidad son las ratas topo desnudas (*Heterocephalus glaber*), de África oriental. También ellas cumplen el principio del nido protegido. Compuesto por una familia extendida, cada grupo ocupa y defiende un sistema de madrigueras subterráneas. Hay una «reina», que es la madre, y «obreras», que pueden reproducirse pero no lo hacen mientras la reina permanece activa. Incluso hay «soldados»,

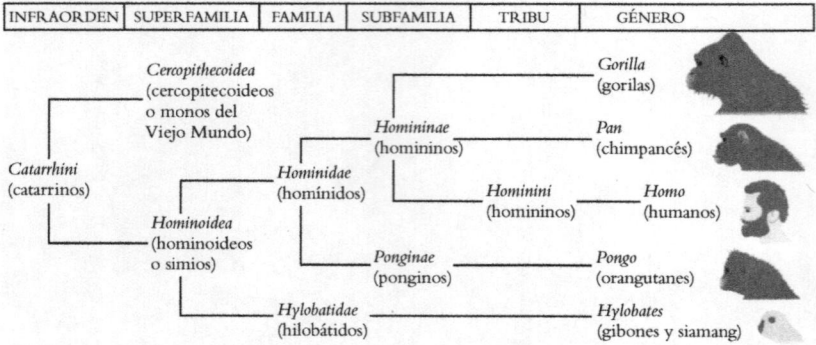

INFRAORDEN	SUPERFAMILIA	FAMILIA	SUBFAMILIA	TRIBU	GÉNERO

FIGURA 4.4. Terminología y conceptos necesarios para comprender la evolución humana. Representación del árbol evolutivo ramificado de los monos y simios del Viejo Mundo, con el nombre científico y común de simios y humanos, junto con (a la izquierda) el nombre que se da a cada grupo formado por una rama principal. (Modificado de Terry Harrison, «Apes among the tangled branches of human origins», *Science* 327 [2010], pp. 532-535. Reproducido con permiso de Harrison. © Science.)

que son muy activos en la defensa del nido frente a serpientes y otros enemigos. Una segunda especie, también eusocial pero diferente en los detalles, es la rata topo de Damaralandia (*Fukomys damarensis*), de Namibia. Los equivalentes más próximos a las ratas topo entre los insectos son los trips y pulgones eusociales, que estimulan el crecimiento de agallas en las plantas. Estos hinchamientos huecos son a la vez el nido y la fuente de alimento de los insectos.

¿Por qué es tan importante un nido protegido? Porque los miembros del grupo se ven obligados a reunirse allí. Es necesario que exploren y busquen comida lejos del nido, pero también deben volver a él. Chimpancés y bonobos ocupan y defienden territorios, pero vagan a través de ellos mientras buscan comida. Lo mismo ocurría seguramente entre los antepasados australopitecinos y *H. habilis* del hombre. Chimpancés y bonobos se escinden en subgrupos y vuelven a agregarse, alternativamente. Advierten del descubrimiento de árboles llenos de frutos gritando de un lado a otro, pero no comparten los frutos que obtienen. Ocasionalmente cazan en pequeñas

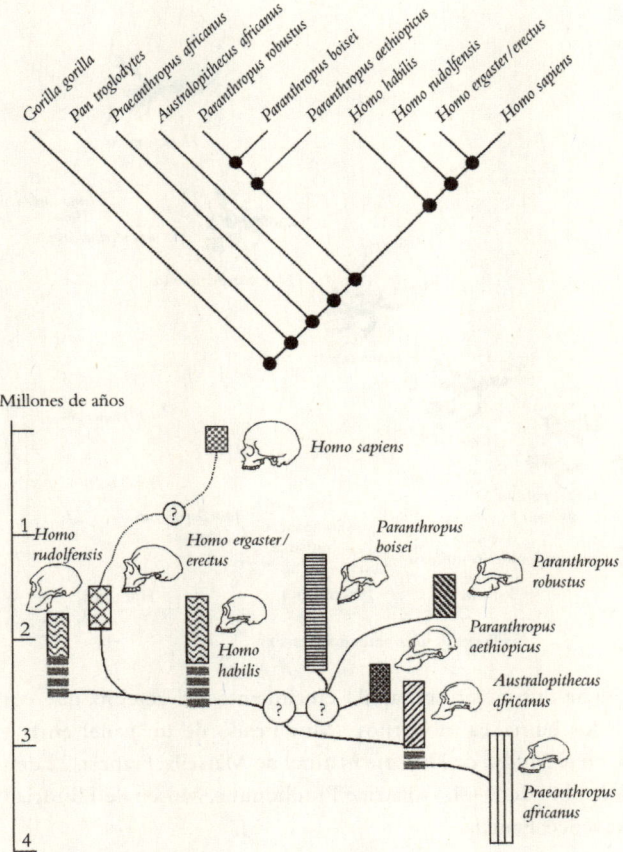

FIGURA 4.5. Árbol filogenético y escala temporal de los australopitecos y los *Homo* primitivos que conducen a la especie humana moderna. (De Winfried Henke, «Human biological evolution», en Franz M. Wuketits y Francisco J. Ayala, eds., *Handbook of Evolution*, vol. 2: *The Evolution of Living Systems (Including Hominids)*, Wiley-VCH, Nueva York, 2005, p. 167. De D. S. Strait, F. E. Grine y M. A. Moniz, en *Journal of Human Evolution* 32 [1997], pp. 17-82.)

bandas. Los miembros de la banda que tienen éxito comparten la carne entre sus compañeros cazadores, pero por lo general la caridad termina aquí. De la mayor importancia es que los simios no tienen una hoguera de campamento alrededor de la cual reunirse.

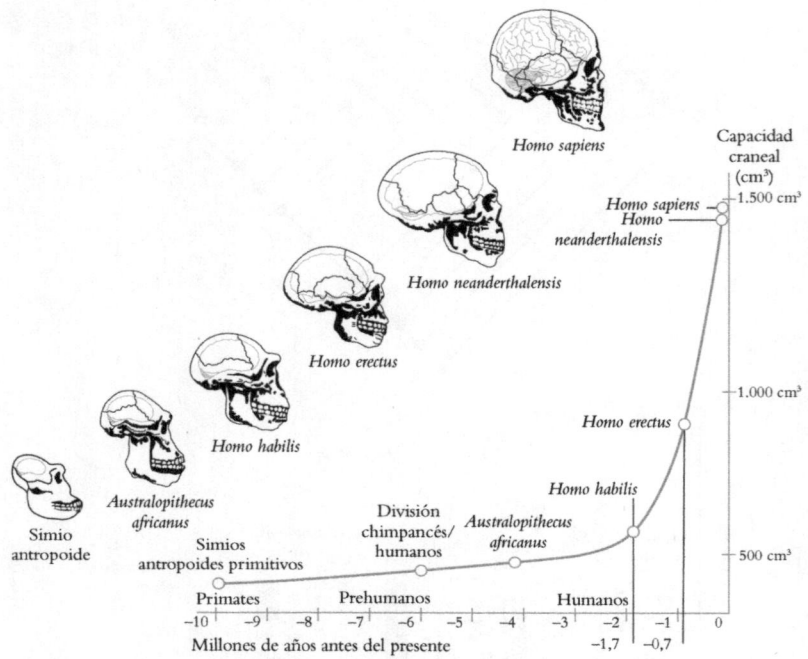

FIGURA 4.6. Se ilustra aquí el rápido crecimiento del cerebro, que condujo a su tamaño en los humanos modernos. (Modificado de un panel en la exposición «Cerveau», en el Museo de Historia Natural de Marsella, Francia, 22 de septiembre a 12 de diciembre de 2004. © Patrice Prodhomme, Museo de Historia Natural de Aix-en-Provence, Francia.)

En los lugares de campamento, los carnívoros se ven obligados a comportarse de maneras que los que vagan por el campo no tienen necesidad de cumplir. Han de dividir el trabajo: algunos buscan comida y cazan, otros guardan el lugar de campamento y las crías. Han de compartir la comida, tanto la vegetal como la animal, de manera que sea aceptable para todos. De otro modo, los vínculos que los unen se debilitarían. Además, los miembros del grupo compiten inevitablemente entre sí, por nivel social o por una fracción mayor de comida, por el acceso a una pareja disponible y por un lugar confortable para dormir. Todas estas presiones confieren una ventaja a los que son capaces de leer las intenciones de los demás, aumentar su capacidad de granjearse confianza y alianzas, y manipular a los rivales. Por lo tanto, la inteligencia social supuso siempre una gran gratificación. Un agudo sentido de empatía puede suponer una enorme diferencia, y con él la capacidad de manipular, de conseguir cooperación y de engañar. Para plantearlo de la manera más simple posible: sale a cuenta ser socialmente inteligente. Sin duda, un grupo de prehumanos astutos podía derrotar y desplazar a un grupo de prehumanos estúpidos e ignorantes, lo que era tan cierto entonces como lo es en la actualidad para ejércitos, empresas y equipos de fútbol.

La cohesión obligada por la concentración de grupos en lugares protegidos fue algo más que un paso a través del laberinto evolutivo. Fue, como después desarrollaré, el acontecimiento que dio el impulso final hacia el moderno *Homo sapiens*.

5

Atravesando el laberinto evolutivo

Como todos los grandes problemas en ciencia, el origen evolutivo de la humanidad se presentó primero como una maraña de entidades y procesos, en parte vistos y en parte imaginados. Algunos de esos elementos se dieron muy atrás en el tiempo geológico, y puede que nunca los comprendamos con seguridad. No obstante, he ensamblado aquellas partes de la epopeya en la que creo que los investigadores están de acuerdo, y he rellenado el resto con opinión informada. La secuencia, que se presenta a grandes rasgos, es el consenso que considero correcto, o al menos el más consistente con las pruebas actuales.

En resumen, ahora parece posible plantear una explicación razonablemente buena de por qué la condición humana es una singularidad, por qué tuvo lugar una sola vez y por qué tardó tanto en producirse. La razón es, simplemente, la extrema improbabilidad de las preadaptaciones necesarias para que ocurriera. Cada uno de estos pasos evolutivos ha sido una adaptación completa por derecho propio. Cada uno ha necesitado una secuencia particular de una o más preadaptaciones que tuvieron lugar previamente. *Homo sapiens* es la única especie de mamífero grande (y, por ello, lo bastante grande para desarrollar un cerebro de tamaño humano) que realizó todos los giros exitosos necesarios en el laberinto evolutivo.

La primera preadaptación fue la existencia en tierra. El progreso en la tecnología más allá de piedras desconchadas y venablos de madera necesita fuego. No hay delfín ni pulpo, con independencia de lo inteligentes que sean, que pueda inventar nunca un fuelle ni una forja. Ninguno podrá desarrollar nunca una cultura que construya un microscopio, deduzca la química oxidativa de la fotosíntesis o fotografíe las lunas de Saturno.

La segunda preadaptación fue un tamaño corporal grande, de una magnitud que en la historia de la Tierra solo han alcanzado un porcentaje minúsculo de animales terrestres. Si en la madurez un animal pesa menos de un kilogramo, el tamaño de su cerebro estará gravemente limitado para un razonamiento avanzado y para la cultura. Incluso en tierra, su cuerpo será incapaz de hacer fuego y de controlarlo. Esta es una de las razones por las que las hormigas cortadoras de hojas, aunque constituyen la especie más compleja aparte de los humanos, y aunque practican la agricultura en ciudades con aire acondicionado que han diseñado por propio instinto, no han hecho ningún otro avance significativo durante los veinte millones de años de su existencia.

La otra preadaptación de la lista fue el origen de manos capaces de agarrar, terminadas en dedos espatulados y blandos que evolucionaron para sostener y manipular objetos independientes. Este es el rasgo de los primates que los distingue de todos los demás mamíferos terrestres. Garras y colmillos, la panoplia de armamento ordinaria de las especies, están mal adaptados para el desarrollo de tecnología. (Escritores de ciencia ficción en la que se plantea la invasión de la Tierra, acordaos por favor de dotar a todos vuestros extraterrestres con manos blandas y capaces, o bien con tentáculos o cualesquiera otros apéndices carnosos y regordetes.)

Para utilizar tales manos y dedos de manera eficiente, las especies candidatas en el camino a la eusocialidad tenían que liberarlos de la locomoción con el fin de manipular objetos de manera fácil y diestra. Esto lo lograron temprano los primeros prehomínidos cuando, ya en época muy pretérita, nuestro supuesto ancestro antiguo, *Ardipithecus*, descendió de los árboles, se irguió y empezó a andar completamente sobre las patas posteriores. Los humanos modernos son genios cuando se trata de manipular cosas con las manos y los dedos. Nos guía un desarrollo extremo del sentido cinestésico invertido en esta habilidad. Las capacidades integrativas del cerebro para las sensaciones que se producen al manipular objetos se extienden a todos los demás ámbitos de la inteligencia.

El paso subsiguiente (el siguiente giro correcto en el laberinto evolutivo) fue un cambio en la dieta en la que se pasó a incluir una cantidad sustancial de carne, ya procediera del carroñeo de cadáveres, ya de animales vivos que se cazaban y se mataban, o de ambos. La carne produce mayor cantidad de energía por gramo ingerido que la vegetación. Una vez que el carnivorismo es modelado evolutivamente en un nicho, se necesita menos energía para ocuparlo.

Las ventajas de la cooperación en la recolección de carne condujeron a la formación de grupos muy organizados. Las sociedades primitivas consistían en familias extendidas, pero tenían también adoptados y aliados. Se expandieron en número todo lo que el ambiente local pudiera sostener. Una población expandida era una ventaja en los conflictos que surgían de manera inevitable entre los diferentes grupos. Este paso y las ventajas que resultaban del mismo se ven no solo en los humanos actuales (entre ellos tanto los cazadores-recolectores como los urbanitas), sino también, en grado limitado, en los chimpancés.

Hace alrededor de un millón de años siguió el uso controlado del fuego, un logro único de los homínidos. Tizones procedentes de caídas del rayo y transportados a otros lugares confirieron enormes ventajas en todos los aspectos de la existencia de nuestros antepasados. Este control mejoró la obtención de carne, al permitir levantar y atrapar a más animales. Un fuego terrero que se expande era el equivalente de una jauría moderna de perros cazadores. Asimismo, los animales muertos por el fuego solían quedar asados por él. E incluso en los primeros días de los *Homo* carnívoros, la ventaja de obtener y consumir más fácilmente carne, tendones y huesos tuvo consecuencias importantes. En la evolución posterior, la masticación y la fisiología de la digestión evolucionaron para su especialización en carne y plantas cocinadas. La cocción se convirtió en un rasgo humano universal. Al compartir comidas cocinadas se estableció un medio universal de vínculo social.

El fuego transportado de un lugar a otro era un recurso, como la carne, la fruta y las armas. Los troncos de árboles y los manojos de ramitas pueden arder en rescoldo durante horas. Con la carne, el fuego y la cocción, los lugares de campamento que duraban unos pocos días cada vez, y que de esta manera persistían lo bastante para ser guardados como refugio, marcaron el siguiente paso vital. Un nido de este tipo, como asimismo se le puede denominar, ha sido el precursor del logro de la eusocialidad por todos los demás animales conocidos. Existen pruebas de lugares de campamento fósiles y sus pertrechos que se remontan hasta *Homo erectus*, la especie ancestral intermedia en tamaño cerebral entre *Homo habilis* y el *Homo sapiens* moderno.

A la par que los lugares de campamento junto al fuego llegó la división del trabajo. Era algo con resorte: ya existía una predisposición previa en el seno de los grupos a autoorganizarse mediante jerarquías de dominancia. Además, ya existían diferencias tempranas entre machos y hembras y entre jóvenes y viejos. Más aún: en el seno de cada subgrupo existían variaciones en la capacidad de liderazgo, así como en la propensión a permanecer en el lugar de campamento. El resultado inevitable que surgió rápidamente de todas estas preadaptaciones fue una compleja división del trabajo.

En la época de *Homo erectus*, todos los pasos que condujeron a esta especie a la eusocialidad, salvo el uso controlado del fuego, los habían seguido asimismo los chimpancés modernos y los bonobos. Gracias a nuestras preadaptaciones únicas, estábamos a punto de dejar muy atrás a estos primos lejanos. Ahora el escenario ya estaba preparado para que los primates africanos poseedores del cráneo de mayor tamaño realizaran el salto verdaderamente definitorio hasta su potencial último.

6

Las fuerzas creativas

Si unos científicos extraterrestres hubieran aterrizado en la Tierra hace tres millones de años, les habrían asombrado las abejas melíferas, los termes constructores de termiteros y las hormigas cortadoras de hojas, cuyas colonias eran en aquella época los superorganismos supremos del mundo de los insectos y, por un amplio margen, los sistemas sociales más complejos y más exitosos del planeta desde el punto de vista ecológico.

Los visitantes habrían estudiado asimismo a los australopitecos africanos, unas raras especies de primates bípedos con un cerebro del tamaño del de los simios. No había mucho potencial aquí o en cualesquiera otros de los animales vertebrados, habrían supuesto los visitantes. Después de todo, animales de ese tamaño habían caminado sobre la Tierra durante los últimos 300 millones de años, y no había ocurrido prácticamente nada. Los insectos eusociales parecían lo mejor de que era capaz este planeta.

Imaginemos además que, con su misión cumplida, los extraterrestres se hubieran marchado. La biosfera de la Tierra se había estabilizado, hasta donde podían ver, y en su libro de bitácora registrarían: «Nada nuevo de particular importancia es probable que ocurra en los megaaños (miles de milenios)* venideros. Los insectos eusociales han sido la cúspide de la evolución social durante unos 100 megaaños y dominan el mundo de los invertebrados terrestres, y es probable que esto continúe durante otros 100 megaaños».

---

* Millones de años. *(N. del T.)*

Sin embargo, durante su ausencia ocurrió algo verdaderamente extraordinario. El cerebro de uno de los australopitecos empezó a crecer rápidamente. En el momento de la visita de los extraterrestres medía 500-700 centímetros cúbicos. Dos millones de años más tarde, había aumentado hasta 1.000 centímetros cúbicos. Durante los 1,8 millones de años siguientes, se disparó hasta 1.500-1.700 centímetros cúbicos, el doble que el de los australopitecinos ancestrales. Había llegado *Homo sapiens*, y su conquista social de la Tierra era inminente.

Si los descendientes de aquellos extraterrestres hicieran una visita de regreso a la Tierra en la actualidad, después de haber pasado los tres millones de años de intervalo en sistemas estelares más interesantes, seguramente les sorprendería la situación en la Tierra. Había ocurrido lo que era casi imposible. Una de las especies de primates bípedos que habían encontrado antes no solo había sobrevivido, sino que había desarrollado una civilización basada en el lenguaje. E igual de sorprendente que preocupante a la vez, la especie de primate estaba destruyendo su propia biosfera.

Aunque diminuta por su biomasa (la totalidad de sus más de siete mil millones de miembros podrían ser apilados como troncos en un cubo de dos kilómetros de lado), la nueva especie se había convertido en una fuerza geofísica. Había domeñado las energías del Sol y de los combustibles fósiles, desviado una gran parte del agua dulce para su propio uso, acidificado el océano y cambiado la atmósfera hasta un estado potencialmente letal. «Es un trabajo de ingeniería terriblemente chapucero —podrían decir los visitantes—. Tendríamos que haber venido antes y haber impedido que ocurriera esta tragedia.»

El origen de la humanidad moderna fue un golpe de suerte: bueno para nuestra especie durante un tiempo, malo para el resto de la vida para siempre. Todas las preadaptaciones que he citado como pasos evolutivos en el camino hacia el carácter humano tenían, si se daban en la secuencia adecuada, el potencial para llevar a una especie de animales grandes al borde de la eusocialidad. Cada una de las preadaptaciones ha sido citada por uno u otro autor científico como el acontecimiento clave que catapultó a los primeros homínidos a la condición humana actual. Casi todas las conjeturas son parcialmente correctas. Pero ninguna tiene sentido excepto como parte de una secuencia, una de las muchas secuencias que eran posibles.

Así pues, ¿mediante qué *fuerza* de dinámica evolutiva se abrió camino nuestro linaje a través del laberinto evolutivo? ¿Qué fue lo que en el ambiente y en la circunstancia ancestral condujo exactamente a la especie a través de la secuencia adecuada de cambios genéticos?

Los que son muy religiosos dirán, desde luego, que la mano de Dios. Esto hubiera sido un logro muy improbable incluso para un poder sobrenatural. Con el fin de producir la condición humana, un Creador divino tendría que haber espolvoreado un número astronómico de mutaciones genéticas en el genoma y al mismo tiempo gestionar los ambientes físico y vivo a lo largo de millones de años para mantener a los prehumanos arcaicos en el buen camino. Podría haber hecho la misma tarea con una serie de generadores de números aleatorios. La selección natural, y no el diseño, fue la fuerza que enhebró esta aguja.

Durante casi medio siglo, ha gozado de popularidad entre los científicos serios que buscan una explicación naturalista para el origen de la humanidad, yo entre ellos, invocar la selección de parentesco como una fuerza dinámica clave de la evolución humana. Superficialmente, al menos, la selección de parentesco, concebida como productora de una propiedad a nivel de grupo denominada eficacia biológica inclusiva, ha sido un concepto atractivo, incluso seductor, según el cual los padres, los hijos y sus primos y otros parientes colaterales están unidos por la coordinación y unidad de propósito que los actos altruistas de unos hacia otros hacen posible. El altruismo beneficia realmente a cada miembro del grupo en promedio porque cada altruista comparte genes por la herencia común con la mayoría de los demás miembros del grupo. Debido a este compartir con los parientes, su sacrificio aumenta la abundancia relativa de dichos genes en la siguiente generación. Si el aumento es mayor que el número medio que se pierde al reducir el número de genes que se transmiten a los descendientes personales, entonces el altruismo es favorecido y puede aparecer una sociedad por evolución. Los individuos se dividen en castas reproductoras y no reproductoras como una manifestación en parte del comportamiento de sacrificio propio en beneficio de los parientes.

Lamentablemente para esta hipótesis, los fundamentos de la teoría general de la eficacia biológica inclusiva basados en los supuestos de la selección de parentesco se han desmoronado, mientras que las pruebas en su favor han sido, en el mejor de los casos, equívocas. En cualquier caso, la bonita teoría nunca funcionó bien, y ahora se ha venido abajo.

Una nueva teoría de evolución eusocial, surgida en parte como consecuencia de mi colaboración con los biólogos teóricos Martin Nowak y Corina Tarnita, y en parte del trabajo de otros investigadores, proporciona explicaciones separadas para el origen de los insectos sociales por un lado, y para el origen de las sociedades humanas por el otro. En el caso de las hormigas y de otros invertebrados eusociales, se interpreta que el proceso no es de selección de parentesco ni de selección de grupo, sino de selección al nivel del individuo, de reina (en el caso de las hormigas y de otros insectos himenópteros) a reina, siendo la casta de obreras una extensión del fenotipo de la reina. La evolución puede avanzar de esta manera porque en los primeros estadios de la evolución colonial la reina viaja lejos de su colonia natal y crea por sí misma a los miembros de la colonia. La creación de nuevos grupos por los humanos, en la época actual y en todo el tiempo desde la prehistoria, ha sido fundamentalmente diferente (al menos en mi interpretación personal y en la de algunos otros científicos, cuando se basa en la biología comparada). Su dinámica evolutiva está impulsada a la vez por la selección individual y por la selección de grupo. Este proceso a múltiples niveles ya fue anticipado por Darwin en *El origen del hombre*:

Ahora bien, si algún hombre de una tribu, más sagaz que los demás, inventó un nuevo cepo o una nueva arma, u otro medio de ataque o defensa, el interés propio más claro, sin la asistencia de demasiada capacidad de razonamiento, habría movido a los otros miembros a imitarlo, y de esta forma todos saldrían beneficiados. La práctica habitual de cada nuevo arte debe también, en algún grado reducido, reforzar el intelecto. Si el nuevo invento fuera importante, la tribu aumentaría en número de individuos, se expandiría y sustituiría a otras tribus. En una tribu que por este procedimiento se hiciera más numerosa, siempre habría una mayor probabilidad de nacimiento de otros miembros superiores e inventivos. Si estos hombres dejaran hijos que heredaran su superioridad mental, la probabilidad de nacimiento de miembros todavía más ingeniosos sería algo mejor, y en una tribu muy pequeña decididamente mejor. Incluso si no dejaran descendencia, la tribu incluiría todavía a sus parientes consanguíneos. Y los agrónomos han establecido que, conservando y criando los animales de la familia de un animal que, al sacrificarlo, resultó ser valioso, se obtiene el carácter deseado.

La selección multinivel, a niveles múltiples, consiste en la interacción entre fuerzas de selección que actúan sobre rasgos de miembros individuales y otras fuerzas de selección que actúan sobre rasgos del grupo como un todo. Se pretende que la nueva teoría sustituya a la teoría tradicional basada en el parentesco genealógico u otra medida comparable de parentesco genético. También la ha presentado Martin Nowak como una alternativa a la selección multinivel en el caso de los insectos sociales. En esta aproximación, es posible reducir la totalidad del proceso selectivo a su efecto sobre el genoma de cada miembro de la colonia y de sus descendientes directos. El resultado se consigue sin referencia al grado de parentesco de cada colonia, de un miembro a otros miembros, como no sea entre progenitor e hijos.

Si se aceptan como guías las pruebas arqueológicas y el comportamiento de los cazadores-recolectores modernos, los precursores de *Homo sapiens* formaban grupos bien organizados que competían entre sí por el territorio y otros recursos escasos. En general, cabe esperar que la competencia entre grupos afecte a la eficacia genética de cada miembro (es decir, la proporción de descendientes personales que aporta al número de futuros miembros del grupo), ya sea que esta aumente, ya que disminuya. Una persona puede morir o resultar incapacitada, y perder su eficacia genética individual, durante, por ejemplo, una guerra o bajo el gobierno de una dictadura brutal. Si suponemos que los grupos son aproximadamente iguales entre sí en lo que se refiere a armamento y otras tecnologías, que ha sido el caso durante la mayor parte del tiempo entre las sociedades primitivas a lo largo de cientos de miles de años, podemos esperar que el resultado de la competencia entre grupos esté determinada en gran parte a su vez por los detalles del comportamiento social en el seno de cada grupo. Estos rasgos son el tamaño y el grado de unión del grupo, y la calidad de la comunicación y la división del trabajo entre sus miembros. Tales rasgos son heredables en cierto grado; en otras palabras, la variación en ellos se debe en parte a diferencias en los genes entre los miembros del grupo, y por consiguiente también entre los propios grupos. La eficacia genética de cada miembro, el número de descendientes reproductores que deja, está determinada por el coste contraído y el beneficio obtenido por su pertenencia al grupo. Estos incluyen el favor o la desaprobación que consigue de los otros miembros del grupo sobre la base de su comportamiento. La moneda del favor se paga mediante reciprocidad directa y reciprocidad indirecta, esta última en forma de reputación y confianza. Lo bien que se desempeñe un grupo dependerá de lo bien que sus miembros trabajen juntos, con independencia del grado en que cada uno se ve favorecido o desfavorecido dentro del grupo.

Por lo tanto, la eficacia genética de un ser humano tiene que ser una consecuencia a la vez de la selección individual y de la selección de grupo. Pero esto solo es cierto con referencia a los objetivos de la selección. Sean los objetivos rasgos del individuo que operan en su propio interés, o rasgos interactivos entre los miembros del grupo en interés del grupo, la unidad última afectada es todo el código genético del individuo. Si el beneficio de pertenecer al grupo cae por debajo del de la vida solitaria, la evolución favorecerá que el individuo se aparte del grupo o que engañe. Si esto se lleva lo bastante lejos, la sociedad se disolverá. Si el beneficio personal por pertenecer al grupo aumenta lo suficiente o, alternativamente, si líderes egoístas pueden forzar a la colonia para que sirva a sus intereses personales, los miembros propenderán al altruismo y la conformidad. Puesto que todos los miembros normales tienen al menos la capacidad de reproducirse, existe un conflicto intrínseco e irremediable en las sociedades humanas entre la selección natural al nivel del individuo y la selección natural al nivel del grupo.

Los alelos (las diversas formas de cada gen) que favorecen la supervivencia y la reproducción de miembros individuales del grupo a expensas de otros, siempre están en conflicto con alelos del mismo gen y alelos de otros genes que favorecen el altruismo y la cohesión a la hora de determinar la supervivencia y la reproducción de los individuos. El egoísmo, la cobardía y la competencia poco ética aumentan el interés de alelos seleccionados individualmente, al tiempo que reducen la proporción de alelos altruistas y seleccionados por el grupo. Estas propensiones destructivas se ven contrarrestadas por alelos que predisponen a los individuos a un comportamiento heroico y altruista por el bien de los miembros del mismo grupo. Los rasgos seleccionados a nivel del grupo adoptan propiamente el grado más violento de resolución durante los conflictos entre grupos rivales.

Por lo tanto, era inevitable que el código genético que prescribe el comportamiento social de los humanos modernos sea una quimera. Una parte prescribe rasgos que favorecen el éxito de los individuos dentro del grupo. La otra parte prescribe los rasgos que favorecen el éxito del grupo en la competencia con otros grupos.

La selección natural al nivel individual, con estrategias que evolucionan para producir el número máximo de descendientes maduros, ha dominado a lo largo de la historia de la vida. Modela peculiarmente la fisiología y el comportamiento de los organismos para favorecer una existencia solitaria, o todo lo más la pertenencia a grupos organizados de manera laxa. El origen de la eusocialidad, en la que los organismos se comportan de la manera opuesta, ha sido raro en la historia de la vida debido a que la selección de grupo ha de ser excepcionalmente potente para relajar el agarre de la selección individual. Solo entonces puede modificar el efecto conservador de la selección individual e introducir un comportamiento muy cooperativo en la fisiología y el comportamiento de los miembros del grupo.

Los antepasados de las hormigas y de otros insectos himenópteros eusociales (hormigas, abejas, avispas) se enfrentaron al mismo problema que los de los humanos. Lo burlaron desarrollando por evolución una plasticidad extrema de determinados genes, programados de manera que las obreras altruistas posean los mismos genes para la fisiología y la conducta que la reina madre, aunque difieren drásticamente de la reina y entre sí en lo que respecta a estos rasgos. La selección ha permanecido al nivel del individuo, de reina a reina. Pero la selección en las sociedades de insectos continúa al nivel del grupo, con una colonia que se opone a otra. Esta aparente paradoja se resuelve fácilmente. En la mayoría de las formas de comportamiento social, por lo que se refiere a la selección natural, la colonia es operativamente solo la reina y su extensión fenotípica en forma de ayudantes que funcionan como robots. Al mismo tiempo, la selección de grupo promueve la diversidad genética entre las obreras en otras partes del genoma para ayudar a proteger a la colonia de las enfermedades. Dicha diversidad la proporciona el macho con el que se aparea cada reina. En este sentido, el genotipo de un individuo es una quimera genética. Contiene genes que no varían entre los miembros de la colonia, con castas que son formas plásticas creadas a partir de los mismos genes, y genes que sí que varían entre los miembros de la colonia como un escudo contra las enfermedades.

En los mamíferos, una treta de este tipo no era posible, porque su ciclo biológico es fundamentalmente diferente del de los insectos. En la fase reproductiva clave del ciclo biológico de un mamífero, la hembra se halla afincada en el territorio de su origen. No puede separarse del grupo en el que nació, a menos que se vaya directamente a un grupo vecino, un acontecimiento común, pero muy controlado, tanto en los animales como en los humanos. En contraste, la hembra de insecto puede ser fecundada, y después transportar los espermatozoides, como un macho portátil, en su espermateca a grandes distancias. Puede iniciar nuevas colonias por sí sola, lejos del nido de su nacimiento.

En los mamíferos y otros vertebrados, el dominio de la selección de grupo sobre la selección individual no solo ha sido raro; nunca ha sido completo, y es probable que nunca lo sea. Los aspectos fundamentales del ciclo biológico y de la estructura poblacional de los mamíferos lo impiden. En el teatro de la evolución social de los mamíferos no puede crearse un sistema social como el de los insectos.

Las consecuencias previsibles de este proceso evolutivo en los humanos son las siguientes:

- Entre grupos tiene lugar una competencia intensa, que en muchas circunstancias incluye agresión territorial.
- La composición del grupo es inestable, debido a la ventaja de aumentar el tamaño del grupo como resultado de la inmigración, el proselitismo ideológico y la conquista, frente a las oportunidades de conseguir ventajas mediante la usurpación dentro del grupo y la fisión para crear nuevos grupos.
- Existe una guerra inevitable y perpetua entre el honor, la virtud y el deber, productos de la selección de grupo, por un lado, y el egoísmo, la cobardía y la hipocresía, productos de la selección individual, por el otro.
- El perfeccionamiento de captar rápidamente y de manera experta la intención de los demás ha sido fundamental en la evolución del comportamiento social humano.
- Gran parte de la cultura, incluido en especial el contenido de las artes creativas, ha surgido del choque inevitable entre la selección individual y la selección de grupo.

En resumen, la condición humana es un tumulto endémico que surge de los procesos evolutivos que nos crearon. Lo peor de nuestra naturaleza coexiste con lo mejor, y así será siempre. Suprimirlo, si tal cosa fuera posible, nos haría menos que humanos.

7

El tribalismo es un rasgo humano fundamental

Formar grupos, obtener un bienestar y orgullo viscerales del compañerismo familiar, y defender de manera entusiasta al grupo frente a grupos rivales: estos son algunos de los valores universales absolutos de la naturaleza humana y, por tanto, de la cultura.

Sin embargo, una vez que un grupo se ha establecido con un propósito definido, sus fronteras son maleables. Por lo general, las familias se incluyen como subgrupos, aunque con frecuencia se hallan divididas por la lealtad a otros grupos. Lo mismo ocurre con los aliados, reclutas, conversos, miembros honorarios y traidores de grupos rivales que se han pasado al otro lado. A cada miembro de un grupo se le da identidad y se le confieren ciertos derechos. Y, al revés, cualquier prestigio y riquezas que pueda adquirir proporciona identidad y poder a sus compañeros.

Los grupos modernos son psicológicamente equivalentes a las tribus de la historia antigua y la prehistoria. Como tales, dichos grupos descienden directamente de las cuadrillas de prehumanos primitivos. El instinto que los mantiene unidos es el producto biológico de la selección de grupo.

Las personas han de tener una tribu. Les confiere un nombre además del propio y significado social en un mundo caótico. Hace que el ambiente sea menos desorientador y peligroso. El mundo social de cada humano moderno no es una única tribu, sino más bien un sistema de tribus entrelazadas, entre las que suele ser difícil distinguir una única brújula. La gente aprecia la compañía de amigos que tengan una manera de pensar parecida, y anhelan estar en uno de los mejores grupos (un regimiento de marines de combate, quizá, una facultad de élite, el comité ejecutivo de una compañía, una secta religiosa, una hermandad estudiantil, un club de jardinería), cualquier colectividad que pueda compararse favorablemente con otros grupos que compitan en la misma categoría.

Hoy en día, personas de todo el mundo, cada vez más cautelosas con respecto a la guerra y temerosas de sus consecuencias, se dedican cada vez más a su equivalente moral en los equipos deportivos. Su ansia de pertenencia a un grupo y de superioridad de su grupo puede satisfacerse con la victoria de sus guerreros en encuentros en campos de batalla ritualizados. Al igual que los ciudadanos alegres y bien vestidos de Washington, D.C., que fueron a contemplar la primera batalla de Bull Run durante la Guerra Civil, consideran con anticipación y fruición el acontecimiento. Los hinchas se exaltan al ver los uniformes, símbolos y pertrechos de batalla del equipo, las copas de campeonatos y estandartes que se exhiben, las doncellas semidesnudas que bailan y que muy apropiadamente se denominan animadoras. Algunos de los hinchas llevan vestidos extraños y pinturas faciales en homenaje a su equipo. Después de las victorias asisten a galas triunfales. Muchos, en especial los que son de la edad de los guerreros y de las jóvenes, pierden toda cohibición y se unen al espíritu de la batalla y a la jubilosa confusión que se produce después. Cuando los Celtics de Boston derrotaron a los Lakers de Los Ángeles en el campeonato de la NBA, en una noche de junio de 1984, el equipo estaba extático, y el mantra era «¡Supremos Celts!». El psicólogo social Roger Brown, que presenció los hechos, comentaba: «No eran solo los jugadores los que se sentían supremos, sino toda la hinchada. Había éxtasis en el North End. Los hinchas salían del Garden y de los bares de las inmediaciones ejecutando prácticamente *break dance* en el aire, con las tagarninas encendidas, los brazos levantados, gritando a voces. Aplastaron el capó de un coche, unas treinta personas se amontonaron encima jubilosamente, y el conductor (un hincha) sonreía feliz. Una caravana improvisada de coches a marcha lenta y con el claxon sonando circuló por todo el vecindario. No me parecía que estos hinchas mostraran solo simpatía o empatía por su equipo. Personalmente estaban como locos. Aquella noche, la auto-estima de cada hincha era enorme; una identidad social hizo muchí-simo para numerosas identidades personales».

Brown añadía después un punto importante: «La identificación con un equipo deportivo tiene en sí misma algo de la arbitrariedad de los grupos mínimos. Para ser un hincha del Celtic uno no ne-cesita haber nacido en Boston, ni siquiera vivir allí, y lo mismo cabe decir de la pertenencia al equipo. Como individuos, o con los miembros sobresalientes de otros grupos, tanto los hinchas como los miembros del grupo pueden ser muy hostiles. Sin embargo, mientras la pertenencia a los Celtics fuera dominante, todos actua-ban al unísono».

Experimentos realizados a lo largo de muchos años por los psi-cólogos sociales han revelado de qué manera célere y decisiva la gente se divide en grupos, y cómo luego discriminan a favor del grupo al que pertenecen. Aun cuando los experimentadores crearon dichos grupos de forma arbitraria, y después los etiquetaron de modo que los miembros pudieran identificarse, y aunque las interac-ciones prescritas eran triviales, pronto se establecieron los prejuicios. Ya fuera que los grupos jugaran por dinero o que se identificaran a nivel del grupo como prefiriendo un pintor abstracto a otro, los par-ticipantes siempre clasificaban al grupo externo por debajo del gru-po interno. Juzgaban que sus «oponentes» eran menos agradables, menos justos, menos fiables, menos competentes. Los prejuicios apa-recían incluso cuando a los sujetos se les comunicaba que los miem-bros del propio grupo y los del otro grupo habían sido elegidos ar-bitrariamente. En una de estas series de pruebas, se les pidió a los sujetos que dividieran pilas de fichas entre miembros anónimos de los dos grupos, y se obtuvo la misma respuesta. De forma consisten-te, se mostró un fuerte favoritismo para los que se identificaban sim-plemente como pertenecientes al grupo, aunque no hubiera otro incentivo ni hubiera existido ningún contacto previo.

Por su poder y universalidad, la tendencia a formar grupos y después a favorecer a los miembros del grupo tiene el distintivo del instinto. Se podría aducir que el prejuicio a favor de los miembros del grupo está condicionado por un adiestramiento temprano a afiliarse con los miembros de la familia y por el incentivo para jugar con los niños del vecindario. Pero incluso si esta experiencia desempeña su papel, sería un ejemplo de lo que los psicólogos denominan aprendizaje preparado, la propensión innata a aprender algo de manera célere y decisiva. Si la propensión hacia el sesgo a favor del propio grupo tiene todos estos criterios, es probable que sea hereditaria y, si es así, puede suponerse razonablemente que ha surgido mediante evolución por selección natural. Otros ejemplos convincentes de aprendizaje preparado en el repertorio humano incluyen el lenguaje, la evitación del incesto y la adquisición de fobias.

Si el comportamiento grupista es realmente un instinto expresado por aprendizaje preparado heredado, cabe esperar que encontremos señales del mismo incluso en niños muy pequeños. Y este fenómeno lo han descubierto exactamente psicólogos cognitivos. Los infantes recién nacidos son más sensibles a los primeros sonidos que oyen, a la cara de su madre y a los sonidos de su lenguaje nativo. Tiempo después miran preferentemente a personas que antes hablaron en su lenguaje nativo y que ellos pudieron oír. Los niños en edad preescolar tienden a seleccionar como amigos a hablantes en su lengua nativa. Las preferencias empiezan antes de la comprensión del significado del habla y se muestran incluso cuando se comprende perfectamente el habla con acentos diferentes.

El impulso elemental para formar grupo y obtener gran placer por la pertenencia al grupo se traduce fácilmente a un nivel superior en tribalismo. Las personas propenden al etnocentrismo. Es un hecho incómodo que, incluso cuando se les ofrece una elección sin remordimientos, los individuos prefieren la compañía de otros de la misma raza, nación, clan y religión. Confían más en ellos, se relajan mejor con ellos en los acontecimientos comerciales y sociales, y los prefieren con más frecuencia como pareja con la que casarse. Son más rápidos a la hora de indignarse ante la evidencia de que alguien de fuera del grupo se comporta injustamente o recibe recompensas inmerecidas. Y se comportan de manera hostil ante cualquier miembro de otro grupo que se introduzca en el territorio de su grupo o utilice sus recursos. En la literatura y la historia abundan ejemplos de lo que ocurre en casos extremos, como el siguiente pasaje de Jueces 12:5-6, del Antiguo Testamento:

> Los galaditas se apoderaron de los vados del Jordán, enfrente de Efraím; y cuando llegaba alguno de los fugitivos de Efraím, diciendo «Dejadme pasar», le preguntaban: «¿Eres efraimita?». Respondía: «No». Entonces ellos le decían: «A ver, di: *shibbolet*», y él decía *sibbolet*, pues no podían pronunciar así. Entonces los de Galaad le apresaban y le degollaban junto a los vados del Jordán. Cayeron en aquella circunstancia cuarenta y dos mil hombres de Efraím.*

Cuando en experimentos, a americanos blancos y negros se les proyectaban imágenes de personas de la otra raza, su amígdala, el centro cerebral del miedo y la cólera, se activaba tan rápida y sutilmente que los centros conscientes del cerebro no se daban cuenta de la respuesta. El sujeto, efectivamente, no podía evitarlo. En cambio, cuando se añadían contextos adecuados (por ejemplo, cuando el negro que se acercaba era un médico y el blanco su paciente), otros dos lugares del cerebro integrados con los centros de aprendizaje superior, la corteza cingulada y la corteza dorsolateral preferente, se activaban y silenciaban la entrada procedente de la amígdala.

Así, diferentes partes del cerebro han evolucionado mediante selección de grupo para crear la propensión a formar grupos. Median la propensión innata a rebajar la categoría de los miembros de otros grupos, o bien, por el contrario, a reprimir sus efectos autónomos inmediatos. No hay culpa, o muy poca, en el placer que se experimenta contemplando acontecimientos deportivos violentos y filmes de guerra, siempre que la amígdala domine la acción y la historia termine con una destrucción satisfactoria del enemigo.

---

* Según la versión de la Sagrada Biblia de E. Nácar y A. Colunga (Madrid, BAC, 1966), que se ha seguido también para las demás citas bíblicas del texto. *(N. del T.)*

8

La guerra es la maldición hereditaria de la humanidad

«La historia es un baño de sangre», escribió William James, cuyo ensayo antibelicista de 1906 es sin lugar a duda el mejor que se haya escrito jamás sobre el tema. «La guerra moderna es tan cara —continuaba— que creemos que el comercio es una vía mejor para el pillaje; pero el hombre moderno hereda toda la belicosidad innata y todo el amor a la gloria de sus antepasados. Mostrarle toda la irracionalidad y el horror de la guerra no tiene ningún efecto en él. Los horrores constituyen la fascinación. La guerra es la vida *fuerte*; es la vida *in extremis*; los impuestos de guerra son los únicos que los hombres nunca dudan en pagar, como nos demuestran los presupuestos de todas las naciones.»

Nuestra naturaleza sangrienta, puede decirse ahora en el contexto de la biología moderna, está profundamente arraigada porque la lucha de grupo contra grupo fue una fuerza impulsora principal que hizo de nosotros lo que somos. En la prehistoria, la selección de grupo elevó a los homínidos que se convirtieron en carnívoros territoriales a cimas de solidaridad, al genio, a la resolución. Y al *miedo*. Cada tribu sabía con justificación que si no estaba armada y dispuesta, su propia existencia corría peligro. A través de la historia, la escalada de una gran parte de la tecnología ha tenido el combate como su objetivo principal. Hoy en día, los calendarios de las naciones están salpicados de fiestas para celebrar guerras ganadas y para efectuar servicios en memoria de los que murieron librándolas. El respaldo público se consigue mejor si se apela a las emociones del combate mortal, de las que la amígdala es el gran amo. Nos encontramos en la *batalla* para contener un vertido de petróleo, la *lucha* para suavizar la inflación, la *guerra* contra el cáncer. Siempre que haya un enemigo, animado o inanimado, tiene que haber una victoria. Uno tiene que vencer en el frente, no importa lo alto que sea el coste en casa.

Cualquier excusa vale para una guerra real, mientras sea vista como necesaria para proteger a la tribu. El recuerdo de los horrores del pasado no tiene ningún efecto. Entre abril y junio de 1994, asesinos de la mayoría hutu de Ruanda se dispusieron a exterminar a la minoría tutsi, que en aquella época gobernaba el país. En cien días de masacre desenfrenada con machetes y armas de fuego, murieron 800.000 personas, la mayoría tutsis. La población total de Ruanda se redujo en un 10 por ciento. Cuando finalmente se consiguió una tregua, dos millones de hutus huyeron del país, temiendo un justo castigo. Las causas inmediatas del baño de sangre eran agravios políticos y sociales, pero todas surgían de una causa fundamental: Ruanda era el país más superpoblado de África. Para una población que aumentaba de manera inexorable, la tierra cultivable per cápita se estaba reduciendo hasta el límite. La disputa mortífera era sobre qué tribu poseería y controlaría toda la tierra.

Los tutsis habían sido dominantes antes del genocidio. Los colonos belgas habían considerado que era la mejor de las dos tribus y, en consecuencia, los habían beneficiado. Los tutsis, desde luego, creían lo mismo, y aunque ambas tribus hablaban la misma lengua, trataban a los hutus como inferiores. Por su parte, los hutus consideraban a los tutsis como invasores que habían llegado generaciones antes procedentes de Etiopía. A muchos de los que atacaron a sus vecinos se les había prometido la tierra de los tutsis que mataran. Cuando lanzaban los cadáveres de los tutsis al río, se mofaban diciendo que estaban devolviendo a sus víctimas a Etiopía.

Una vez que un grupo se ha dividido y se ha deshumanizado suficientemente, puede justificarse cualquier brutalidad, a cualquier nivel y a cualquier tamaño del grupo al que se hace víctima, hasta llegar a incluir raza y nación. En Rusia, el Gran Terror bajo Stalin tuvo como resultado permitir de manera deliberada que más de tres millones de ucranianos soviéticos murieran de hambre durante el invierno de 1932-1933. En 1937 y 1938 se efectuaron 681.692 ejecuciones por supuestos «crímenes políticos», de las cuales más del 90 por ciento lo fueron de campesinos que se resistían a la colectivización. La Unión Soviética en su conjunto sufrió pronto igualmente por la brutal invasión nazi, cuyo objetivo declarado era dominar a los eslavos, «inferiores», y preparar el espacio para la expansión de los pueblos arios, racialmente «puros».

Si no hay ninguna otra razón conveniente para librar una guerra de expansión territorial, siempre se puede recurrir a Dios. Fue la voluntad de Dios lo que llevó a los cruzados al Levante. Se les pagó por adelantado con indulgencias papales. Avanzaban bajo el signo de la cruz, y pedían que la que supuestamente era la Cruz verdadera fuera devuelta a manos cristianas. Durante el asedio de Acre en 1191, Ricardo I llevó a 2.700 prisioneros de guerra musulmanes lo bastante cerca de la línea de batalla para que Saladino los viera, y después los pasó a todos a cuchillo. Se dijo que su motivo había sido impresionar al caudillo musulmán con la voluntad de hierro del monarca inglés, pero también pudo haber sido voluntad de Ricardo impedir que los prisioneros volvieran a las armas. No importa: el motivo último para todo ese horror fue arrebatar tierras y recursos a los musulmanes y cederlos a los reinos de la Cristiandad.

Después le llegó el turnó al islam. Fue asimismo al servicio de Dios que los turcos otomanos, bajo el sultán Mehmed II, pusieron sitio a Constantinopla en 1453. Era a la Santísima Trinidad y a todos los santos a los que los cristianos rezaban en la gran iglesia de Santa Sofía mientras las fuerzas otomanas convergían en el augusteo. Los desesperados suplicantes no fueron escuchados. Aquel día, Dios favoreció a los musulmanes, de manera que los cristianos fueron asesinados o bien vendidos como esclavos.

Nadie ha expresado de manera más vívida la profunda relación entre la violencia humana y la divina en el seno de las religiones abrahámicas que Martín Lutero en su ensayo de 1526 *Si los hombres de armas también pueden estar en gracia*:

Pero ¿qué haréis a propósito del hecho de que la gente no mantendrá la paz, sino que hurtará, robará, matará, ultrajará a mujeres y niños, y se llevará la propiedad y el honor? La pequeña falta de paz denominada guerra o la espada han de poner un límite a esta carencia universal y mundial de paz que nos destruirá a todos. Esta es la razón por la que Dios honra de manera tan elevada la espada que dice que Él mismo la ha instituido (Rom 13:1) y no quiere que los hombres digan o piensen que ellos la han inventado o la han instituido. Porque la mano que blande esta espada y mata con ella no es la mano del hombre, sino la de Dios; y no es el hombre, sino Dios quien cuelga, tortura, decapita, mata y lucha. Todas estas son obras y juicios de Dios.

Y así ha sido siempre. Según Tucídides, los atenienses pidieron al pueblo independiente de Milo que abandonaran su apoyo a Esparta en la guerra del Peloponeso, y que se sometieran a la autoridad de Atenas. Representantes de ambos estados se reunieron para discutir el asunto. Los atenienses explicaron el destino que los dioses daban a los hombres: «Los poderosos exigen lo que pueden, y los débiles conceden lo que deben». Los melios respondieron que nunca serían hechos esclavos, y que apelarían a los dioses en busca de justicia divina. Los atenienses replicaron: «De los dioses creemos y de los hombres sabemos que, por una ley de su naturaleza, siempre que puedan gobernar lo harán. Esta ley no la hicimos nosotros, y no somos los primeros en actuar según ella. No hicimos otra cosa que heredarla, y sabemos que vosotros y toda la humanidad, si fuerais tan fuertes como nosotros somos, haríais lo mismo que nosotros. Lo mismo para los dioses. Os hemos dicho ya por qué esperamos situarnos tan alto en su buena opinión como vosotros». Aun así, los melios rehusaron, y pronto llegó una fuerza ateniense para conquistar Milo. En el tono calmado de la tragedia griega clásica, Tucídides informa: «Por consiguiente, los atenienses mataron a todos los que estaban en edad militar, e hicieron esclavos a las mujeres y los niños. Después colonizaron la isla, enviando allá a quinientos colonos de los suyos».

Existe una conocida fábula para simbolizar este ángel oscuro y despiadado de la naturaleza humana. Un escorpión le pide a una

FIGURA 8.1. Para los mayas, la guerra era una manera normal de vivir, tal como se ilustra en los murales de Bonampak, México, de aproximadamente 800 d.C. (De Thomas Hayden, «The roots of war», *U.S. News & World Report*, 26 de abril de 2004, pp. 44-50. Fotografía de Enrico Ferorelli, reconstrucción mediante ordenador de Doug Stern, National Geographic Stock.)

rana que lo transporte a través de un arroyo. La rana primero se niega, diciendo que teme que el escorpión la pique. El escorpión asegura a la rana que no hará tal cosa. Después de todo, le dice, ambos pereceríamos si yo te picara. La rana acepta, y a medio camino de la travesía del arroyo el escorpión la hiere. ¿Por qué lo hiciste?, pregunta la rana mientras ambos se hunden bajo la superficie. Es mi naturaleza, explica el escorpión.

No debe pensarse que la guerra, a menudo acompañada de genocidio, es un artefacto cultural de unas pocas sociedades. Ni tampoco ha sido una aberración de la historia, un resultado de los dolores del crecimiento de la maduración de nuestra especie. Guerras y

FIGURA 8.2. Los yanomamo son una de las últimas tribus primitivas de Sudamérica, con una población de diez mil personas, dividida entre 200-250 aldeas ferozmente independientes. Las incursiones en las aldeas vecinas son algo común. Aquí, los guerreros se alinean al alba, antes de partir para una de dichas incursiones, con la cara y el cuerpo decorados con carbón de leña masticado. (Proporcionada con permiso para reproducirla por Napoleon A. Chagnon.)

genocidio han sido universales y eternos, y no han respetado ninguna época ni cultura concretas. Desde el final de la Segunda Guerra Mundial, el conflicto violento entre estados se ha reducido drásticamente, debido en parte al empate nuclear de las potencias principales (dos escorpiones en una botella a gran escala). Pero las guerras civiles, las insurgencias y el terrorismo promovido por el Estado continúan sin amainar. En general, las grandes guerras han sido sustituidas en todo el mundo por guerras menores del tipo y la magnitud más característicos de los cazadores-recolectores y de las sociedades agrícolas primitivas. Las sociedades civilizadas han intentado eliminar la tortura, la ejecución y el asesinato de civiles, pero los que luchan en las guerras pequeñas no acatan estos preceptos.

Los yacimientos arqueológicos están repletos de pruebas de conflictos en masa. Una gran parte de las construcciones más impresionantes de la historia han tenido un propósito defensivo, y esto incluye la Gran Muralla China, el Muro de Adriano que cruza Inglaterra, los magníficos castillos y fortalezas de Europa y Japón, las moradas en los riscos de los indios pueblo ancestrales, las murallas de las ciudades de Jerusalén y Constantinopla. Incluso la Acrópolis fue originalmente una ciudad de muros fortificados.

Los arqueólogos han descubierto que los enterramientos de gente masacrada son algo común. Los utensilios del período Neolítico más temprano incluyen instrumentos claramente diseñados para la lucha. El Hombre de Hielo, un cadáver congelado descubierto en los Alpes en 1991 y cuya antigüedad se ha datado en unos cinco mil años, murió debido a una flecha cuya punta se encontró clavada en su pecho. Portaba un arco, un carcaj de flechas y una daga o cuchillo de cobre, presumiblemente para la caza y la preparación de los animales. Pero también poseía un destral con una lámina de cobre sin mellar por el uso por parte de un leñador que necesita cortar madera y hueso. Más probablemente, su uso era el de un hacha de guerra.

Se suele decir que unas pocas sociedades de cazadores-recolectores que sobreviven, en especial los bosquimanos de Sudáfrica y los aborígenes australianos, que por su organización social se hallan cerca de nuestros antepasados cazadores-recolectores, no se enzarzan en guerras y, por lo tanto, atestiguan la aparición tardía en la historia del conflicto de masas violento. Pero su existencia se ha visto marginalizada y reducida por los colonos europeos y, en el caso de los bosquimanos, también por invasores tempranos zulúes y hereros. Antaño los bosquimanos vivían en poblaciones mayores en hábitats mucho más amplios y productivos que las tierras de matorral y desierto que ocupan en la actualidad. Asimismo se enzarzaban en guerras tribales. Los indicios en pinturas rupestres y los relatos de los primeros exploradores y colonos europeos ilustran batallas campales entre grupos armados. Cuando los hereros empezaron a invadir territorio bosquimano en los primeros años del siglo XIX, al principio fueron expulsados por destacamentos bélicos bosquimanos.

Cabría pensar que la influencia de religiones orientales pacíficas, en especial el budismo, ha sido constante a la hora de oponerse a la violencia. No es este el caso. Siempre que el budismo dominó y se convirtió en la ideología oficial, ya fuera el budismo theravada en el sudeste asiático o el budismo tántrico en Asia oriental y el Tíbet, la guerra era tolerada e incluso fomentada como parte de la política de estado basada en la fe. El razonamiento es sencillo, y tiene su imagen especular en el cristianismo: la paz, la no violencia y el amor fraternal son valores fundamentales, pero una amenaza a la ley y a la civilización budista es un mal que tiene que ser derrotado. Efectivamente: «Matadlos a todos, y Buda recibirá a los suyos».

En el siglo VI, rebeldes chinos, bajo el título budista de «Gran vehículo» (Mahayana), se dispusieron a eliminar a todos los «demonios» del mundo… empezando por el clero budista. En Japón, el budismo fue modificado como un instrumento de las luchas feudales, creando el «monje guerrero» híbrido. No fue hasta finales del siglo XVI que los poderosos monasterios fueron desmantelados por el gobierno militar central. Entonces se modificó el budismo como un instrumento de luchas feudales. Después de la restauración Meiji de 1818, el budismo japonés se convirtió en parte de la «movilización espiritual» de la nación.

¿Y qué decir de la lejana prehistoria? ¿Acaso fue la guerra en cierto modo una consecuencia de la extensión de la agricultura y las aldeas y de una densidad creciente de la población? Es evidente que este no fue el caso. Localidades de sepultura de pueblos recolectores del Paleolítico Superior y del Mesolítico del valle del Nilo y de Baviera incluyen enterramientos en masa de lo que parecen ser clanes enteros. Muchos habían muerto de forma violenta por la acción de cachiporras, lanzas o flechas. Desde el Paleolítico Superior hace 40.000 años hasta hace unos 12.000 años, los restos dispersos suelen presentar señales de muerte por golpes en la cabeza y marcas de cortes en los huesos. Este fue el período de las famosas pinturas de Las-

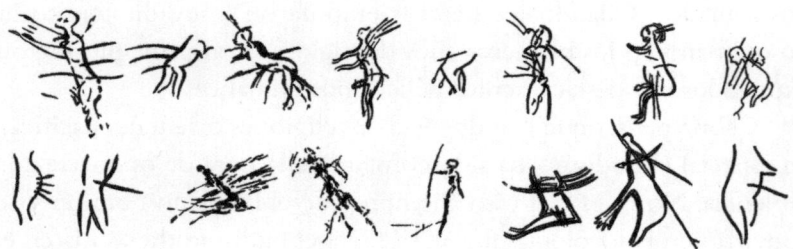

FIGURA 8.3. Humanos muertos por venablos lanzados, la mayoría de ellos múltiples, se encuentran en el arte paleolítico de varias cuevas europeas. Las heridas mortales podrían ser el resultado de asesinato o ejecuciones, pero es más probable (en opinión de este autor) que representen enemigos abatidos por cuadrillas de guerra que atacaron a individuos. (De R. Dale Guthrie, *The Nature of Paleolithic Art*, University of Chicago Press, Chicago, 2005.)

caux y de otras cuevas, algunas de las cuales incluyen dibujos de personas alanceadas o tendidas, moribundas o muertas.

Hay otra manera de comprobar la frecuencia de conflictos de grupo violentos en la historia humana remota. Los arqueólogos han determinado que después de que las poblaciones de *Homo sapiens* empezaran a extenderse fuera de África hace aproximadamente 60.000 años, la primera oleada llegó hasta Nueva Guinea y Australia. Los descendientes de los pioneros permanecieron en esos puestos avanzados como cazadores-recolectores o todo lo más como agricultores primitivos, hasta la llegada de los europeos. Poblaciones actuales de procedencia temprana y culturas arcaicas parecidas son los aborígenes de la isla Pequeño Andamán, frente a la costa oriental de la India, los pigmeos mbuti de África central, y los bosquimanos !kung del África austral. Todos ellos en la actualidad, o al menos dentro de la memoria histórica, han mostrado un comportamiento territorial agresivo.

De los miles de culturas de todo el mundo que los antropólogos han estudiado, entre el pequeñísimo porcentaje de ellas que han considerado que eran «pacíficas» se cuentan los esquimales del cobre e ingalik, los gebusi de las tierras bajas de Nueva Guinea, los semang de Malasia peninsular, los sirionó de la Amazonia, los yagán de Tierra del Fuego, los warrau de Venezuela oriental y los aborígenes de la costa occidental de Tasmania. Al menos algunos tenían tasas elevadas de homicidio. En los gebusi de Nueva Guinea y los esquimales del cobre, un tercio de todas las muertes de adultos eran homicidios. «Esto podría explicarse —han escrito los antropólogos Steven A. LeBlanc y Katherine E. Register— por el hecho de que en las sociedades pequeñas casi todos son parientes, aunque sean lejanos. Naturalmente, esto plantea algunas preguntas desconcertantes: ¿quién es un miembro del grupo y quién un forastero? ¿Qué muerte se considera homicidio y qué muerte es un acto de guerra? Tales preguntas y sus respuestas se tornan algo confusas. De modo que esta llamada apacibilidad depende más de la definición que se haga de homicidio y de guerra que de la realidad. De hecho, algunas de estas sociedades sí que tenían conflictos armados, pero por lo general se ha considerado que estos eran menores e insignificantes.»

La cuestión clave que permanece en la dinámica de la evolución genética humana es si la selección natural al nivel del grupo ha sido lo bastante fuerte para superar la potente fuerza de la selección natural al nivel del individuo. Dicho de otra manera, las fuerzas que favorecen el comportamiento altruista instintivo hacia otros miembros del grupo, ¿han sido lo bastante fuertes para ir en contra del comportamiento egoísta individual? Modelos matemáticos formulados en la década de 1970 demostraban que la selección de grupo puede vencer si la tasa relativa de extinción o disminución del grupo en grupos sin genes altruistas es muy alta. Tal como sugiere una clase de dichos modelos, cuando la tasa de aumento de la multiplicación del grupo con miembros altruistas excede a la tasa de aumento de individuos egoístas en el seno de los grupos, el altruismo de base genética puede expandirse a través de la población de los grupos. Más recientemente, en 2009, el biólogo teórico Samuel Bowles ha producido un modelo más realista que se ajusta bien a los datos empíricos. Su aproximación da respuesta a la siguiente pregunta: si los grupos cooperativos tuvieron más probabilidades de vencer en conflictos con otros grupos, ¿ha sido suficiente el nivel de violencia intergrupo

Localidad, región	Prueba arqueológica Fecha aproximada (años antes del presente)	Fracción de mortalidad de adultos debida a la guerra
Columbia Británica (30 localidades)	5500-334	0,23
Nubia (localidad 117)	14000-12000	0,46
Nubia (cerca de localidad 117)	14000-12000	0,03
Vasiliv'ka III, Ucrania	11000	0,21
Volos'ke, Ucrania	«Epipaleolítico»	0,22
California S. (28 localidades)	5500-628	0,06
California central	3500-500	0,05
Suecia (Skateholm I)	6100	0,07
California Central	2415-1773	0,08
Sarai Nahar Rai, India N.	3140-2854	0,30
California central (2 localidades)	2240-238	0,04
Gobero, Níger	16000-8200	0,00
Calumnata, Argelia	8300-7300	0,04
Ile Teviec, Francia	6600	0,12
Bogebakken, Dinamarca	6300-5800	0,12
Ache, Paraguay oriental*	Precontacto (1970)	0,30
Hiwi, Venezuela-Colombia*	Precontacto (1960)	0,17
Murngin, Australia NE*[†]	1910-1930	0,21
Ayoreo, Bolivia-Paraguay[‡]	1920-1979	0,15
Tiwi, Australia N.[§]	1893-1903	0,10
Modoc, California N.[§]	«Época aborigen»	0,13
Casiguran Agta, Filipinas*	1936-1950	0,05
Anbara, Australia N.*[†][¦]	1950-1960	0,04

* Recolectores.   † Marítimos.   ‡ Recolectores-horticultores estacionales.
§ Cazadores-recolectores sedentarios.   ¦ Establecidos recientemente.

TABLA 8.1. Pruebas arqueológicas y etnográficas de la fracción de mortalidad de adultos debida a la guerra. «Antes del presente» en el encabezamiento central significa antes de 2008. (De Samuel Bowles, «Did warfare among ancestral hunter-gatherers affect the evolution of human social behaviors?», *Science* 324 [2009], p. 1.295. Las referencias primarias no se incluyen en la tabla que se reproduce aquí.)

para influir en la evolución del comportamiento social humano? Las estimaciones de la mortalidad de adultos en grupos de cazadores-recolectores desde el principio de los tiempos neolíticos hasta el presente, que se muestran en la tabla 8,1, respaldan dicha proposición.

Así, la agresividad tribal se remonta a mucho antes del Neolítico, pero hasta ahora nadie puede decir exactamente a qué distancia en el tiempo. Podría haber empezado en la época de *Homo habilis*, en la que las poblaciones tenían una fuerte dependencia del carroñeo o de la caza para conseguir carne. Y hay muchas posibilidades de que se trate de una herencia mucho más antigua, que se remonte en el tiempo hasta antes de la división de hace seis millones de años entre las líneas que condujeron respectivamente a los chimpancés y a los humanos modernos. Una serie de investigadores, encabezados por Jane Goodall, han documentado los asesinatos en el seno de grupos de chimpancés y las incursiones letales que se producen entre grupos. Resulta que los chimpancés y los cazadores-recolectores y agricultores primitivos humanos tienen aproximadamente las mismas tasas de muertes a causa de ataques violentos dentro de grupos y entre grupos. Pero la violencia no letal es mucho más alta en los chimpancés, que se da con una frecuencia del orden de entre cien veces, y posiblemente mil veces, mayor que en los humanos.

Los chimpancés viven en grupos, que los primatólogos denominan «comunidades», de hasta 150 individuos, que defienden territorios de hasta 38 kilómetros cuadrados, y con densidades de población bajas, de unos 5 individuos por kilómetro cuadrado. Dentro de cada una de estas asociaciones, las cuadrillas pequeñas forman subgrupos. Los miembros de cada subgrupo, entre 5 y 10 de promedio, se desplazan, comen y duermen juntos. Los machos pasan toda su vida en la misma comunidad, mientras que la mayoría de las hembras emigran cuando son jóvenes para unirse a comunidades vecinas. Los machos son más gregarios que las hembras. También son fuertemente conscientes del estatus social, y suelen abandonarse a exhibiciones que acaban en peleas. Forman coaliciones con otros y emplean una amplia gama de maniobras y engaños para explotar o bien evadir por completo el orden de dominancia. Las pautas de violencia colectiva a las que se abandonan los machos jóvenes de chimpancés son notablemente parecidas a las de los machos humanos jóvenes. Aparte de rivalizar constantemente por la posición social, tanto para ellos como para sus pandillas, tienden a evitar las confrontaciones masivas abiertas con tropillas rivales, y en cambio se basan en ataques por sorpresa.

El objetivo de las incursiones que efectúan las pandillas de machos en las comunidades vecinas es evidentemente matar o expulsar a sus miembros y adquirir nuevo territorio. Toda esta conquista en condiciones completamente naturales la han presenciado John Mitani y sus colaboradores en el Parque Nacional Kibale, de Uganda. La guerra, continuada a lo largo de diez años, era pavorosamente parecida a la humana. Cada diez a catorce días, patrullas de hasta veinte machos penetraban en territorio enemigo, moviéndose silenciosamente en fila india, escudriñando el terreno desde el suelo a la bóveda arbórea, y deteniéndose cautelosamente a cada ruido del entorno. Si encontraban una fuerza mayor que la propia, los invasores rompían filas y volvían corriendo a su propio territorio. Sin embargo, cuando encontraban a un macho solitario, caían en grupo sobre él, lo apuñeaban y lo mordían hasta matarlo. Cuando encontraban a una hembra, por lo general la dejaban marchar. Esta última deferencia no era una exhibición de galantería. Si la hembra llevaba una cría, se la quitaban, la mataban y se la comían. Finalmente, después de esta presión constante durante tanto tiempo, las pandillas invasoras simplemente se anexionaron el territorio enemigo, añadiendo así un 22 por ciento de las tierras a las que poseía su propia comunidad.

No hay manera segura de decidir, sobre la base del conocimiento actual, si chimpancés y humanos heredaron su patrón de agresión territorial de un antepasado común o si lo desarrollaron por evolución de manera independiente en respuesta a presiones paralelas de selección natural y oportunidades que encontraron en su tierra natal africana. Sin embargo, a partir de la notable similitud en detalle de comportamiento entre las dos especies, y si utilizamos el menor número de conjeturas necesarias para explicarlo, un antepasado común parece la elección más probable.

Los principios de la ecología de poblaciones nos permiten explorar más profundamente las raíces del origen del instinto tribal de la humanidad. El crecimiento demográfico es exponencial. Cuando cada individuo de una población es sustituido en cada generación sucesiva por más de uno (incluso por una fracción muy pequeña, de 1,01, pongamos por caso), la población crece cada vez más deprisa, de la misma manera que una cuenta de ahorro o de crédito. Una población de chimpancés o de humanos propende siempre a crecer exponencialmente cuando los recursos son abundantes, pero después de unas pocas generaciones, incluso en el mejor de los tiempos se ve obligada a aflojar el ritmo. Algo empieza a intervenir, y a su debido tiempo la población alcanza su máximo, después permanece estable, o bien oscila hacia arriba y hacia abajo. En ocasiones declina, y la especie se extingue localmente.

¿Qué es este «algo»? Puede ser cualquier cosa de la naturaleza que aumenta o disminuye su efectividad con el tamaño de la población. Los lobos, por ejemplo, son el factor limitante para la población de ciervos y alces a los que matan y comen. Cuando los lobos se multiplican, las poblaciones de ciervos y alces dejan de aumentar o se reducen. De manera paralela, la cantidad de ciervos y alces son el factor limitante para los lobos: cuando la población de depredadores empieza a andar escasa de comida, en este caso de ciervos y alces, su población se reduce. En otros casos, la misma relación se da para organismos patógenos y los patrones u hospedadores a los que infectan. A medida que la población del patrón aumenta, y las poblaciones se hacen mayores y más densas, la población del parásito aumenta con ella. Históricamente, a menudo ha habido enfermedades que se han extendido por el territorio, denominadas epidemias en los humanos y epizootias en los animales, hasta que las poblaciones de hospedadores se reducen lo bastante o un porcentaje suficiente de sus miembros adquiere inmunidad. Los organismos patógenos pueden definirse como depredadores que comen a sus presas en unidades inferiores a uno.

Hay otro principio que opera: los factores limitantes actúan en jerarquías. Supongamos que el factor limitante principal para los ciervos se elimina al matar los humanos a los lobos. Como resultado, ciervos y alces se hacen más numerosos… hasta que interviene el siguiente factor. El factor puede ser que los herbívoros sobrepastorean su territorio y entonces escasea la comida. Otro factor limitante es la emigración, en la que los individuos tienen una mayor probabilidad de supervivencia si se van a cualquier otro lugar. La emigración debida a la presión demográfica es un instinto muy desarrollado en los lemmings, las langostas causantes de plagas, las mariposas monarca y los lobos. Si a estas especies se les impide emigrar, sus poblaciones pueden aumentar de nuevo de tamaño, pero entonces se manifiesta algún otro factor. Para muchas especies de animales, el factor es la defensa del territorio, que protege los recursos alimentarios para el poseedor del territorio. Los leones rugen, los lobos aúllan y los pájaros cantan con el fin de anunciar que están en su territorio y desean que los miembros competidores de la misma especie se mantengan lejos. Humanos y chimpancés son intensamente territoriales. Este es el control demográfico aparente integrado en sus sistemas sociales. Solo puede especularse cuáles fueron los acontecimientos que tuvieron lugar en el origen de las líneas de los chimpancés y los humanos, antes de la separación entre chimpancés y humanos hace seis millones de años. Creo, sin embargo, que los indicios encajan mejor en la siguiente secuencia. El factor limitante original, que se intensificó con la introducción de la caza en grupo para obtener proteína animal, fue el alimento. El comportamiento territorial evolucionó como un mecanismo para acaparar los recursos alimentarios. Las guerras expansionistas y la anexión resultaron en territorios mayores y favorecieron los genes que prescriben cohesión del grupo, creación de redes y formación de alianzas.

Durante cientos de milenios, el imperativo territorial confirió estabilidad a las comunidades de *Homo sapiens*, que eran pequeñas y estaban dispersas, de la misma manera que ocurre hoy en día en las poblaciones pequeñas y dispersas de los cazadores-recolectores supervivientes. Durante este largo período, extremos ambientales separados aleatoriamente aumentaron y redujeron de manera alternativa el tamaño poblacional que podían contener los territorios. Estos «choques demográficos» condujeron a la emigración obligada o a la expansión agresiva del territorio mediante la conquista, o a ambas cosas a la vez. También plantearon el valor de formar alianzas fuera de las redes basadas en el parentesco con el fin de vencer a otros grupos vecinos.

Hace diez mil años, la revolución del Neolítico empezó a producir cantidades muchísimo mayores de alimento a partir de las plantas cultivadas y de los animales de granja, lo que permitió el crecimiento rápido de las poblaciones humanas. Pero este progreso no cambió la naturaleza humana. Los individuos aumentaron en número todo lo rápidamente que los ricos y nuevos recursos permitían. Como el alimento se convirtió de nuevo e inevitablemente en el factor limitante, los humanos obedecieron al imperativo territorial. Sus descendientes no han cambiado. En la actualidad, somos todavía y fundamentalmente lo mismo que nuestros antepasados cazadores-recolectores, pero con más comida y territorios mayores. De región a región, según demuestran estudios recientes, las poblaciones se han acercado al límite que establecen los recursos de alimento y agua. Y así ha sido siempre para cada tribu, excepto por los breves períodos posteriores al descubrimiento de nuevas tierras y al desplazamiento o muerte de sus habitantes indígenas.

La lucha para controlar recursos vitales continúa globalmente, y se agrava cada vez más. El problema surgió porque la humanidad no supo aprovechar la gran oportunidad que se le concedió al alba del período Neolítico. Entonces pudo haber frenado el crecimiento demográfico y mantenerlo por debajo del límite mínimo obligado. Sin embargo, como especie hicimos lo contrario. No había manera de que pudiéramos prever las consecuencias de nuestro éxito inicial. Simplemente, tomamos lo que se nos ofrecía y continuamos multiplicándonos y consumiendo en obediencia ciega a instintos heredados de nuestros antepasados del Paleolítico, más humildes y más brutalmente limitados.

9

La salida

Hace dos millones de años, los australopitecinos de África, cuyos genes estaban repartidos entre múltiples especies, todavía vagaban por las sabanas arboladas y las praderas africanas. Andaban sobre sus patas traseras, lo que los diferenciaba de todos los demás primates que habían existido. Su cabeza era parecida a la de los simios en forma y dentición. Su cerebro no era mayor que el de los grandes simios que vivían a su alrededor. Sus poblaciones eran pequeñas y dispersas, y en cualquier momento todas podrían haberse visto abocadas a la extinción. En realidad, pasado otro medio millón de años todas habían desaparecido.

Todas, excepto una. La radiación de los australopitecinos produjo un único superviviente, cuyos descendientes estaban destinados no solo a persistir, sino a dominar el mundo. Al principio, estos antepasados de la humanidad moderna no tenían un futuro más seguro que el de sus parientes próximos. Hace dos millones de años, la estirpe favorecida de australopitecinos había empezado la transición hacia *Homo erectus*, dotado de un cerebro todavía mayor. Esta especie poseía un cerebro más pequeño que el del *Homo sapiens* actual, pero era capaz de elaborar toscos utensilios líticos y de utilizar el fuego controlado en lugares de campamento. Sus poblaciones se extendieron fuera de África, cubriendo la tierra hasta Asia nororiental y, hacia el sur, directamente hasta Indonesia. *Homo erectus* era adaptable en un grado sin precedentes para un primate. Algunas de sus poblaciones sobrevivieron en los fríos inviernos de lo que en la actualidad es el norte de China, y otras en el cálido y húmedo clima tropical de Java.

A lo largo de su gran área de distribución, los paleontólogos han excavado fragmentos de todas las partes del esqueleto de *H. erectus*, y las han unido repetidas veces. Y en dos estratos sedimentarios cerca del lago Turkana, del norte de Kenia, descubrieron algo tan notable como los cráneos y los fémures: huellas fosilizadas. Hoy las impresiones han cambiado poco desde que un *Homo erectus* vagara por la zona, escurriéndosele el fango entre los dedos de los pies, y las dejó hace 1,5 millones de años.

Homo erectus, con una cultura muy avanzada con respecto a la de sus antepasados simiescos, y más adaptable a ambientes nuevos y difíciles, expandió su área de distribución hasta convertirse en el primer primate cosmopolita. Solo le faltó alcanzar los continentes aislados de Australia y el Nuevo Mundo, y los archipiélagos remotos del océano Pacífico. Su extensa área de distribución impidió que la especie padeciera una extinción temprana. Una de sus líneas genéticas adquirió la inmortalidad potencial al evolucionar en *Homo sapiens*. El *Homo erectus* ancestral todavía vive. Somos nosotros.

En un lugar muy remoto de su área de distribución, *Homo erectus* produjo un vástago menos afortunado, *Homo floresiensis*, un hominino diminuto y de cerebro pequeño que vivió en Flores, una isla de tamaño medio en la cadena de las islas Menores de la Sonda, al este de Java. Sus restos fósiles y utensilios líticos datan de hace 94.000 a hace solo 13.000 años. De un metro de altura y con un cerebro no mayor que el de los australopitecinos africanos, el hombre de Flores, que popularmente se conoce como el hobbit, sigue siendo un enigma. Lo más probable es que se originara como una variante extrema de *Homo erectus* y que durante su aislamiento divergiera de las principales poblaciones de *H. erectus* indonesias. Su pequeño tamaño encaja en una laxa regla de la biogeografía insular: las especies animales aisladas en islas y que pesan menos de veinte kilogramos tienden a evolucionar hasta producir gigantes relativos (un ejemplo son las enormes tortugas de las Galápagos), mientras que las que pesan más de veinte kilogramos tienden a evolucionar hasta tamaños diminutos (los ciervos enanos de los cayos de Florida). Si la condición de hominino distintivo que en la actualidad se le reconoce es correcta, *Homo floresiensis* nos dice muchas cosas acerca de los caprichos del laberinto evolutivo por el que *Homo erectus* viajó hasta llegar a nuestra propia especie. Su extinción relativamente reciente, después de una larga existencia, plantea la posibilidad de que fuera eliminada, como nuestra especie hermana, los neandertales, durante la expansión del victorioso *Homo sapiens* alrededor del mundo.

Si se considera de manera imparcial, *Homo sapiens*, el exitoso descendiente de *Homo erectus*, es en realidad incluso más extraño que el pigmeo de Flores. Además de la frente prominente, el cerebro de tamaño enorme y de los dedos largos y ahusados, nuestra especie presenta otras características sorprendentes del tipo que los taxónomos biológicos denominan «diagnósticas». Esto significa que, combinados, algunos de nuestros rasgos son únicos entre todos los animales:

- Un lenguaje productivo basado en permutaciones infinitas de palabras y símbolos inventados arbitrariamente.
- Música, comprendiendo una amplia gama de sonidos, también en permutaciones infinitas y ejecutada en patrones elegidos individualmente y que crean determinadas disposiciones de ánimo; pero, más definitivamente, con un ritmo.
- Infancia prolongada, que permite períodos de aprendizaje extendido bajo el asesoramiento de adultos.
- Ocultación anatómica de los genitales femeninos y abandono del reclamo de la ovulación, ambas cosas combinadas con la actividad sexual continua. Esto último promueve los vínculos hembra-macho y el cuidado biparental, que son necesarios durante el largo período de desamparo en la primera infancia.
- Crecimiento insólitamente rápido y sustancial en el tamaño cerebral durante el desarrollo temprano: aumenta 3,3 veces desde el nacimiento hasta la madurez.
- Forma corporal relativamente grácil, dientes pequeños y músculos faciales débiles, indicativos de una dieta omnívora.
- Sistema digestivo especializado en la ingestión de alimentos ablandados mediante la cocción.

Hace aproximadamente 700.000 años, las poblaciones de *Homo erectus* desarrollaron por evolución un cerebro mayor. Por inferencia, habían adquirido al menos algunos de los rasgos diagnósticos de *Homo sapiens* que se acaban de mencionar. Pero en este período temprano, el cráneo se hallaba todavía lejos de ser moderno. El *Homo erectus* arcaico poseía crestas superciliares prominentes, una cara más sobresaliente y una menor expansión lateral de todo el cráneo que en el caso del *Homo sapiens* moderno. 200.000 años antes del presente, los antepasados africanos se habían acercado anatómicamente a los humanos contemporáneos. Las poblaciones utilizaban asimismo utensilios líticos más avanzados y quizá practicaban alguna forma de enterramiento. Pero su cráneo era todavía de construcción relativamente pesada. Solo a partir de hace 60.000 años, cuando *Homo sapiens* salió de África y empezó a expandirse alrededor del mundo, las personas adquirieron las dimensiones esqueléticas completas de la humanidad contemporánea.

Los ancestros que consiguieron salir de África y conquistaron la Tierra procedían de una mezcla genética diversa. A lo largo de todo su pasado evolutivo, durante cientos de miles de años, habían sido cazadores-recolectores. Vivían en cuadrillas reducidas, parecidas a las partidas de los que sobreviven en la actualidad, compuestas de al menos treinta y de no más de un centenar de individuos. Estos grupos se hallaban distribuidos aquí y allá. Los que se encontraban más cerca unos de otros intercambiaban una pequeña fracción de individuos en cada generación, muy probablemente hembras. Divergieron genéticamente lo bastante para que todo el conjunto de cuadrillas (la metapoblación, como denominan los biólogos a tal colectividad) fuera mucho más variable que los humanos indígenas destinados a efectuar la salida.

Esta diferencia persiste. Ya hace tiempo que se sabe que los africanos del sur del Sahara son mucho más diversos desde el punto de vista genético que los pueblos nativos de otras partes del mundo. La magnitud de esta disparidad se hizo especialmente evidente en 2010, cuando se publicaron todas las secuencias que codifican proteínas del genoma de cuatro cazadores-recolectores bosquimanos (conocidos también como san o khoisan) de diferentes partes del Kalahari, más la de un bantú de una tribu agrícola vecina de África austral. Sorprendentemente, a pesar de la semejanza física externa entre ellos, los cuatro san resultaron diferir más entre sí de lo que el europeo medio difiere de un asiático medio.

Los biólogos humanos y los investigadores médicos no han dejado de advertir que los genes de los africanos actuales representan una mina para toda la humanidad. Poseen la mayor reserva de diversidad genética de nuestra especie, cuyo estudio habrá de arrojar nueva luz sobre la herencia del cuerpo y de la mente humanos. A la vista de este y de otros avances en genética humana, quizá ha llegado el momento de adoptar una nueva ética de variación racial y hereditaria, una ética que valore toda la diversidad y no las diferencias que componen la diversidad. Proporcionaría la medida adecuada de la variación genética de nuestra especie como activo, valorado por la adaptabilidad que nos proporciona a todos durante un futuro cada vez más incierto. La humanidad está reforzada por una amplia dotación de genes que pueden generar nuevos talentos, resistencia adicional a enfermedades y quizá incluso nuevas maneras de ver la realidad. Por razones científicas, así como por razones morales, hemos de aprender a promover la diversidad biológica humana por su propio valor en lugar de utilizarla para justificar el prejuicio y el conflicto.

Las poblaciones de *Homo sapiens* que se extendieron desde África hasta Oriente Próximo y más allá emprendieron viajes del tipo de los que son rutinarios para los viajeros de hoy en día. Generación tras generación, las cuadrillas penetraron a pie, lenta y cautelosamente, en las extrañas tierras que se extendían ante ellas. El patrón que parece que siguieron fue aventurarse unas cuantas decenas de kilómetros, establecerse, aumentar en número, y después dividirse en dos o más cuadrillas, capaces de desplazarse a un nuevo territorio. Aparentemente, los invasores iniciales se dirigieron de esta manera al norte a lo largo del valle del Nilo, hasta el Levante, y después se extendieron al norte y al este. Es muy posible que los primeros pioneros de este corredor constituyeran solo una o muy pocas cuadrillas.

Al cabo de unos pocos miles de años, sus descendientes se convertirían en una red de tribus laxamente conectadas repartidas por la casi totalidad del continente euroasiático.

Este escenario de avance inicial lento por parte de unos pocos, seguido de un crecimiento de las poblaciones locales, viene respaldado por dos líneas de pruebas reunidas por grupos diferentes de investigadores durante los últimos diez años. La primera es la gran diversidad genética de los sudafricanos en la actualidad, que sugiere que únicamente una pequeña parte de toda la población africana participó en la salida. La segunda es que los análisis y modelos matemáticos realizados sobre la cantidad de diferencias genéticas entre las poblaciones humanas vivas sugieren que los pioneros crearon un «efecto fundador en serie», con unos pocos individuos saliendo de una población establecida, más antigua, y que, a su vez, servían como fuente de la siguiente emigración más allá. Finalmente se produjeron muchas de estas puntas de lanza que radiaron en múltiples direcciones, y la población humana se conglutinó.

Los científicos han reunido datos procedentes de la geología, la genética y la paleontología con el fin de tener una idea más precisa de cómo empezó la pauta de salida de África. Hace entre 135.000 y 90.000 años, un período de aridez atenazó el África tropical con una intensidad mucho más extrema que ninguno de los que había experimentado durante las decenas de miles de años previos. El resultado fue la retirada obligada de la humanidad primitiva a un área de distribución mucho más pequeña y su caída a un nivel de población peligrosamente bajo. La muerte por inanición y los conflictos tribales, que se convertirían en algo rutinario en épocas históricas posteriores, tuvieron que haber sido generalizados en la prehistoria. El tamaño de la población total de *Homo sapiens* en el continente africano se redujo a miles de individuos, y durante mucho tiempo la futura especie conquistadora estuvo al borde de la extinción completa.

Después, finalmente, la gran sequía remitió, y hace entre 90.000 y 70.000 años los bosques tropicales y las sabanas volvieron a expandirse hasta su distribución previa. Las poblaciones humanas

103

crecieron y se extendieron con ellos. Al mismo tiempo, otras partes del continente se tornaron más áridas, y lo mismo ocurrió en Oriente Próximo. Con niveles intermedios de precipitación generalizados en la mayor parte de África, se abrió una ventana especialmente favorable para la expansión demográfica de poblaciones pioneras fuera del continente. En particular, el intervalo fue lo bastante prolongado para mantener un corredor habitable continuo siguiendo el Nilo hasta el Sinaí y más allá, que dividía las tierras áridas y permitió un desplazamiento hacia el norte de los humanos colonizadores. Una segunda ruta posible fue hacia el este, a través del estrecho de Bab el-Mandeb y hasta la península Arábiga meridional.

De ahí siguió la penetración de *Homo sapiens* hacia el interior de Europa no más tarde de hace 42.000 años antes del presente. Humanos anatómicamente modernos se extendieron por el río Danubio, penetrando en la patria de su especie humana hermana, los neandertales (*Homo neanderthalensis*). Las poblaciones de este habían surgido por evolución, en épocas muy anteriores, de un tronco humano arcaico. Aunque genéticamente cercano a *Homo sapiens*, era una especie biológica distinta, que en sus contactos con *H. sapiens* solo en raras ocasiones se hibridó con este. Quizá debido a que los neandertales dependían más de la caza mayor, estaban mal equipados para competir con diestros guerreros que subsistían no solo a base de caza mayor, sino también de una variedad más amplia de productos animales y vegetales. Hacia 30.000 años antes del presente, *Homo sapiens* había también sustituido a otra especie relacionada con los neandertales, los «denisovanos», recientemente descubiertos en Siberia meridional, conocidos gracias a los restos de la cueva Denisova, en los montes Altái.

El resto de las rutas seguidas por las poblaciones humanas en aumento, como mejor se puede deducir a partir de las pruebas fósiles y genéticas, se extendió hacia el interior de Asia y a lo largo de la costa del océano Índico hace unos 60.000 años. Los colonos penetraron en el subcontinente indio y después en la península Malaya, al tiempo que, de alguna manera, atravesaron los estrechos hasta las

FIGURA 9.1. Los primeros colonos de un nuevo continente. Muy temprano en la historia de la humanidad moderna (*Homo sapiens*), las tribus empezaron a realizar ceremonias de enterramiento, que son antecedentes o acompañamiento de creencias religiosas primitivas. Esta reconstrucción es un enterramiento por parte de aborígenes australianos primitivos en Mungo, en el sudeste de Australia, hace al menos cuarenta mil años. Sobre el cuerpo del cadáver se esparce polvo de ocre rojo. (© John Sibbick. De *The Complete World of Human Evolution*, de Chris Stringer y Peter Andrews, Thames & Hudson, Londres, 2005, p. 171.)

islas Andamán, donde todavía existen poblaciones aborígenes antiguas. Aparentemente no consiguieron llegar a las islas Nicobar, muy cercanas, en las que la constitución genética de los habitantes actuales sugiere un origen asiático más reciente, 15.000 años antes del presente. Los restos humanos más antiguos encontrados hasta la fecha en Indonesia, de la cueva Niah de Borneo, tienen 45.000 años de antigüedad. Los más antiguos de Australia, desenterrados del lago Mungo, datan de hace 46.000 años. Es probable que Nueva Guinea fuera colonizada algo antes. Cambios importantes en la fauna de Australia, debidos probablemente a la depredación y al empleo del incendio de la vegetación baja para hacer salir a los animales, dan prueba de que la fecha de la incursión australiana fue hace al menos 50.000 años antes del presente. Los pueblos nativos de Nueva Guinea y Australia pueden considerarse verdaderos aborígenes: descendientes directos de los primeros humanos modernos en llegar a la misma tierra que ocupan en la actualidad.

La cuestión de cuándo el *Homo sapiens* anatómicamente moderno llegó al Nuevo Mundo, con su impacto catastrófico sobre la fauna y la flora vírgenes, ha acaparado la atención de los antropólogos durante muchos años. Como una imagen fotográfica en un líquido revelador muy lento, parece que finalmente la imagen se está enfocando. A partir de estudios genéticos y arqueológicos en Siberia y el continente americano, ahora parece que una única población siberiana alcanzó el puente continental de Bering no antes de hace 30.000 años, y posiblemente en fecha tan reciente como hace 22.000 años. En este período, los casquetes de hielo continentales habían extraído suficiente agua de los océanos para dejar al descubierto el puente continental de Bering, al tiempo que bloqueaban la entrada a lo que en la actualidad es Alaska. Alrededor de 16.500 años antes del presente, la retirada de los casquetes de hielo abrió el camino hacia el sur, y empezó una invasión a gran escala a través de Alaska. Hacia los 15.000 años antes del presente, tal como revelan los descubrimientos arqueológicos tanto en Norteamérica como en Sudamérica, la colonización del continente americano ya estaba en marcha. Parece probable que las primeras poblaciones se dispersaran a lo largo de la costa del Pacífico, de la que se habían retirado los hielos recientemente, costeando tierras todavía expuestas por el repliegue incompleto de los casquetes de hielo, pero que en la actualidad se hallan en su mayoría bajo el agua.

Hace aproximadamente 3.000 años, los antepasados de los pueblos de la Polinesia empezaron a colonizar los archipiélagos del Pacífico. Empezando en Tonga y avanzando gradualmente hacia el este con grandes canoas diseñadas para viajes prolongados, alcanzaron, hacia el 1200 a.C., los confines de la Polinesia, un triángulo formado por Hawai, la isla de Pascua y Nueva Zelanda. Con esta hazaña de los viajeros polinesios, la conquista humana de la Tierra era completa.

10

La explosión creativa

Poseedoras de un cerebro grande capaz de una conquista global, poblaciones de *Homo sapiens* salieron del continente africano y se extendieron en una oleada inexorable, que avanzaba generación tras generación, por todo el Viejo Mundo. De manera casi imperceptible al principio, pero acelerando el paso aquí y allí, crearon formas de cultura cada vez más complejas. Después, de repente según criterios geológicos, llegó el mayor de todos los avances. En diversas localidades en el alba del Neolítico, los cazadores-recolectores inventaron la agricultura y formaron aldeas, acompañadas de cacicazgos y cacicazgos mayores, y finalmente estados e imperios. La evolución cultural durante esta época fue autocatalítica (empleando un término procedente de la química): cada avance hacía que otros avances fueran más probables. En los primeros siglos de la historia documentada, las innovaciones se extendían rápidamente a un lado y otro de los continentes, tanto en el Viejo como en el Nuevo Mundo. Sin embargo, fue en el corazón del supercontinente euroasiático donde culminó el proceso que iba a cambiar el mundo.

Los antropólogos han ofrecido tres hipótesis para explicar la explosión creativa de la cultura. La primera es que una mutación genética, importante y transformadora, apareció en la población africana de *Homo sapiens* aproximadamente en la época de la salida hacia Eurasia. Esta idea viene respaldada por la existencia de nuestra especie hermana, *Homo neanderthalensis*, durante cien mil años en Europa y el Levante, hasta su desaparición hace solo treinta milenios, sin que se registrara ningún progreso importante en su tecnología lítica pri-

107

mitiva. Los neandertales no inventaron arte visual ni ornamentación personal algunos. Sorprendentemente, a lo largo de esa historia estática, poseían un cerebro mayor que el de *H. sapiens*, y tenían el reto de un ambiente muy extenso y en constante cambio. A juzgar por su anatomía y su ADN, es probable que pudieran hablar y, si así era, es muy probable que poseyeran lenguajes complejos. Cuidaban de sus heridos, con independencia de la edad, lo que probablemente era necesario para la supervivencia del clan, puesto que casi todos los adultos padecían fracturas óseas debido a que basaban su alimentación en la caza de piezas grandes. Pero durante miles de generaciones no ocurrió nada reseñable en la cultura de los neandertales. En cambio, en el *Homo sapiens* surgido de África ocurrió algo de una enorme importancia.

Sin embargo, parece improbable que fuera responsable de ello una única mutación que cambiara la mente. Una hipótesis más realista es que la explosión creativa no fue un único acontecimiento genético, sino la culminación de un proceso gradual que empezó en una forma arcaica de *Homo sapiens* hace 160.000 años. Esta idea viene respaldada por descubrimientos recientes del uso de pigmentos de esta antigüedad, así como de adornos personales y de dibujos abstractos raspados sobre hueso y con ocre que datan de hace entre 100.000 y 70.000 años.

La tercera hipótesis que han propuesto los antropólogos es que la innovación cultural y su adopción sufrieron altibajos con los graves cambios de clima que tuvieron lugar en el mismo período, cuyos efectos fueron terribles en el tamaño y el crecimiento de las poblaciones humanas. Algunas innovaciones desaparecieron para ser reinventadas con posterioridad, mientras que otras prendieron y se mantuvieron hasta el período de la salida de África. Esta idea está respaldada por el registro arqueológico más antiguo que sugiere que artefactos africanos, entre ellos cuentas de conchas, utensilios de hueso, grabados abstractos y la forma mejorada de puntas de proyectiles de piedra, fueron seguidos por su aparente desaparición generalizada durante un largo período de deterioro climático especialmente intenso hace entre 70.000 y 60.000 años. La discontinuidad fue seguida a su vez por su reaparición hace unos 60.000 años, aproximadamente por la época de la salida. Se cree que durante el período de empeoramiento climático las poblaciones se redujeron y se hicieron más dispersas, se desbarataron las redes sociales y se perdieron diversas prácticas culturales. Cuando el clima mejoró, y las poblaciones volvieron a aumentar y a expandirse, las innovaciones se reinventaron y otras se añadieron a ellas a tiempo de ser transportadas fuera de África durante la colonización global. Al igual que ocurre en la cultura moderna (aunque por razones diferentes), las innovaciones aparecieron y desaparecieron, y unas pocas se afianzaron y se extendieron.

En realidad, las tres hipótesis no son mutuamente excluyentes. Todas pueden enmarcarse en un único escenario. La evolución genética tenía ciertamente lugar durante todo el período de tiempo transcurrido desde la salida hasta la expansión de la población por el Viejo Mundo. Según un estudio, la tasa de origen de nuevas mutaciones genéticas era relativamente baja y uniforme hasta hace unos 50.000 años, y después aumentó hasta un máximo hace aproximadamente 10.000 años, al comienzo de la revolución del Neolítico. Durante el mismo período, el aumento de la población humana también se aceleró. Como consecuencia, tuvieron lugar más mutaciones genéticas y, además, por el propio aumento en el número de personas, se consiguieron más innovaciones culturales.

Cuando los genetistas compararon los genomas (códigos genéticos completos) de chimpancés y humanos modernos como patrón, dedujeron que alrededor del 10 por ciento de los cambios en los aminoácidos desde la divergencia de las dos especies desde un tronco común hace seis millones de años ha sido adaptativo; en otras palabras, ha sido guiado por la selección natural que favoreció su supervivencia a lo largo de generaciones. Otros estudios han confirmado que durante la salida y la expansión la evolución siguió su curso. En su conjunto, el tamaño corporal se redujo un poco, mientras que el tamaño cerebral y los dientes se hacían proporcionalmente más pequeños. Otros rasgos evolucionaron en las poblaciones destacadas en Europa y Asia, y posteriormente en América.

Cabe esperar que ocurriera una pauta de este tipo. Se dispuso de abundante variación dentro de las poblaciones y entre ellas, y sobre dicha variación pudo actuar la selección natural. También surgieron diferencias debido al muestreo aleatorio durante los avances de las poblaciones, lo que provocó una «deriva genética» independiente de la adaptación. (Para visualizar la deriva genética, que es un producto del azar, imagine el lector el lanzamiento de una moneda, y la repetición del lanzamiento si sale cara o bien la eliminación de la moneda si sale cruz. Esencialmente, este proceso determina la suerte de un gen mutado, a menos que sea favorable o desfavorable para el organismo que lo porta.) La causa más probable de esta deriva genética fue el efecto fundador, debido a diferencias aleatorias entre cuadrillas pertenecientes a la misma comunidad durante la expansión de las poblaciones. Cuando un primer grupo partió en una dirección durante su emigración y un segundo grupo se mantuvo en el lugar, o bien viajó en otra dirección, cada uno llevaba su conjunto colectivo y distinto de genes, puesto que cada uno era solo una fracción del total que existía en la población madre. Como resultado, el color de la piel, la altura, el porcentaje de tipos sanguíneos y otros rasgos hereditarios no vitales cambiaron ligeramente en una u otra dirección en distancias tan cortas como unos pocos cientos de kilómetros.

Las mutaciones son cambios aleatorios en el ADN. Pueden ocurrir por un único cambio en una única letra (es decir, en un par de bases, de AT a GC, o al revés), por multiplicación de una letra ya existente (por ejemplo, de AT a ATATAT) o por desplazamiento de las letras a nuevos lugares en el mismo cromosoma o en un cromosoma diferente. Cada gen está constituido por miles de tales letras, las cuales son también muy variables en número. Por ejemplo, en el cromosoma humano 19 hay 23 genes por millón de pares de bases, pero en el cromosoma 13 hay solo 5 genes por millón de pares de bases.

Cuando ocurrió inevitablemente la andanada de nuevas mutaciones después de la salida de África debido al enorme aumento general del tamaño de la población, los humanos atravesaron dos fases de evolución. En el primer período, todas las mutaciones eran a niveles muy bajos, puesto que en todas las condiciones surgen típicamente a tasas de menos de una por cada diez mil individuos, y en el rango más bajo, hasta del orden de una en miles de millones. Mientras todavía se encuentran a estos niveles mínimos «mutacionales», la mayoría de los cambios desaparecen, ya sea porque reducen la eficacia biológica de los individuos que las portan o por mero azar (deriva genética), o por alguna combinación de los dos. Sin embargo, si el nuevo gen mutante alcanza una frecuencia de alrededor del 30 por ciento, es probable que aumente todavía más. Finalmente, durante la segunda fase de la evolución, la forma mutante del gen (alelo mutante) puede sustituir por completo a la forma antigua, en competencia, del mismo gen (alelo más antiguo). Otra posibilidad es que la combinación de los dos alelos en la misma persona (que entonces se dice que es un heterocigoto para aquel gen) funcione mejor que cualquiera de los dos alelos en doble dosis (homocigotos). En tal caso, la frecuencia del mutante llegará al equilibrio con el gen antiguo antes de que uno u otro alcancen la fijación completa. El ejemplo de manual es la anemia falciforme, cuyo gen se presenta en áreas de malaria desde África a la India. Dos genes de anemia falciforme producen una anemia grave, con un riesgo de muerte elevado. Dos genes normales nos dejan con un riesgo elevado de contraer la malaria. Un gen de anemia falciforme y un gen normal juntos (la condición heterocigota) nos protegen de ambos riesgos. El resultado es una elevada frecuencia de ambos genes en las regiones de malaria, que se mantiene más o menos en equilibrio por la presión de selección de la malaria.

Desde la separación del linaje humano del de los chimpancés, la estirpe humana ha seguido un patrón aparentemente consistente con el de los animales en general. Su existencia, si se demuestra, tiene una importancia profunda para comprender de qué manera se alcanzó la condición humana. El patrón es que los genes que codifican, que controlan los cambios en la estructura de las enzimas y de sus proteínas, dominan la expresión de rasgos en tejidos concretos, como los que afectan a la respuesta inmune, el sentido del olfato y la producción de esperma. En contraste, lo genes que no codifican, que regulan procesos de desarrollo hereditarios prescritos por los genes codificadores, son más activos en el desarrollo y la función del sistema nervioso. Aunque los análisis en los que se basa esta distinción son preliminares, se considera probable que los cambios no codificadores han tenido una importancia vital en la evolución de la cognición; en otras palabras, en los cambios que nos hicieron humanos.

¿Qué rasgos de cognición evolucionaron efectivamente a través de mutaciones y de selección natural, tanto codificadores como no codificadores? Es muy probable que todos ellos. Los estudios de gemelos, en los que se compara la diferencia entre gemelos idénticos (que son idénticos genéticamente debido a su origen a partir de un único óvulo fecundado) con la diferencia entre gemelos fraternos (nacidos de óvulos fecundados distintos, y que por lo tanto son tan diferentes desde el punto de vista genético como lo son los hermanos nacidos en momentos diferentes), sugieren que rasgos de la personalidad tales como la introversión-extroversión, la timidez y excitabilidad se ven sometidos a fuertes influencias genéticas. La cantidad de variación debida a las diferencias en los genes de una población dada se sitúa por lo general entre una cuarta parte y tres cuartas partes.

De igual importancia en el origen evolutivo del comportamiento social avanzado, de los humanos o de cualquier otra especie de organismo, es la influencia genética sobre la variación de las redes sociales. Aquí cabría esperar que hubiera una cierta cantidad de dicho control genético, de acuerdo con la «primera ley» de Turkheimer de la genética del comportamiento: que todos los rasgos varían en cierta medida entre las personas debido a diferencias en los genes. (Las otras dos «leyes» son: «El efecto de ser criado en la misma familia es menor que el efecto de los genes» y «Una porción sustancial de la variación en los rasgos complejos del comportamiento humano no se explica por los efectos de los genes en las familias».) Las interacciones, en particular, tienen tantos orígenes de comportamiento individual, de los que cada uno es probable que presente variación genética, que sería una sorpresa si se descubriera que su combinación no aporta nada en absoluto a las redes sociales. En realidad, las redes personales son muy variables en tamaño e intensidad, y la herencia desempeña un papel en ellas. Un estudio reciente ha descubierto que la variación en el número de personas con las que un individuo tiene contactos o relaciones sociales, así como la variación en la transitividad (la probabilidad de que cualquier par de los contactos de una persona esté conectado a los contactos de estas), se deben en aproximadamente el 50 por ciento a la herencia. En cambio, el número de miembros de otro grupo que los individuos consideran como amigos no está influido genéticamente, al menos no dentro de los límites estadísticos ordinarios de las medidas tomadas.

Si se toman en consideración las pruebas genéticas y arqueológicas de que se dispone en la actualidad, y que están aumentando con rapidez, creo que la trayectoria a largo plazo que condujo a la salida y a la expansión posterior puede esbozarse aproximadamente como sigue. Al intentarlo, creo que será útil mencionar primero una analogía procedente de la biogeografía y de la ecología. Las innovaciones culturales pueden compararse a especies de organismos que se acumulan durante el aumento del número de especies que colonizan un ecosistema, como un estanque, un soto o un islote recién formados.* Existe una rotación en los rasgos culturales de una cuadrilla de humanos, de la misma manera que la hay en las especies que colonizan un ecosistema. Algunas innovaciones culturales persistieron en las cuadrillas africanas después de su expansión. Otras, como muestran las pruebas arqueológicas de adornos corporales y puntas de proyectiles, se extinguieron, por lo general para ser reintroducidas más tarde ya fuera por invención, o bien por contacto con otras cuadrillas. Al principio, las cuadrillas humanas en el continente africano eran pequeñas y aisladas. Su número y el tamaño medio de cada una aumentaban y disminuían en función de los cambios del clima y de la disponibilidad de terreno habitable. Cuando el ambiente se hizo más favorable antes y durante la salida de

---

* En el proceso denominado sucesión ecológica. *(N. del T.)*

África, el número de cuadrillas y el tamaño demográfico de las mismas aumentaron. En consecuencia, también aumentó el ritmo al que adquirieron innovaciones.

Durante este período crítico de la prehistoria humana, hace entre 60.000 y 50.000 años, el crecimiento de las culturas se hizo autocatalítico. Al principio, como he sugerido, el crecimiento fue lento, después más rápido y posteriormente todavía más rápido, a la manera de la autocatálisis química y biológica. La razón es que la adopción de cualquier innovación hizo posible la de otras, que, a su vez, si eran útiles, tenían más probabilidades de extenderse. Las cuadrillas y las comunidades de cuadrillas con mejores combinaciones de innovaciones culturales se hicieron más productivas y mejor equipadas para la competencia y la guerra. Sus rivales o bien las copiaron, o bien fueron desplazados y tomados sus territorios. Así, la selección de grupo impulsó la evolución de la cultura.

En una época muy temprana, desde el período Paleolítico Tardío hasta el período Mesolítico, la evolución cultural de la humanidad avanzó muy lentamente. Al principio del período Neolítico, 10.000 años antes del presente, con la invención de la agricultura, las aldeas y los excedentes alimentarios, la evolución cultural se aceleró notablemente. Después, gracias a la expansión del comercio y por la fuerza de las armas, las innovaciones culturales no solo aumentaron más deprisa, sino que también se extendieron a mayor distancia. Todavía había una renovación de las innovaciones, pero ahora, dado el gran número de individuos y tribus que las hacían, algunas eran lo bastante originales y potentes para que su impacto fuera abrumador. Avances revolucionarios tales como la escritura, la navegación astronómica y las armas de fuego fueron al principio raros, imperfectos y frágiles. Algunos desaparecieron para reaparecer más tarde. Como las chispas de un fuego, cada uno de ellos tuvo una probabilidad de prender, estallar en una llama y extenderse.

Los arqueólogos han descrito algunos de los conceptos mentales clave que de esta manera prendieron y se extendieron durante el período entre 10.000 y 7.000 años antes del presente:

114

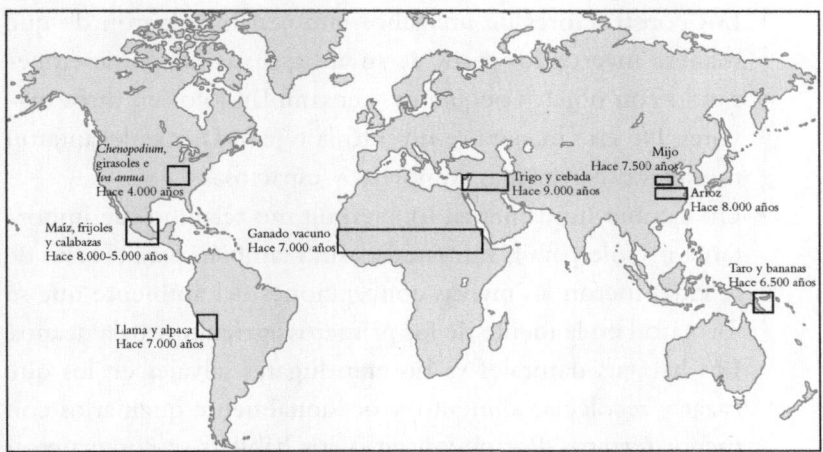

FIGURA 10.1. Los centros de los ocho orígenes independientes conocidos de la agricultura, incluida la domesticación de animales, y las fechas aproximadas en las que ocurrieron. (De Steven Mithen, «Did farming arise from a misapplication of social intelligence?», *Philosophical Transactions of the Royal Society* B 362 [2007], pp. 705-718.)

- Se completó la destreza de la talla lítica, lo que llevó a la fabricación de utensilios más allá del simple descantillado de piedras disponibles que se empleaba en el Mesolítico y a un procedimiento mucho más refinado. Las hachas y azuelas, inventadas en el Neolítico, se elaboraban mediante una serie de pasos. Cada lasca se descascarillaba primero hasta la forma adecuada a partir de un bloque de roca de grano fino. A continuación se modelaba más finamente desportillando lascas cada vez más pequeñas. Por último se eliminaban los puntos desiguales de la superficie mediante el trabajo fino de cinceles o muelas. El producto final era una hoja con una superficie lisa, los bordes afilados, y aplanada o redondeada hasta la forma precisa.
- Los constructores de utensilios del Neolítico inventaron el concepto de estructura hueca, con una superficie externa y una interna. De acuerdo con ello, diseñaron receptáculos de formas útiles a partir de madera, cuero, piedra o arcilla.

115

- Los constructores de utensilios también imaginaron de qué manera invertir los pasos de su antigua manufactura, empezando con objetos pequeños y ensamblándolos en otros mayores. De esta manera se inventó la tejeduría, y se levantaron moradas cada vez más complejas y espaciosas.
- Un cambio fundamental (que en último término fue importante no solo para la humanidad, sino también para el resto de la vida) fueron las nuevas concepciones del ambiente que se formaron en la mente de los primeros agricultores y aldeanos. Los hábitats naturales ya no eran lugares salvajes en los que cazar y recolectar alimento, y ocasionalmente quemarlos con fuegos terreros. Por el contrario, los hábitats se convirtieron en terreno que había que desbrozar para la agricultura. Esta concepción particular, que las tierras salvajes son algo que hay que sustituir, ha sido una fijación mental de la mayoría de la población mundial hasta el día de hoy.

Las raíces de la agricultura se remontan al período de la salida de África o muy poco después, hace al menos 45.000 años, cuando se empleaba el fuego para conducir y capturar a los animales de caza. En aquella época, al menos algunas cuadrillas humanas tuvieron que haber descubierto, como los aborígenes australianos hacen en la actualidad, que en las sabanas y los bosques secos tras los fuegos terreros crecen cantidades mayores de vegetación tierna y comestible. Durante un corto tiempo, los tubérculos subterráneos nutritivos también son más fáciles de encontrar y de excavar. Tal como revelan estudios recientes y detallados de plantas cultivadas nativas mexicanas, el paso siguiente fue posible por el establecimiento de poblados humanos de larga duración. Los habitantes de México y de otras partes de Mesoamérica empezaron a cultivar árboles productivos y otras plantas, como la pita, la tuna, las calabazas y *Leucaena*, un árbol de las leguminosas,* por el simple procedimiento de permitirles cre-

---

* *Leucaena leucocephala*, la peladera o guaje. *(N. del T.)*

116

cer alrededor de sus viviendas, con la exclusión de las demás plantas. (Resulta interesante ver que unas cuantas especies de hormigas hacen lo mismo.) El paso siguiente fue igualmente serendipitoso.* Algunas de estas primeras especies de huerto se hibridaron accidentalmente con otras especies similares, o bien multiplicaron su número de cromosomas, o experimentaron ambas alteraciones a la vez, produciendo así nuevas razas que eran todavía más valiosas como alimento. Cuando aparecieron y los recolectores las probaron, fueron seleccionadas frente a las otras. Así empezó la domesticación de árboles mediante selección artificial, y la práctica de la reproducción de plantas. Al mismo tiempo, o incluso antes, la domesticación se practicaba en animales capturados en estado salvaje y que fueron convertidos en animales de compañía y ganado. Hace entre 9.000 y 4.000 años, la tendencia se amplió para incluir muchas razas nuevas de plantas y animales en al menos ocho centros principales en el Viejo y el Nuevo Mundo. De esta manera, la agricultura empezaba como la primera ocupación humana.

Los últimos diez milenios han sido un período de cambios extraordinarios tanto para *Homo sapiens* como para el resto de la biosfera. La evolución cultural se está acelerando todavía, y ello plantea una cuestión fundamental: ¿estamos también evolucionando genéticamente? La investigación médica, sumada a un análisis cada vez más profundo de los tres mil millones de letras que son los nucleótidos del genoma humano, han revelado que, efectivamente, todavía prosigue la evolución en las poblaciones humanas. Debido al énfasis de la genética humana en la medicina, la gran mayoría de los genes identificados hasta aquí que están sujetos a selección natural son los que

---

* Los tres príncipes de Serendip (antiguo Sri Lanka), protagonistas de un relato de Horace Walpole, hacían, sin proponérselo, importantes descubrimientos. En ciencia se aplica el término serendipidez a aquellos casos en que un investigador que intenta esclarecer un determinado problema encuentra casualmente respuesta a preguntas mucho más trascendentes que la planteada inicialmente. A pesar de ser un término de uso generalizado en inglés, el Diccionario de la RAE no lo recoge todavía, así como tampoco el adjetivo serendipitoso. Véase R. M. Roberts, *Serendipia. Descubrimientos accidentales en la ciencia*, Alianza, Madrid, 1992. *(N. del T.)*

proporcionan resistencia a la enfermedad. Aumenta la lista de mutaciones que aparecieron y se extendieron en los últimos milenios: CGPC, CD406 y el gen de la anemia falciforme, cada uno de los cuales proporciona cierto grado de protección natural frente a la malaria; CCR5 contra la viruela; AGT y CY3PA contra la hipertensión, y ADH contra parásitos sensibles a los aldehídos. También hay mutaciones genéticas de origen reciente que afectan a rasgos fisiológicos, entre ellos el caso clásico del gen tolerante a la lactosa de los adultos que permite el consumo de leche y de productos lácteos. Los tibetanos de las montañas, que viven rodeados de niveles bajos de oxígeno, han adquirido EPAS1, que prescribe un aumento en la producción de hemoglobina, que es la clave para funcionar a altitudes elevadas. Por todo lo que sabemos de sus procesos fundamentales, la evolución en la especie humana ha sido inevitable en tiempos recientes, y continuará siéndolo.

Los genetistas del ser humano están de acuerdo en que la mayoría de las variantes geográficas en anatomía y fisiología que se hallan lo bastante restringidas a una única área geográfica para ser clasificadas popularmente como raciales, no se deben a la selección natural localizada, sino a la emigración de diferentes tipos genéticos y a fluctuaciones aleatorias en las frecuencias locales de los genes que conducen a la deriva genética. Las excepciones incluyen el color de la piel, cuya variación geográfica se atribuye a la protección frente a la radiación ultravioleta de la luz solar, que aumenta hacia el ecuador. También incluyen la cara insólitamente ancha de los esquimales de Groenlandia y de los buriatos de Siberia, un rasgo que minimiza la superficie como una protección contra el frío extremo.

Cabe esperar que los cambios en la frecuencia génica debidos a la evolución al nivel de un gen o de un conjunto pequeño de genes, ya se hallen ligados o no al mismo cromosoma, y a los que los biólogos se refieren como microevolución, continúen como un proceso natural en el futuro indefinido. Sin embargo, para el futuro inmediato, la emigración y el matrimonio interétnico se han erigido como las fuerzas abrumadoramente dominantes de la microevolución, al homogeneizar la distribución global de los genes. El impacto de la humanidad como un todo, incluso cuando todavía se halla en este estadio temprano actual, es un aumento espectacular y sin precedentes en la variación genética en el seno de poblaciones locales en todo el mundo. Este aumento viene acompañado por una reducción de las diferencias *entre* poblaciones. Teóricamente, si el flujo continúa un tiempo suficiente, la población de Estocolmo podría llegar a ser igual, desde el punto de vista genético, que la de Chicago o Lagos. En conjunto, en todas partes se están produciendo más clases de genotipos. Este cambio, único en la historia evolutiva humana, ofrece una expectativa de un aumento inmenso en tipos diferentes de personas en todo el mundo, y por lo tanto belleza física y genio artístico e intelectual de nueva creación.

La homogeneización geográfica de *Homo sapiens* parece imparable, pero con el tiempo será superada por otra fuerza de la evolución, presumiblemente final, la selección volitiva. Pronto será una realidad experimentalmente la ingeniería genética mediante sustitución de genes en embriones, y posteriormente se utilizará para combatir las enfermedades hereditarias. Con el tiempo se convertirá en un procedimiento terapéutico rutinario en la práctica médica. Poco después, y dependiendo del resultado del debate ético que a buen seguro será intenso, la constitución genética de los niños normales en el estadio de embrión puede convertirse (o quizá no) en una rama principal de la industria biomédica. Espero, y soy de los que creen en razones éticas, que esta forma de manipulación eugenésica nunca se permitirá, con el fin de que la humanidad pueda al menos evitar los efectos socialmente corrosivos del nepotismo y el privilegio que inevitablemente tendrían lugar.

Además, soy de la opinión que debe descartarse la creencia generalizada de que en el futuro inmediato la inteligencia robótica alcanzará, y potencialmente desplazará, a la inteligencia humana. Esto ocurrirá, ciertamente, en las categorías de memoria simple, cómputo y síntesis de información. Con el tiempo quizá se escriban algoritmos que simulen respuestas emocionales y procesos de toma de decisiones parecidos a los humanos. Pero, incluso en los casos más extremos y efectivos, estas creaciones seguirán siendo robots. Si algo puede deducirse de la imagen de la condición humana que la ciencia ha construido es que como resultado de la prehistoria nuestra especie es extremadamente idiosincrásica tanto en las emociones como en el pensamiento. Nuestro recorrido particular a través del laberinto evolutivo estampó nuestro ADN a cada paso principal a lo largo del camino. La humanidad es efectivamente única, quizá más de lo que jamás soñamos. Pero a pesar de nuestra singularidad en este planeta y en esta época, desde el punto de vista psíquico somos solo una entre un elevado número de especies de categoría aproximadamente humanoide o por encima de esta que pudieron haberse producido o que, si nosotros nos extinguiéramos, podrían producirse todavía en los miles de millones de años que le quedan a la biosfera.

Los científicos apenas han empezado a sondear las rutas neurales y la regulación endocrina del subconsciente que imponen una influencia decisiva en las sensaciones, el pensamiento y la elección. Además, la mente consiste no solo en este mundo interior, sino también en las sensaciones y mensajes que fluyen hacia ella y desde ella procedentes de todas las demás partes del cuerpo. Avanzar desde el robot al humano sería una tarea de dificultad tecnológica inmensa. Pero ¿por qué razón querríamos siquiera intentarlo? Incluso después de que nuestras máquinas superen con mucho nuestras capacidades mentales externas, no tendrán nada que se parezca a la mente humana. En cualquier caso, no necesitamos tales robots, y no los querremos. La mente biológica humana es *nuestra* incumbencia. Con todas sus argucias, irracionalidad y productos arriesgados, y con todo su conflicto e ineficiencia, la mente biológica es la esencia y el significado mismo de la condición humana.

11

La carrera a la civilización

Los antropólogos reconocen tres niveles de complejidad en las sociedades humanas. En el nivel más simple, las cuadrillas de cazadores-recolectores y las pequeñas aldeas agrícolas son de una manera generalmente igualitarias. La condición de liderazgo se concede a los individuos sobre la base de la inteligencia y el valor, y cuando envejecen y mueren se transmite a otros, ya sean parientes próximos o no. Las decisiones importantes en las sociedades igualitarias se toman durante fiestas comunales, festivales y celebraciones religiosas. Tal es la práctica de las pocas cuadrillas de cazadores-recolectores que sobreviven, dispersas por regiones remotas, principalmente en Sudamérica, África y Australia, y que son las más próximas en organización a las que existieron a lo largo de miles de años antes de la era Neolítica.

Los cacicazgos, el siguiente nivel de complejidad, también denominados sociedades jerárquicas, están regidos por un estrato de élite que, ante la debilidad o la muerte, es sustituida por miembros de su familia o al menos por los de rango hereditario equivalente. Esta era la forma dominante de sociedades en todo el mundo al principio de la historia registrada. Los jefes o «grandes hombres» gobiernan por el prestigio, la generosidad, el respaldo de miembros de la élite situada por debajo de ellos... y por el justo castigo de los que se oponen a ellos. Viven a expensas del excedente acumulado por la tribu, que emplean para estrechar el control sobre la tribu, para regular el comercio y para emprender la guerra con los vecinos. Los jefes ejercen autoridad solo sobre los individuos que se hallan en su entorno inmediato o en las aldeas cercanas, con los que interactúan a diario según lo necesiten. En la práctica, esto significa súbditos que pueden alcanzarse en el plazo de medio día de marcha a pie. El alcance es así un máximo de cuarenta a cincuenta kilómetros. Los jefes sacan partido de la microgestión de los asuntos de su ámbito, y delegan tan poca autoridad como les es posible con el fin de reducir las probabilidades de insurrección o fisión. Las tácticas comunes incluyen la supresión de subordinados y el fomento del miedo a los cacicazgos rivales.

Los estados, la fase final en la evolución cultural de las sociedades, poseen una autoridad centralizada. Los gobernantes ejercen su autoridad en la capital y en su entorno, pero también sobre las aldeas, provincias y otros ámbitos subordinados más allá de la distancia de un día de marcha a pie y, por lo tanto, lejos de la comunicación inmediata con los gobernantes. El campo de acción es demasiado extenso, el orden social y el sistema de comunicaciones que lo mantienen unido demasiado complejo para que una sola persona lo supervise y lo controle. Por lo tanto, se delega el poder local a virreyes, príncipes, gobernadores y a otros mandatarios que son jefes de segunda categoría. El estado es asimismo burocrático. La responsabilidad se divide entre especialistas, entre los que se cuentan soldados, constructores, administradores y sacerdotes. Con la población y riquezas suficientes, pueden añadirse los servicios públicos del arte, las ciencias y la educación, primero para beneficio de la élite y después, paulatinamente, para el resto de la sociedad. Los jefes de estado se sientan en un trono, real o virtual. Se alían con los sumos sacerdotes, y revisten su autoridad con rituales de fidelidad a los dioses.

El ascenso hasta la civilización, desde cuadrilla igualitaria y aldea hasta cacicazgo y estado, ha tenido lugar mediante evolución cultural, no mediante cambios en los genes. Se trata de un cambio con resorte, que se despliega de una manera paralela, pero mucho más grandiosa, a la que impulsa a los grupos de insectos desde agregados a familias, después a colonias eusociales con sus castas y división del trabajo.

La teoría dominante entre los antropólogos es que siempre que las tribus pueden adquirir más territorio mediante agresión o tecnología, así lo hacen, adquiriendo de esta forma más recursos. Entonces pueden continuar expandiéndose si son capaces de hacerlo, y finalmente prosperan como imperios o se fisionan en nuevos estados que compiten. Con el mayor tamaño y el alcance más extenso se llega a una complejidad mayor. Y, tal como ocurre con la complejidad de cualquier sistema físico o biológico, la sociedad, con el fin de conseguir estabilidad y sobrevivir y no desmoronarse rápidamente, tiene que añadir control jerárquico. Una jerarquía a nivel del estado es un sistema compuesto de subsistemas que interactúan, todos ellos de estructura jerárquica, que desciende en secuencia hasta que se alcanza el nivel más bajo del subsistema, en este caso, el ciudadano individual del estado. Un sistema verdadero es «descomponible» en subsistemas (tales como compañías de infantería y gobiernos municipales) que interactúan entre sí. Los individuos de un subsistema no tienen que interactuar con los individuos de otros subsistemas del mismo nivel. Un sistema que sea muy descomponible de esta manera tiene más probabilidades de funcionar mejor que uno que no lo sea. «Desde el punto de vista teórico», decía el matemático teórico Herbert A. Simon en su artículo pionero sobre el tema, «podemos esperar que los sistemas complejos sean jerarquías en un mundo en el que la complejidad tenía que evolucionar a partir de la simplicidad. En su dinámica, las jerarquías tienen una propiedad, la cuasi descomponibilidad, que simplifica mucho su comportamiento. La cuasi descomponibilidad simplifica asimismo la descripción de un sistema complejo, y permite comprender con más facilidad cómo la información necesaria para el desarrollo o la reproducción del sistema puede almacenarse en un espacio razonable».

Traducido a la evolución cultural de sociedades más sencillas en estados, el principio de Simon sugiere que las jerarquías funcionan mejor que los conjuntos desorganizados y que son más fáciles de comprender y gestionar por parte de sus gobernantes. Dicho de otra manera, no se puede esperar el éxito si los obreros de una cadena de montaje votan en las reuniones de los ejecutivos o si los reclutas planean las campañas militares.

¿Por qué decimos que la evolución de las sociedades humanas hasta la civilización es cultural en lugar de genética? Existen múltiples líneas de pruebas que respaldan esta conclusión. No es la menor de ellas el hecho de que niños de sociedades de cazadores-recolectores criados por familias adoptivas de sociedades técnicamente avanzadas maduran como miembros competentes de estas últimas (aun cuando los linajes ancestrales del niño hayan estado separados de los de sus padres adoptivos por un período de hasta 45.000 años); así ocurre, por ejemplo, en niños aborígenes australianos criados por familias blancas. El período de tiempo ha sido suficiente para producir diferencias genéticas entre las poblaciones humanas mediante combinaciones de selección natural y deriva genética. Pero los rasgos conocidos que cambiaron genéticamente son, como hemos visto, sobre todo en la resistencia a la enfermedad y en la adaptación a los climas y a los recursos alimentarios locales. No se han descubierto todavía diferencias genéticas estadísticas entre poblaciones enteras que afecten a la amígdala y a otros centros del circuito de control de la respuesta emocional. Ni se conoce tampoco ningún cambio genético que prescriba diferencias promedio entre poblaciones en el procesamiento cognitivo profundo del lenguaje y del razonamiento matemático, aunque este podría detectarse todavía.

De hecho, los estereotipos con los que se caracteriza a menudo a los habitantes de diferentes naciones, ciudades y pueblos pudieran tener asimismo alguna base hereditaria. Sin embargo, las pruebas sugieren que las diferencias tienen un origen histórico y cultural y no un origen genético. Como tal, cualquier variación hereditaria que exista entre culturas se ve empequeñecida cuando se sitúa en una escala de tiempo de genética evolutiva. Los italianos pueden ser más volubles por término medio, los ingleses más reservados, los japoneses más educados, y así sucesivamente, pero el promedio entre poblaciones de estos rasgos de personalidad resulta enormemente superado por su variación en el seno de cada población. Resulta, y ello es muy notable, que la variación es muy parecida de una población a la siguiente. Tal fue la observación del psicólogo estadounidense Richard W. Robins durante su residencia en una aldea remota de Burkina Faso, un país de África occidental.

Mientras estuve allí me sorprendió el grado en que cada persona parecía tan diferente y al mismo tiempo tan familiar. A pesar de diferencias espectaculares en costumbres y prácticas culturales, los burkineses parecían enamorarse, odiar a sus vecinos y cuidar a sus hijos de manera muy parecida, y por muchas de las mismas razones, a las personas de otras partes del mundo. En realidad, existe un núcleo en la mentalidad humana y en el comportamiento social que corta a través de naciones, culturas y grupos étnicos. Incluso países tan profundamente distintos como Burkina Faso y Estados Unidos no difieren sustancialmente en las tendencias promedio de la personalidad de su gente. […]

Ante este telón de fondo de universales humanos, es bastante evidente que existe una variabilidad individual: algunos burkineses (o americanos) son tímidos y otros sociables, algunos amistosos y otros desagradables, y algunos poseen la ambición de alcanzar un nivel social elevado en su comunidad mientras que otros carecen de la misma ambición.

De la extensísima gama de rasgos de la personalidad que los psicólogos investigan, la mayoría pueden dividirse en cinco ámbitos amplios: extroversión frente a introversión, antagonismo frente a afabilidad, escrupulosidad, carácter neurótico y disposición abierta a la experiencia. En el seno de las poblaciones, cada uno de estos ámbitos contiene una heredabilidad sustancial, que en la mayoría de los casos se sitúa entre un tercio y dos tercios. Esto significa que de la variación total de los valores en cada ámbito, la fracción debida a las diferencias en los genes entre los individuos se sitúa en algún punto entre un tercio y dos tercios. De modo que, únicamente a partir de la herencia, esperaríamos encontrar una variación sustancial en una población como la de la aldea de Burkina Faso. Sumada a las diferencias en la experiencia de una persona a la siguiente, en especial durante los períodos formativos de la infancia, deberíamos esperar encontrar una variación todavía mayor, pero de forma más o menos constante de una aldea a otra, y de un país a otro.

¿Existe de forma universal esta variación sustancial, y es la misma de una población a otra, o es diferente? Resulta que la variación es

	Filas en la jerarquía del establecimiento	Palacio	Templo con múltiples estancias	Conquistas a larga distancia	Integración a la escala del valle
200 d.C.	4	Sí	Sí	Sí	Sí
100 a.C.	4	Sí	Sí	Sí	No
300 a.C.	3	No	No	No	No
500 a.C.	3	No	No	No	No
700 a.C.					

TABLA 11.1. Origen del primer estado conocido evolucionado de manera independiente en el Nuevo Mundo, basado en pruebas arqueológicas procedentes del valle de Oaxaca, de México. (Modificado de Charles S. Spencer, «Territorial expansion and primary state formation», *Proceedings of the National Academy of Sciences, U.S.A.*, 107, 16 [2010], pp. 7.119-7.126.)

grande de manera uniforme, y es universal en el mismo grado en las diferentes poblaciones. Tal fue el resultado de un extraordinario estudio realizado por un equipo de ochenta y siete investigadores y publicado en 2005. El grado de variación en los valores de personalidad era similar en las cuarenta y nueve culturas evaluadas. Las tendencias centrales de los cinco ámbitos de personalidad diferían mínimamente una de otra, y de una manera que no era consistente con los estereotipos dominantes que se tenía de ellas desde fuera de las mismas.

Una razón para dudar de que existan diferencias genéticas a gran escala es el origen casi simultáneo de civilizaciones basadas en estados en las seis localidades mejor estudiadas de todo el mundo, cuando se comparan con el período geológico relativamente enorme de los cambios evolutivos en la anatomía humana. Cada una de dichas civilizaciones, a su vez, surgió relativamente pronto después de la domesticación de plantas y animales, aunque en otras partes del mundo estas innovaciones no habían producido todavía sociedades a nivel de estados. En Egipto, el estado primario más antiguo (es decir, el más antiguo de los que evolucionaron de manera independiente) se encontraba en Hierakónpolis, entre el Alto Egipto y la Baja Nubia, en 3400-3200 a.C. En el valle del Indo de Pakistán y la India noroccidental, los poblados maduros de la cultura de Harappa habían evolucionado en un estado hacia el 2900 a.C. Y en China el estado primario más antiguo parece que estuvo en Erlitou, y empezó en 1800-1500 a.C. Finalmente, el primer auge documentado de un estado primario en el Nuevo Mundo es el del valle de Oaxaca en México, entre 100 a.C. y 200 d.C. La árida costa septentrional de Perú fue el lugar del estado Moche, que evolucionó de manera independiente y que empezó durante 200-400 d.C.

Es muy improbable que los estados primarios surgieran en todo el mundo como resultado de la evolución genética convergente. Es casi seguro que aparecieron de manera autónoma como complicaciones de predisposiciones genéticas ya existentes y compartidas por las poblaciones humanas a través de su origen común y que se remontaban al período de la salida de África, hace unos 60.000 años. Su explicación viene respaldada por la aparición relativamente rápida de un estado primario en la isla hawaiana de Maui. Parece que colonos prehistóricos con conocimientos agrícolas llegaron a dicha isla hacia 1400 d.C. Hacia 1600 d.C. la población había aumentado de manera importante, se habían construido templos y un único mandatario tomó el control de dos aldeas previamente independientes. La tasa de cambio fue más rápida que en el valle de Oaxaca, donde pasaron 1.300 años desde la primera aldea conocida hasta la construcción del primer templo del estado.

En la época de la salida, las poblaciones africanas grababan contenedores hechos con cascarones de huevos de avestruz. Incluso antes (100.000 a 70.000 antes del presente, AP) habían usado fragmentos de ocre rojo, cuentas de conchas perforadas y utensilios avanzados. Estos artefactos, de los cuales los más antiguos se remontan a la mitad del período desde el origen del *Homo sapiens* anatómicamente moderno, son tan elaborados como algunos de los que preparan los cazadores-recolectores modernos.

Los rudimentos de la civilización llegaron asimismo muy poco después del alba de la agricultura, o incluso antes. En Göbekli Tepe, una localidad aislada en Turquía, junto al río Éufrates, los arqueólogos han excavado un templo situado en la cumbre de una colina de unos 11.000 años de antigüedad. Hay columnas y losas de piedra, muchas de las cuales están grabadas con imágenes de animales familiares, en su mayor parte cocodrilos, jabalíes, leones y buitres, y un escorpión. Hay otras criaturas desconocidas pero de aspecto feroz, cuyas caras pudieron haber sido inspiradas por pesadillas o delirios inducidos por drogas. Algunos investigadores de Göbekli Tepe han llegado a la conclusión de que, puesto que no se han encontrado restos de aldeas cercanas, los monumentos han de ser obra de cazadores-recolectores nómadas que ocasionalmente se reunían allí para sus ceremonias religiosas. Sin embargo, otros creen que tales aldeas, lo bastante grandes para haber mantenido a muchos obreros, acabarán por encontrarse.

Hay una regla que es de aplicación tanto en arqueología como en paleontología: *no importa lo antiguos que sean el primer fósil conocido o la primera prueba de una actividad humana; en algún lugar siempre hay, a la espera de ser descubierta, la prueba de algo al menos un poco más antiguo.* El principio se ha podido comprobar en el caso de la capacidad de leer y escribir. La escritura más antigua que se conoce es la de la cultura mesopotámica de Sumeria y de la cultura del Antiguo Egipto, que se remontan a 6.400 años antes del presente, es decir, a más de la mitad del tiempo transcurrido desde el inicio del período Neolítico. Le sigue la primera escritura conocida de la cultura del valle del Indo, en el actual Pakistán (4.500 años AP), de la dinastía Shang de China (3.500-3.200 años AP) y de los olmecas de Mesoamérica (2.900 años AP). Todas estas escrituras antiguas, sin embargo, plantean un misterio mayúsculo. Raramente resulta claro hasta qué extremo los diferentes símbolos cuneiformes y pictogramas representan abstracciones en oposición a entidades reales, y si denotan símbolos y sonidos del lenguaje o, alternativamente, son conceptos designados por palabras desconocidas usadas en un habla ahora desaparecida. Sin embargo, ningún estudioso duda de que una vez perfeccionados, los registros escritos que crearon proporcionaron una enorme ventaja a sus inventores.

Si el paso del cacicazgo al estado ha sido automático y cultural, ¿cómo podemos explicar las disparidades en las sociedades de hoy en día? Las diferencias son enormes. Si se ordenan los países por sus ingresos per cápita, los situados en el 10 por ciento superior son por término medio aproximadamente 30 veces más ricos que los que se hallan en el 10 por ciento inferior, mientras que los más ricos de todos son 100 veces más ricos que los más pobres. Las consecuencias de dicha variación en la calidad de vida son abrumadoras. En los países más pobres viven más de 1.000 millones de personas, un 15 por ciento de la población mundial, y se hallan sumidos en lo que las Naciones Unidas clasifican como pobreza absoluta. Carecen de vivienda adecuada, higiene, agua potable, sanidad, educación y alimentos seguros. Los habitantes de las naciones más ricas, algunas de las cuales se hallan junto a las más pobres, gozan de todos estos beneficios, que incluyen transporte en avión y vacaciones. Según Jared Diamond en su célebre libro de 1997 *Armas, gérmenes y acero: la sociedad humana y sus destinos*, cuyas hipótesis han verificado análisis realizados por los economistas suecos Douglas A. Hibbs Jr., Ola Olsson y otros, una posible respuesta puede encontrarse en la geografía. Inmediatamente antes de los orígenes de la agricultura, hace unos 10.000 años, una combinación de condiciones confirió a las poblaciones del supercontinente euroasiático una enorme oportunidad de favorecer la revolución cultural que pronto se haría posible. El gran tamaño del continente, su amplia extensión de este a oeste y su acrecentamiento por las tierras biológicamente ricas del perímetro del Mediterráneo resultaron en una dotación de más especies de plantas y animales localmente disponibles para su domesticación que la que existía en las islas y en otros continentes. El conocimiento de plantas de cultivo y de animales de granja, y la tecnología para obtener y almacenar excedentes se extendieron mucho más rápidamente de aldea en aldea, y después a través de cada uno de los territorios en expansión de los primeros estados. El tamaño y la fertilidad de esta zona de importancia fundamental en Eurasia, y no la aparición de un genoma humano endémico de algún lugar concreto, fue lo que condujo a la revolución del Neolítico.

III

Cómo los insectos sociales conquistaron el mundo de los invertebrados

12

La invención de la eusocialidad

La clave del origen de la condición humana no ha de buscarse exclusivamente en nuestra especie, porque la historia no empieza ni termina con la humanidad. La clave ha de encontrarse en la evolución de la vida social en los animales en su conjunto.

Cuando se observa el panorama completo del comportamiento social en el reino animal, y no únicamente en la parte representada por los seres humanos, hay un patrón que destaca de manera nítida. Raramente considerado por los biólogos evolutivos en el pasado, comprende dos fenómenos conectados por causa y efecto. El primer fenómeno es que los animales del ambiente terrestre están dominados por especies con los sistemas sociales más complejos. El segundo fenómeno es que dichas especies han aparecido solo rara vez en la evolución. Han surgido después de muchos pasos preliminares a lo largo de millones de años de evolución. La humanidad es una de dichas especies animales.

Los sistemas más complejos son los que poseen eusocialidad, literalmente, «condición social verdadera». Los miembros de un grupo animal eusocial, como una colonia de hormigas, pertenecen a múltiples generaciones. Dividen el trabajo en lo que, al menos visto desde fuera, parece ser una manera altruista. Algunos adoptan papeles laborales que acortan la duración de su vida o reducen el número de sus descendientes personales, o ambas cosas a la vez. Su sacrificio permite a otros miembros que desempeñan roles reproductores vivir más y producir en proporción más descendientes.

Los sacrificios en el seno de las sociedades avanzadas van más allá de los que se producen entre padres e hijos. Se extienden a parientes colaterales, entre ellos hermanos, sobrinas y sobrinos y primos en diversos grados de parentesco. A veces se confieren a individuos no emparentados genéticamente.

Una colonia eusocial tiene ventajas notables sobre los individuos solitarios que compiten por el mismo nicho. Algunos de los miembros de la colonia pueden buscar alimento mientras que otros protegen el nido de los enemigos. Un competidor solitario perteneciente a otra especie puede buscar alimento o defender su nido, pero no hacer ambas cosas a la vez. La colonia puede enviar múltiples buscadores de comida y permanecer en casa al mismo tiempo, formando un entramado de vigilancia tanto dentro del nido como alrededor de este. Cuando un miembro de la colonia encuentra comida, puede informar a los demás, que entonces convergen hacia el lugar como una red que se cierra. Cuando se congregan, los compañeros de nido tienen la capacidad de combatir como grupo contra rivales y enemigos. Pueden transportar grandes cantidades de alimento más rápidamente al nido, antes de que lleguen los competidores. Con múltiples individuos que trabajan como obreros de la construcción, el nido puede ampliarse con rapidez, su estructura puede hacerse más eficiente desde el punto de vista arquitectural y sus entradas defenderse más fácilmente. También puede controlarse el clima del nido hasta cierto punto. Los nidos de los termes constructores de termiteros de África y de las hormigas cortadoras de hojas del continente americano representan su máxima expresión: están diseñados para tener aire acondicionado, al refrescar y hacer circular el aire sin acciones ulteriores por parte de sus habitantes.

Las colonias grandes de algunas especies pueden también emplear formaciones de tipo militar y ataques en masa para superar a presas que son invulnerables a los individuos solitarios. Las hormigas legionarias (o batidoras) de África figuran entre los máximos representantes de esta adaptación. Avanzan en columnas que llegan a sumar millones de individuos,* y consumen la mayoría de los peque-

---

* Marabunta. *(N. del T.)*

FIGURA 12.1. Los dos conquistadores de la Tierra. Los insectos sociales dominan el mundo de los insectos. Una única colonia de hormigas batidoras africanas, una de las cuales presenta la ilustración en una expedición de forrajeo, contiene hasta 20 millones de obreras. (De Edward O. Wilson, *Success and Dominance in Ecosystems: The Case of the Social Insects*, Ecology Institute, Oldendorf/Luhe, Alemania, 1990.)

ños animales que hallan en su camino. Las hordas de esta y otras especies de hormigas son asimismo únicas entre los insectos por su capacidad de vencer y consumir grandes colonias de termes, avispas y otras especies de hormigas.

Las veinte mil especies conocidas de insectos eusociales, en su mayoría hormigas, abejas, avispas y termes, suponen solo el 2 por ciento del millón, aproximadamente, de especies de insectos conocidas. Pero esta minúscula minoría de especies domina al resto de los insectos por su número, su peso y su impacto en el ambiente. De manera parecida a lo que los humanos son para los animales vertebrados, los insectos eusociales son para el mundo

Figura 12.2. En una localidad amazónica se encontró que el peso de todas las hormigas era aproximadamente cuatro veces el peso de todos los animales vertebrados (representados aquí por un jaguar). (De Edward O. Wilson, *Success and Dominance in Ecosystems: The Case of the Social Insects*, Ecology Institute, Oldendorf/ Luhe, Alemania, 1990. Basado en E. J. Fittkau y H. Klinge, «On biomass and trophic structure of the central Amazonian rain forest ecosystem», *Biotropica* 5, 1 [1973], pp. 2-14.)

muchísimo más vasto de los animales invertebrados. Entre los seres vivos mayores que los microorganismos y los nematodos, los insectos eusociales son los seres minúsculos que gobiernan el mundo terrestre.

Las hormigas tejedoras o costureras cuentan entre los insectos más abundantes en las bóvedas arbóreas de los bosques tropicales, desde África a Asia y Australia. Forman cadenas con sus propios cuerpos para juntar hojas y ramitas con las que crear las paredes de sus refugios. Otras tejen la seda extraída de las hileras de sus larvas para mantener en su lugar estas paredes. Hecho esto, cubren los refugios, del tamaño de un balón de fútbol, con láminas de seda. Ocupando cientos de estos pabellones aéreos, una única colonia de hormigas tejedoras compuesta por la reina madre y cientos de miles de sus hijas obreras puede dominar varios árboles a la vez.

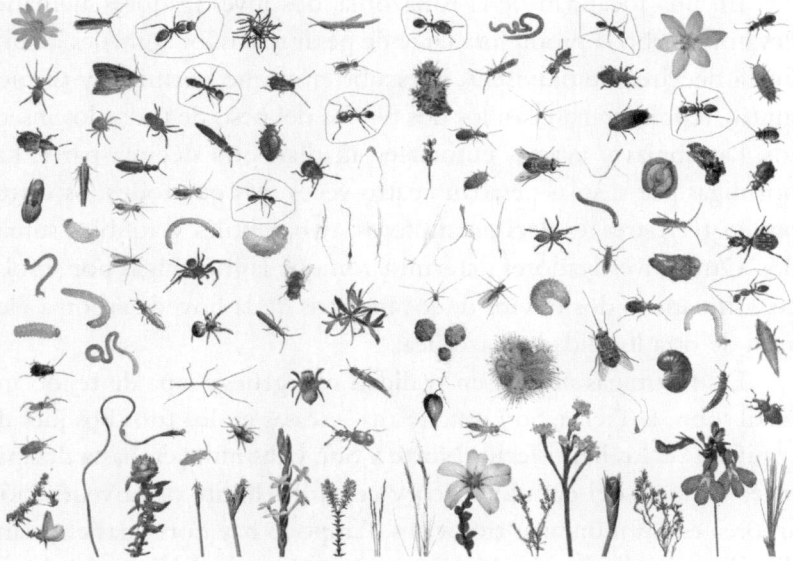

FIGURA 12.3. La ubicuidad de las hormigas. Se presenta aquí la variedad de pequeños organismos encontrados en un pie cúbico (28.320 centímetros cúbicos) de suelo y hojarasca sobre el pie de una higuera estranguladora o matapalo en Monteverde, Costa Rica. Ocho de los cien individuos presentes eran hormigas (circundadas). (De Edward O. Wilson, «One cubic foot», *National Geographic* [febrero de 2010], pp. 62-83. Fotografías de David Liittschwager. David Liittschwager/*National Geographic Stock*.)

Desde Luisiana hasta Argentina, colonias inmensas de hormigas cortadoras de hojas, los animales sociales más complejos después de los humanos, construyen ciudades y practican la agricultura. Las obreras cortan fragmentos de hojas, flores y ramitas, los transportan hasta su nido y mastican el material hasta formar un mantillo, que fertilizan con sus propias heces. Sobre este rico material cultivan su principal alimento, un hongo que no se encuentra en ningún otro lugar de la naturaleza. Su actividad de horticultura se organiza como una cadena de montaje, en la que el material se pasa de una casta especializada a la siguiente desde la corta de la vegetación fresca hasta la cosecha y la distribución del hongo.

En una localidad de la Amazonia, dos investigadores alemanes llevaron a cabo la prodigiosa tarea de pesar todos los animales de una única hectárea de pluviselva. Descubrieron que hormigas y termes, juntos, representaban casi los dos tercios del peso de todos los insectos. Las abejas y avispas eusociales añadían otra décima parte. Las hormigas por sí solas pesaban cuatro veces más que todos los vertebrados terrestres, es decir, mamíferos, aves, reptiles y anfibios sumados. Otros investigadores determinaron que las hormigas por sí solas constituían los dos tercios de los insectos de la bóveda arbórea elevada de otra localidad amazónica.

Las hormigas no son en realidad una gruesa capa de tejido insectil sobre la Tierra. Son mucho más escasas en los fríos bosques de coníferas de los hemisferios Norte y Sur, y disminuyen hasta desaparecer al norte del círculo ártico y cerca del límite de la vegetación arbórea en las montañas tropicales. Tampoco hay hormigas en Islandia, Groenlandia, las islas Malvinas, ni en Georgia del Sur y las demás islas subantárticas. Asimismo, las buscaríamos en vano en las frías costas de Tierra del Fuego. Pero en todos los demás lugares prosperan como los insectos dominantes en los hábitats terrestres de todo tipo, desde los desiertos a las selvas densas, y hasta los límites del mundo terrestre en las marismas y pantanos, ciénagas de manglar y playas. He estudiado las principales especies árticas que viven por encima del límite forestal del monte Washington, en New Hampshire, donde son abundantes en todas partes, anidan bajo piedras para captar el calor solar y se apresuran a lo largo de un ciclo de crecimiento larvario antes de que la temperatura que cae rápidamente en septiembre cierre sus colonias. Sin embargo, he buscado en vano hormigas por encima del límite de la vegetación arbórea en las montañas Sarawaget, de Nueva Guinea, una inhóspita sabana de cicadáceas en la que cada día cae una lluvia fría que empapa a quien intente permanecer allí, sean humanos o formícidos.

Los insectos eusociales son muchísimo más antiguos que los seres humanos, de una manera casi inimaginable. Las hormigas, junto con sus equivalentes comedores de madera, los termes, se originaron hacia la mitad de la Era de los Reptiles, hace más de 120 millones de

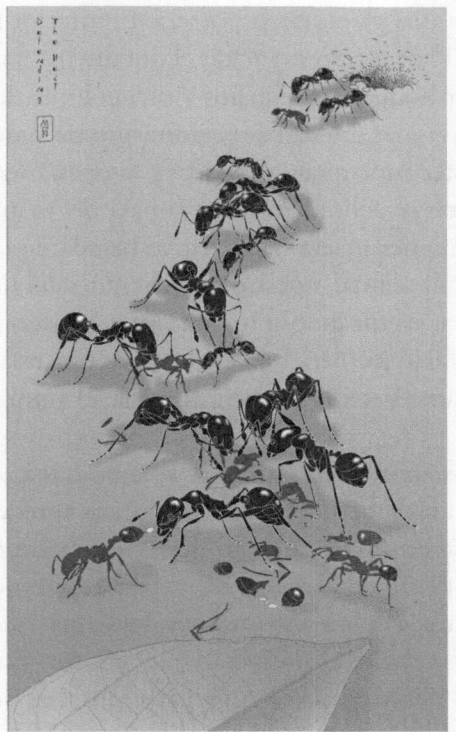

FIGURA 12.4. Batalla entre colonias de hormigas. Exploradoras procedentes del nido (arriba a la derecha), de la especie *Pheidole dentata*, de color negro, han descubierto a obreras invasoras de la hormiga de fuego, *Solenopsis invicta*, de color rojo, y han trabado combate con ellas. Los guerreros más efectivos de *Pheidole dentata* son los soldados de cabeza grande, que emplean sus potentes mandíbulas para despedazar a los invasores. (Ilustración © Margaret Nelson.)

años. Los primeros homininos, con sociedades organizadas y división altruista del trabajo entre parientes colaterales y aliados, aparecieron en el mejor de los casos hace 3 millones de años.

Para apreciar la diferencia, imagine el lector, si quiere, un antepasado muy distante de los primeros primates que estaban destinados a ser los antepasados de los humanos, un pequeño mamífero que se escabulle por un bosque del Cretácico Tardío en busca de huevos de dinosaurio. Mientras trepa por un tronco de conífera, una pata trasera atraviesa una grieta de la corteza. El interior se halla parcialmente hueco, al haber sido reducido el duramen a fragmentos que se desintegran por hongos, escarabajos y una colonia de termes primitivos, *Zootermopsis*. La cavidad sirve asimismo de nido a una colonia de hormigas esfecomirminas, parecidas a avispas. Frenéticamente, las hormigas obreras se acumulan sobre la pata del mamífero intruso, y aguijonean cualquier grieta o superficie blanda de la piel que pueden encontrar. El animal, nuestro antepasado, salta del tronco, sacudiendo la pata y arrancándose los atacantes con un pie provisto de garras. Si la cavidad hubiera estado ocupada por una avispa solitaria del tamaño de una hormiga esfecomirmina, el animal apenas lo hubiera notado.

Avancemos ahora cien millones de años, hasta el momento actual. El lector, un descendiente del mamífero agredido, pisa un pequeño tocón de pino, el tronco en descomposición de una conífera que desciende de una de las que habitaban el bosque del Cretácico. Descendientes de la colonia del termes del Cretácico se escabullen a un hueco oscuro, parte de la cavidad que ocupan, igual que hicieron sus antepasados del Mesozoico, muy parecidos. Los descendientes de la antigua colonia de hormigas se arremolinan procedentes de otra parte de la misma cavidad para morder al lector y repelerlo, también como sus antepasados mesozoicos. Juntos somos representantes de los dos grandes hegemones del mundo terrestre. La diferencia es que termes y hormigas lo tuvieron todo para ellas durante cien millones de años, sin ser molestadas hasta que nosotros llegamos, final y lentamente, hasta el nivel eusocial.

Las hormigas más antiguas surgieron de avispas aladas y solitarias. Las obreras de las primeras colonias evolucionaron hasta criaturas especializadas para arrastrarse sobre el suelo y bajo él y la superficie de la hojarasca, y de ahí a la vegetación viva. En este punto, las obreras ya no volaron más. Las reinas vírgenes continuaron volando, pero cada una lo hacía solo brevemente, elevándose en el aire y liberando feromonas sexuales para atraer a un macho alado y aparearse con él. Después se posaban para iniciar una nueva colonia, y nunca más volvían a volar. Mediante evolución ulterior, las hormigas del

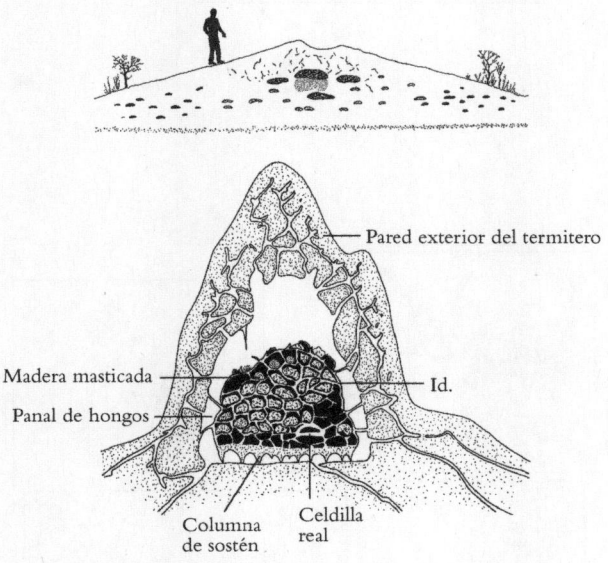

FIGURA 12.5. Nidos de la colonia de termes constructores de termiteros del género africano *Macrotermes*, en sección transversal. El nido dibujado en la parte superior tenía treinta metros de diámetro. El nido cortado en la parte inferior muestra la arquitectura que crea el acondicionamiento de aire. El aire del centro es caldeado por el metabolismo de los termes, lo que hace que ascienda y atraviese las salidas de la parte superior del termitero, al tiempo que el aire fresco es absorbido desde los canales subterráneos situados alrededor de los bordes del nido. El flujo constante mantiene la temperatura, así como los niveles de oxígeno y de dióxido de carbono, casi constantes para los termes que viven en el termitero, que pueden llegar a un millón. (Modificado de Edward O. Wilson, *The Insect Societies*, Harvard University Press, Cambridge, MA, 1971. Basado en las investigaciones de Martin Lüscher.)

Mesozoico construyeron pequeñas civilizaciones siguiendo su instinto, extendiendo su ámbito por todas partes, a través de la vegetación en descomposición en la superficie, y penetrando en profundidad en el suelo situado debajo.

Evolucionaron en complejidad al tiempo que proliferaban nuevas especies a lo largo de decenas de millones de años. Muchas se convirtieron en depredadores (los principales cazadores de insectos,

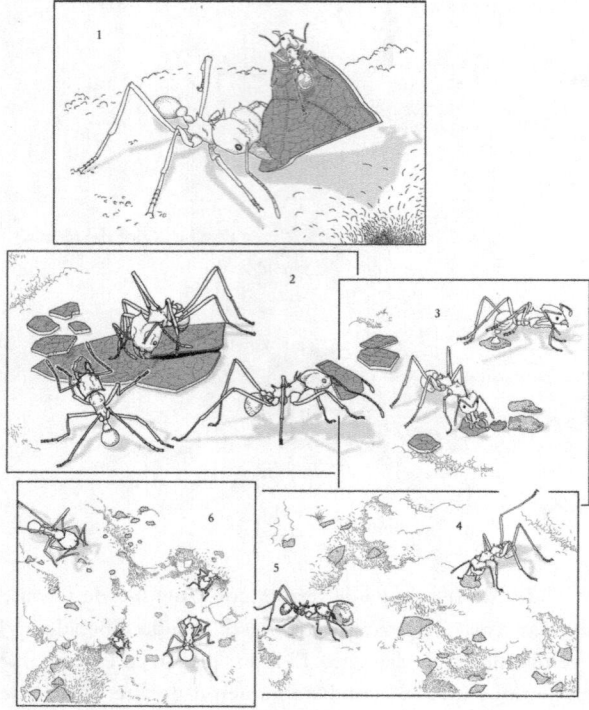

FIGURA 12.6. La cadena de montaje de las hormigas cortadoras de hojas, insectos dominantes de los trópicos americanos, es el comportamiento social más complejo de cualquier animal conocido. 1) Grandes obreras *media* encuentran vegetación fresca, cortan fragmentos de la misma y los acarrean hasta el nido; están acompañadas por minúsculas *minima* que las protegen de las moscas parásitas. 2) Dentro del nido, obreras más pequeñas cortan los fragmentos en pedacitos de 1 mm de ancho. 3) Hormigas *media* todavía más pequeñas mastican los pedacitos hasta convertirlos en pulpa. 4, 5) Hormigas *minima* añaden pulpa al huerto o cuidan de los hongos que allí crecen. (De Bert Hölldobler y Edward O. Wilson, *The Leafcutter Ants: Civilization by Instinct*, W. W. Norton, Nueva York, 2011.)

arañas, cochinillas y otros invertebrados de hábitos terrestres), y sus descendientes viven todavía entre nosotros. Las hormigas adoptaron también un papel funerario básico, al alimentarse de los restos de pequeños animales muertos por enfermedad o accidente. De igual importancia o más para todos los ecosistemas terrestres, se convirtie-

FIGURA 12.7. Obreras de la hormiga tejedora australiana (*Oecophylla smaragdina*); construyen nidos en el dosel arbóreo juntando hojas para formar cámaras, y después uniéndolas mediante hilos de seda que consiguen que emitan sus larvas con aspecto de queresa. (De Bert Hölldobler y Edward O. Wilson, *The Superorganism: The Beauty, Elegance, and Strangeness of Insect Societies*, W. W. Norton, Nueva York, 2009. Fotografía de Bert Hölldobler.)

ron en los principales organismos a la hora de airear y remover el suelo, superando incluso la labor de las lombrices de tierra.

He estimado de manera (muy) aproximada que el número de hormigas que viven en la actualidad es, en la potencia de diez más cercana, de 10^{16}, diez millares de billones. Si, por término medio, cada hormiga pesa la millonésima parte de un ser humano, puesto que hay un millón de veces más hormigas que humanos (del orden de 10^{10}), todas las hormigas que viven en la Tierra pesan aproximadamente tanto como todos los humanos. Esta cifra no es tan impresionante como puede parecer. Considere el lector lo siguiente: si

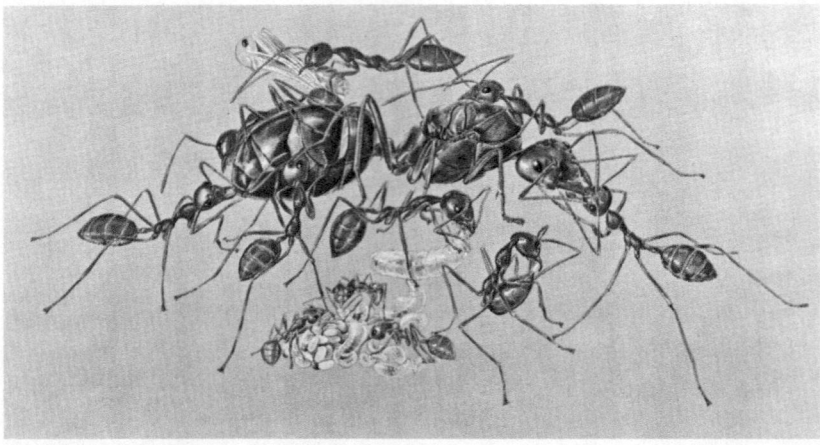

FIGURA 12.8. Las castas en una colonia de hormigas tejedoras africanas (*Oecophylla longinoda*) incluyen la reina, rodeada de obreras mayores, que la alimentan y la acicalan, y las obreras menores, que cuidan de las larvas de aspecto de queresa, de los huevos y de las ninfas. Otras obreras mayores construyen nidos aéreos con hilos de seda que proporcionan las larvas. (De George F. Oster y Edward O. Wilson, *Caste and Ecology in the Social Insects*, Princeton University Press, Princeton, NJ, 1978. Pintura de Turid Hölldobler.)

pudiera reunirse a todas las personas vivas y amontonarlas como si fueran troncos, el resultado sería un cubo de poco más de un kilómetro de lado. De modo que si todas las hormigas pudieran recolectarse y amontonarse igualmente, constituirían un cubo de tamaño similar. Ambos cubos podrían ocultarse fácilmente en una pequeña sección del Gran Cañón del Colorado. Si los juzgamos únicamente por el protoplasma, podrían parecer un espectáculo poco menos que grandioso. Pero ¡qué magníficos ejemplares son estos dos conquistadores de la Tierra!, y nuestro cometido es observarlos y compararlos.

13

Invenciones que hicieron progresar
a los insectos sociales

Ahora contaré la historia, que he ayudado a descifrar durante el último medio siglo, de cómo los insectos sociales llegaron a ser los invertebrados dominantes del mundo terrestre. Estos conquistadores minúsculos no irrumpieron en el ambiente como invasores extraterrestres. Se introdujeron paulatinamente en él a pasos pequeños y silenciosos, cada uno de los cuales tardó millones de años en completarse. Al principio eran elementos ordinarios, incluso raros, en los bosques y praderas del Mesozoico. Después dieron con innovaciones en el comportamiento y la fisiología, paralelas a las invenciones tecnológicas humanas. Con ayuda de cada una de sus innovaciones, penetraron en nichos nuevos. Su capacidad de controlar el ambiente mejoró, y su número aumentó. Hacia mediados del período Eoceno, hace 50 millones de años, se habían convertido en los más abundantes de todos los invertebrados terrestres de tamaño medio a grande.

Cuando aparecieron por primera vez las hormigas, durante el período Jurásico Tardío o en el Cretácico Temprano, los termes ya hacía decenas de millones de años que medraban, pero en una parte completamente diferente de los mismos ecosistemas. Eran descendientes de insectos parecidos a las cucarachas, cuyo origen se remonta a otros cien millones de años, en la era Paleozoica. (Haré una pausa para contestar a una pregunta que se plantea a menudo: ¿cómo podemos distinguir los termes, a los que también se llama «hormigas blancas», de las hormigas verdaderas? Es fácil: carecen de cintura.) Los termes dominaron la técnica de digerir madera muerta y otra vegetación al formar simbiosis (asociaciones biológicas íntimas) con protozoos y bacterias degradadores de lignina, que viven en su tubo digestivo. Después de un período de tiempo muy largo, algunas de las especies evolutivamente más avanzadas crearon verdaderas ciudades para producir su alimento, como las hormigas cortadoras de hojas, en jardines de hongos que crecen sobre estiércol y mediante el acondicionamiento de aire de sus nidos. Dividieron el trabajo entre conjuntos complejos de castas físicas.

En cierto sentido, las hormigas terminarían siendo la más dominante de las dos estirpes en evolución, y dueñas de los dos imperios de insectos, porque muchas de sus especies se especializaron para comer termes, mientras que no hay ninguna especie de termes que haya aprendido jamás a comer hormigas. Sin embargo, a pesar de la grandeza de su destino, las hormigas no alcanzaron rápidamente la prominencia después de su origen. Durante más de treinta millones de años, el resto de la era Mesozoica, fueron una presencia ordinaria, rodeada de una inmensa variedad de insectos solitarios. Otros entomólogos y yo hemos examinado miles de fragmentos de resina fósil del Mesozoico (el llamado ámbar) en busca de estas hormigas primitivas. Las hemos encontrado en los yacimientos fósiles de la edad adecuada de New Jersey, Alberta, Siberia y Birmania. Hemos conseguido menos de mil individuos, que componen solo una pequeña minoría entre los otros insectos conservados de la misma manera. Los especímenes se extienden a lo largo de un período de millones de años.

Los fósiles de hormigas de esta antigüedad eran al principio completamente desconocidos para los científicos. Para nosotros, la era Mesozoica, cuando debió de desarrollarse la historia temprana de estos insectos, era un completo vacío. Después, en 1967, recibí un fragmento de ámbar fósil de metasecuoya* que dos coleccionistas aficionadas habían recogido en un estrato de New Jersey cuya edad era del Cretácico Tardío, de unos 90 millones de años de antigüedad.

* Del género *Metasequoia*. (N. del T.)

En el ámbar transparente había dos hormigas obreras magníficamente conservadas. Eran casi el doble de arcaicas que el fósil de hormiga más antiguo conocido hasta la fecha. Mientras sostenía el fragmento en la mano, supe que era el primero en contemplar la historia profunda de uno de los dos grupos de insectos más prósperos de la Tierra. Fue uno de los momentos más excitantes de mi vida (sin embargo, puedo comprender que el lector no aprecie mi reacción ante un insecto fósil). De hecho, estaba tan entusiasmado que manoseé torpemente el fragmento y se me escapó de las manos. Cayó al suelo y se rompió en dos. Me quedé paralizado y miré con horror, como si acabara de tropezar y de hacer añicos un valiosísimo jarrón de la dinastía Ming. Sin embargo, aquel día la fortuna estaba de mi parte: quedaba una hormiga intacta en cada fragmento, y cada uno podría pulirse por separado. Cuando estudié estos tesoros detenidamente, descubrí que su anatomía tenía rasgos intermedios entre las hormigas modernas y las avispas, uno de cuyos linajes tuvo que haber sido el ancestro de las hormigas. La naturaleza híbrida se aproximaba notablemente a lo que un colega investigador, William L. Brown, y yo habíamos predicho antes. Dimos a la nueva especie el nombre de *Sphecomyrma*, que significa «hormiga avispa». Debido a la importancia de las hormigas en el mundo en la actualidad (después de todo, el ambiente depende de ellas), *Sphecomyrma* se situaba, en cuanto a su importancia científica, al nivel de *Archaeopteryx*, el primero de estos intermedios fósiles entre las aves y sus antepasados dinosaurios, y de *Australopithecus*, el primer «eslabón perdido» descubierto entre los humanos modernos y los simios ancestrales. A partir de entonces se abrió la veda para encontrar más fósiles de hormigas del Mesozoico, para elaborar una historia más completa de estos insectos sociales.

Cuando una intensa búsqueda posterior arrojó más especímenes, también supimos de los cambios que habían ocurrido en el ambiente externo y que habían hecho posible el auge de las hormigas hasta su dominancia total actual. Hace entre 110 y 90 millones de años, todavía en plena era Mesozoica, los bosques en los que vivían las hormigas iniciaron una profunda transformación que hizo posible dicho progreso. Hasta aquella época, los árboles y matorrales eran fundamentalmente gimnospermas, en particular las cicadáceas de aspecto de palmera, los ginkgos (representados en la actualidad por una única especie que se conserva como ornamental) y, en especial, las coníferas, que incluyen pinos, abetos, piceas, secuoyas y otros «portadores de conos»* (de ahí el nombre de coníferas) que todavía se encuentran en bosques distribuidos por todo el mundo. Por la época en que hormigas y termes entraron en escena, los dinosaurios herbívoros ramoneaban gimnospermas. Los termes consumían la vegetación muerta que quedaba. Con toda probabilidad, las hormigas excavaban sus nidos en troncos de gimnospermas, en hojarasca sobre el suelo y en el humus del suelo que había debajo. Buscaban alimento en el suelo y trepaban por los helechos y la bóveda arbórea en busca de comida. En la actualidad, los entomólogos pueden estudiar un buen número de especímenes que quedaron atrapados en flujos de resina, principalmente de metasecuoyas, que figuraban entre las coníferas más abundantes de la era Mesozoica. Algunos de los fósiles están magníficamente conservados en este material, y proporcionan detalles anatómicos que permiten la reconstrucción de los estadios tempranos de la evolución de las hormigas.

Con la ayuda de los restos de otros muchos tipos de animales y plantas, otros investigadores y yo hemos podido reconstruir lo que ocurrió después. Aproximadamente unos 130 millones de años antes del presente, con un máximo hace 100 millones de años, tuvo lugar uno de los cambios más radicales e importantes en la historia de la vida. Las gimnospermas fueron sustituidas en gran parte por angiospermas, «plantas con flores», que dominan en la mayoría de los ambientes terrestres en la actualidad. Las secuoyas y sus parientes dieron paso a los antepasados de magnolios, hayas, arces y otros árboles familiares, mientras que cicadáceas y helechos cedieron su dominancia a las gramíneas y a las angiospermas herbáceas, y a los matorrales de la flora terrestre.

* Piñas. *(N. del T.)*

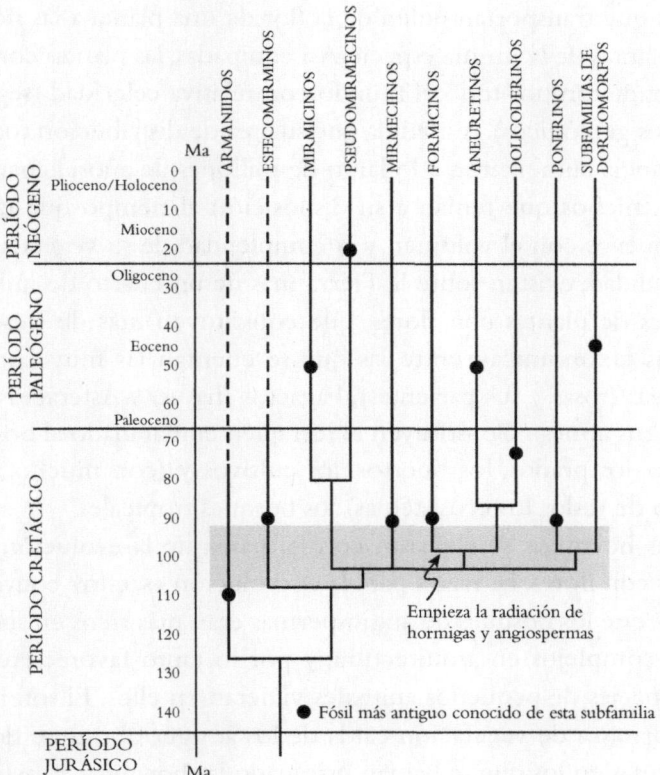

FIGURA 13.1. En el período Cretácico, la Edad de los Reptiles, el auge y la diversificación de las hormigas todavía presentes en la actualidad coincidieron con la
dominación de la flora de la Tierra por las plantas con flores (angiospermas). (De
Edward O. Wilson y Bert Hölldobler, «The rise of the ants: A phylogenetic and
ecological explanation», *Proceedings of the National Academy of Sciences, U.S.A.*, 102,
21 [2005], pp. 7.411-7.414.)

Durante esta época, dos innovaciones evolutivas hicieron posible la revolución de las angiospermas. La primera, el endospermo de
las semillas (la parte que comemos) posibilitó no solo la supervivencia durante épocas desfavorables, sino también la dispersión a larga
distancia. La segunda, las flores y sus olores y colores atractivos permitieron la evolución de un ejército de abejas, avispas, moscas de las
flores, polillas, mariposas, aves, murciélagos y otros animales especia-

lizados que transportan polen de la flor de una planta a las flores de otras plantas de la misma especie. Así equipadas, las plantas con flores se extendieron por todo el mundo con relativa celeridad (según los criterios geológicos). A medida que su área de distribución total y su abundancia aumentaron a lo largo de millones de años, llenaron todos los nichos que tenían a su disposición al tiempo que creaban otros nuevos con el volumen y la complejidad de su vegetación. En la actualidad, existen sobre la Tierra más de un cuarto de millón de especies de plantas con flores, que constituyen más de trescientas familias taxonómicas, entre las que se cuentan las muy familiares Rosáceas (rosas y sus parientes), Fagáceas (hayas) y Asteráceas (girasoles y sus afines). Constituyen el terraplén enmarañado al borde del camino, los prados, los huertos, los cultivos y (con mucho, el más diverso de todos los ecosistemas) los bosques tropicales.

Las hormigas se elevaron con la marea de la evolución de las plantas con flores. La razón para la coevolución es, estoy convencido de ello, que los bosques de angiospermas eran más ricos en sustancia y más complejos en arquitectura, y por lo tanto favorecieron que más especies de pequeños animales vivieran en ellos. El sotobosque y la hojarasca de vegetación caída de los antiguos bosques de gimnospermas en los que se habían originado las hormigas habían tenido una estructura relativamente simple. Como resultado, los insectos y otros animales pequeños tenían pocos nichos a su disposición, y la variedad de insectos, arañas, ciempiés y otros artrópodos que habitaban en aquellos bosques era proporcionalmente más reducida. La misma escasez relativa persiste en los bosques de gimnospermas que han subsistido hasta la actualidad. Las capas de hojarasca y el suelo bajo las plantas con flores de los nuevos bosques contenían un ambiente mucho más complejo para los artrópodos, incluidas las hormigas que hacían presa en ellos. El mantillo en el que las colonias de hormigas de muchas especies construían sus nidos era más diverso por los tipos de material en descomposición (ramitas, ramas de árboles, acúmulos de hojas y cáscaras de semillas) en los que se podían excavar cámaras y galerías. En el mantillo de angiospermas se encontraba asimismo una mayor variedad de regímenes de temperatura y humedad conforme se pasaba de la parte superior a la inferior. Por estas razones, también había una mayor gama de artrópodos disponibles como alimento. El resultado total fue una radiación adaptativa global para las hormigas, de las que cada vez había más especies en el mundo capaces de especializarse tanto en el lugar de nidificación como en el tipo de alimento que explotaban. Las especies de hormigas se multiplicaron, a medida que se les abrían cada vez más nichos para la ocupación. Al final de la era Mesozoica, hace 65 millones de años, habían aparecido ya la mayoría de las dos docenas de subfamilias taxonómicas de hormigas que viven en la actualidad.

Sin embargo, aunque ya disponían de gran parte de su diversidad, la fauna de hormigas en expansión no consiguió inmediatamente la dominancia en el número de organismos y colonias de que goza en la actualidad. Los fósiles más antiguos que los entomólogos han descubierto, conservados tanto en ámbar como en rocas fósiles, solo son moderadamente abundantes en comparación con los de otros insectos. Es posible que hacia el final de la era Mesozoica (la «Edad de los Reptiles»), y posiblemente no más tarde de los primeros 15 millones de años de la era siguiente, el Cenozoico (la «Edad de los Mamíferos»), las hormigas realizaron otros dos avances evolutivos que en la actualidad se suman a la base de su dominación mundial.

La primera innovación fue la extraña asociación que muchas de las especies formaron con insectos que viven de la savia de las plantas. Pulgones, cochinillas, cochinillas harinosas o algodonosas y otros miembros del orden de insectos Homópteros se alimentan perforando plantas con su pico y succionando savia y otras sustancias líquidas. Cada individuo ha de ingerir una gran cantidad de estas sustancias con el fin de obtener suficientes nutrientes para crecer y reproducirse. La limitación en su método de alimentación requiere que también produzcan una gran cantidad de excrementos y de líquido en exceso. Las gotitas rezuman o salen a chorro y se deja que caigan al suelo o sobre la vegetación circundante, lo que impide que el material pegajoso se acumule alrededor de los insectos. Esta «ligamaza» es maná para la mayoría de las especies de hormigas. Para muchas especies es asimismo un recurso alimentario fundamental.

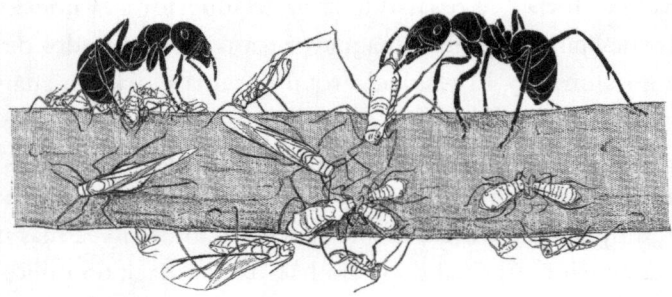

FIGURA 13.2. Una fase crítica en el auge de la dominancia de las hormigas fue la de las asociaciones que formaron con insectos chupadores de savia, de los que tomaron el nutritivo excremento líquido a cambio de protección contra depredadores y parásitos. La ilustración corresponde a la hormiga europea *Formica polyctena* y a su socio simbiótico, el pulgón *Lachnus roboris*. (De Edward O. Wilson, *The Insect Societies*, Harvard University Press, Cambridge, MA, 1971. Dibujo de Turid Hölldobler.)

El advenimiento de las hormigas proporcionó una ventaja parecida a sus socios, y la simbiosis ha perdurado hasta la actualidad. Cuando su pico perfora la epidermis de las plantas, los pulgones y otros suctores de savia se hallan literalmente anclados en su alimento. Su cuerpo blando proporciona bocados sustanciales para toda una hueste de depredadores y parásitos que pululan por el follaje. Avispas, escarabajos, crisopas, moscas, arañas, entre otros, pueden eliminar completamente toda la población de una planta en poco tiempo. Los suctores de savia necesitan una protección constante, y una alianza con las hormigas, ávidas de excrementos, es una excelente manera de obtenerla. Hormigas de numerosas especies tratan cualquier suministro alimentario persistente y rico como parte de su propio territorio, aunque esté situado lejos de sus hormigueros. Expulsan a cualquier enemigo de los rebaños de suctores de savia que reclaman como propios.

Durante su evolución, a lo largo de millones de años, las hormigas fueron más allá todavía: convirtieron a los pulgones y otros chupasavias cooperativos en el equivalente de vacas lecheras. O, dicho con la misma exactitud, los suctores de savia transformaron a las hormigas en el equivalente de cuidadores de granjas lecheras. Por su parte, los suctores de savia simbióticos dejaron de expulsar sus excrementos fuera de la planta en la que se encontraban y simplemente los conservaron hasta que se acercaba una hormiga y los tocaba ligeramente con sus antenas, momento en el que el chupasavias expulsaba una gota generosa y la mantenía en su lugar para que la hormiga la bebiera. Durante su evolución, ambos socios de la simbiosis prosperaron. Otros no fueron tan afortunados. Las plantas perdieron una gran cantidad de su sangre vegetal, por así decirlo, y los depredadores que cazaban suctores de savia solían quedar hambrientos. Pero todos sobrevivieron; este es un ejemplo de lo que se conoce como equilibrio de la naturaleza.

Un día, mientras realizaba una excursión por una pluviselva de Nueva Guinea, encontré un grupo de cochinillas gigantes que se alimentaban de un matorral del sotobosque. Su cuerpo, embutido en una cubierta quitinosa dura como si fuera el caparazón de una tortuga, tenía casi diez milímetros de longitud. Las atendían prestamente unas hormigas, que se movían entre el rebaño, recolectando gotitas de ligamaza. Se me ocurrió que estos cóccidos eran lo bastante grandes (o, considerado desde una perspectiva distinta, yo era lo bastante pequeño) para que yo hiciera el papel de una hormiga. Al mismo tiempo, y afortunadamente, yo era lo bastante grande para que las hormigas guardianas me expulsaran, aunque lo intentaron. Me arranqué un pelo de la cabeza y toqué con su punta el dorso de una de las cochinillas, con suavidad, como podría hacerlo una hormiga al aplicar sobre la cochinilla el extremo de una de sus antenas. Tal como esperaba, surgió una generosa gotita de excremento. La cogí con un par de pinzas finas de óptico que llevaba y la probé. La encontré ligeramente dulce. Sabía también que obtenía una pequeña cantidad de aminoácidos que habrían sido buenos para mi alimentación si yo hubiera sido una hormiga. Para la cochinilla, desde luego, yo *era* una hormiga.

El consorcio entre hormiga y suctor de savia ha llegado a situaciones extremas durante la asociación, larga desde el punto de vista geológico, entre los dos tipos de insectos. Muchas especies de hormigas contemporáneas gestionan sus poblaciones de ganado de seis patas como rebaños de uso múltiple, y se comen algunos individuos durante los períodos de escasez de proteína. Unas cuantas especies llegan al extremo de transportar a su ganado desde los pastos de vegetación agotados a otros nuevos y frescos. Una especie de Malaisia se ha convertido incluso en un pastor trashumante, y transporta periódicamente a toda su colonia con los suctores de savia cautivos de un lugar a otro para obtener cosechas de ligamaza siempre elevadas.

Las simbiosis entre hormigas y suctores de savia homópteros, así como orugas secretoras de ligamaza de mariposas de la familia Licénidos (niñas y azules), no son ni mucho menos curiosidades triviales. Se presentan en abundancia en todo el mundo y cuentan entre los eslabones principales en las cadenas alimentarias que mantienen unidos muchos ecosistemas terrestres. Para los humanos, son plagas agrícolas de importancia. Por su parte, las simbiosis permitieron que las hormigas ocuparan una dimensión completamente nueva del ambiente terrestre. Previamente, se habían desplazado hacia las áreas siempre verdes de las selvas tropicales y habían vuelto al nido situado en el suelo o cerca de él. Ahora podían vivir todo el tiempo a cierta altura por encima del suelo. En muchas regiones tropicales, las hormigas llegaron a ser los insectos más abundantes de la bóveda arbórea.

Durante mucho tiempo, los biólogos estaban estupefactos por el dominio arbóreo que las hormigas habían conseguido. ¿Cómo podían estas criaturas fundamentalmente carnívoras mantener unas poblaciones tan grandes? Su presencia en gran número en lo alto de la cadena alimentaria parecía violar un principio básico de la ecología según el cual cada gramo de carnívoro consume muchos gramos de herbívoros (de manera muy aproximada, diez veces más sustancia), como ocurre con los humanos que consumen carne de res. Los herbívoros, a su vez, comen masas de vegetación mucho mayores, como el ganado come hierba.

Cuando, finalmente, biólogos jóvenes y amantes de la aventura treparon a las bóvedas arbóreas tropicales para observar directamente a las comunidades de hormigas, hicieron un descubrimiento asombroso. Las hormigas son carnívoras solo a tiempo parcial. En gran medida son también herbívoras. Más exactamente, son herbívoras *indirectas*. Las hormigas arbóreas siguen sin poder digerir plantas por sí solas, de la manera en que lo hacen las orugas y las cochinillas. Esto precisaría una reestructuración importante de su sistema digestivo. Sin embargo, pueden vivir a base del excremento nutritivo de los homópteros suctores de savia que abundan en las copas de los árboles. Las hormigas cuidan y controlan esmeradamente los rebaños de chupasavias que se forman en sus nidos y en los alrededores. Algunos de los simbiontes son mantenidos en «jardines de hormigas», masas globulares de plantas epífitas cultivadas por las hormigas, tales como orquídeas, bromeliáceas y gesneriáceas. Los huertos son a la vez el hogar y los pastos de los simbiontes.

Yo mismo he estudiado estos jardines de hormigas en las pluviselvas de la Amazonia y de Nueva Guinea… en las ramas más bajas de los árboles, lo confieso, donde no era necesario trepar. Me sorprendió la agresividad de las hormigas. Siempre que perturbaba un nido, surgían obreras defensoras que se arremolinaban para morder, picar y rociar secreciones venenosas sobre cualquier parte de mi persona a la que pudieran llegar. Muy posiblemente, la hormiga más feroz del mundo en el suelo o sobre él es *Camponotus femoratus*, una pariente de tamaño medio de la gran hormiga carpintera negra del hemisferio Norte, y que abunda en las pluviselvas sudamericanas. La *C. femoratus* constructora de jardines que yo encontré ni siquiera me permitió tocar el nido. Cuando me acerqué a favor del viento a un par de metros, los habitantes del hormiguero me olieron. Las obreras salieron de este a centenares para formar una alfombra hirviente sobre el nido y empezaron a rociar nubes de ácido fórmico en mi dirección. Cuando persistí en mi intento, se dejaron caer sobre la vegetación inmediata para acercarse más. Quienquiera que haya trepado a las ramas de un árbol habitado por *C. femoratus* no necesita ninguna explicación adicional de la dominancia ecológica de las hormigas.

En fiereza, la *Camponotus femoratus* amazónica tiene como rivales en el África y Asia ecuatoriales a las hormigas tejedoras o costureras del género *Oecophylla*. Las colonias construyen nidos de hojas que se mantienen unidas por cadenas vivas de obreras y que son cosidas en su lugar por láminas de seda obtenidas, hilo a hilo, de las larvas en forma de queresa de la colonia. Una colonia madura construye cientos de estos pabellones de seda a través de las copas de uno a varios árboles. Cualquier intruso de un territorio de hormigas costureras es recibido con mordiscos y rociadas de ácido fórmico por parte de enjambres de arrojados defensores. Cuando unas obreras se escaparon de las jaulas de plástico en las que yo mantenía una colonia en la Universidad de Harvard, algunas de ellas subieron a la parte superior de mi mesa de escritorio y me amenazaron con las mandíbulas abiertas y con su extremo abdominal levantado y dispuesto a rociarme con ácido fórmico. Su ferocidad en el campo es legendaria. En las islas Salomón, durante la Segunda Guerra Mundial, se decía que los marines francotiradores que trepaban a los árboles temían a las hormigas tanto como a los japoneses. Una hipérbole, desde luego, pero también un tributo a los insectos que gobiernan la Tierra junto con nosotros.

A lo largo de los años, he acabado por reconocer un principio relevante para nuestra comprensión del origen evolutivo de las hormigas y otros insectos sociales: *cuanto más complejo y caro es el nido en energía y tiempo, mayor es la ferocidad de las hormigas que lo defienden.* Este es un concepto que más adelante relacionaré con el origen mismo de la eusocialidad.

Aproximadamente durante el mismo período de tiempo geológico en que muchas especies de hormigas perfeccionaban su asociación con insectos productores de ligamaza en la bóveda arbórea, otras expandían sus hábitats y dietas en una dirección completamente diferente. A su dieta básica de presas y carroña, añadieron semillas. La innovación permitió un aumento en el número de especies y en la densidad de las colonias en las ciudadelas forestales de las faunas originales de hormigas. También permitió que muchas especies de hormigas se expandieran a praderas áridas y desiertos.

Hoy en día, muchas de las especies de hormigas que se alimentan de semillas construyen también graneros en los que almacenarlas.

El fenómeno se da de forma limitada en las áreas forestales, pero ni allí ni en ningún otro lugar fue advertido hasta bien entrado el siglo XIX, cuando los naturalistas empezaron a estudiar hormigas en las regiones más secas del Levante, la India y Norteamérica occidental. Al excavar en los hormigueros de tierra de las que terminaron llamándose «hormigas recolectoras o agricultoras», encontraron cámaras abarrotadas de semillas de plantas herbáceas de las inmediaciones. Solo entonces cobraron sentido las palabras de Salomón: «Ve, ¡oh, perezoso!, a la hormiga; mira sus caminos y hazte sabio. No tiene juez, ni inspector, ni amo. Y se prepara en el verano su mantenimiento, reúne su comida al tiempo de la mies».

Un día, en una visita al monte del Templo de Jerusalén, me senté cerca de un nido de hormigas agricultoras del género *Messor*, una de las especies de hormigas dominantes en la región. Observé cómo las obreras acarreaban semillas hacia un agujero de entrada en su camino hacia los graneros subterráneos. Se me ocurrió pensar que probablemente esta era la misma especie que Salomón conocía, y que quizá me hallara cerca del mismo punto en que él las había visto.

Tres milenios después, y lejos de la tierra de Judea, los científicos han empezado a dirigirse a las hormigas y a otros insectos sociales para ahondar en un nuevo tipo de sabiduría. Aunque estos pequeños seres son radicalmente diferentes de nosotros en muchos aspectos, sus orígenes e historia arrojan luz sobre los nuestros.

IV

Las fuerzas de la evolución social

14

El dilema científico de la rareza

La eusocialidad, la condición de múltiples generaciones organizadas en grupos por medio de una división altruista del trabajo, fue una de las principales innovaciones en la historia de la vida. Creó superorganismos, el siguiente nivel de complejidad biológica por encima del de organismos. Por su impacto es comparable a la conquista de la tierra de los animales acuáticos que respiraban aire. Es equivalente en importancia a la invención del vuelo batido por parte de insectos y vertebrados.

Pero este logro ha planteado un enigma de la biología evolutiva que todavía hoy no se ha resuelto: la rareza de su ocurrencia. Porque si una población afortunada de avispas pudo dar origen a las hormigas, y otra población afortunada de comedores de madera parecidos a las cucarachas se transformó en termes, ¿por qué no ha sido más común el origen de la eusocialidad en la historia de la vida? ¿Por qué tardó tanto en producirse en la historia de la vida?

Por lo que parece, las oportunidades abundaron sobremanera. Antes de que hormigas, termes y abejas y avispas sociales aparecieran sobre la Tierra, hubo dos episodios masivos y prolongados de evolución por parte de los insectos. El primero empezó hace unos 400 millones de años, durante el período Devónico. Terminó 150 millones de años después, al final del período Pérmico, cuando la mayor extinción de todos los tiempos eliminó a la mayoría de las especies de plantas y animales sobre la Tierra. Así terminó el Paleozoico, conocido popularmente como la Era de los Anfibios. Le sucedió el Mesozoico, la Era de los Reptiles, tanto en tierra como en el mar.

FIGURA 14.1. Desde el período Paleozoico Medio al Paleozoico Tardío, hace entre 400 y 250 millones de años aproximadamente, insectos de diversas especies medraron en la Tierra. Su variedad viene ilustrada por la gama que podía encontrarse en un único helecho arbóreo, que incluía escarabajos, cucarachas y especies de otros grupos extinguidos. No se tiene constancia de que ninguna fuera social. (De Conrad C. Labandeira, «Plant-insect associations from the fossil record», *Geotimes* 43, 9 [1998], pp. 18-24. Ilustración de Mary Parrish.)

La era Paleozoica fue la época de los bosques de carbón, con helechos arbóreos y altísimos árboles de escamas.* Estos bosques y otros hábitats terrestres distribuidos a su alrededor bullían de insectos, cuyas especies rivalizaban en diversidad con las que existen en la actualidad. Abundaban los representantes antiguos de efímeras, libé-

---

* *Lepidodendron. (N. del T.)*

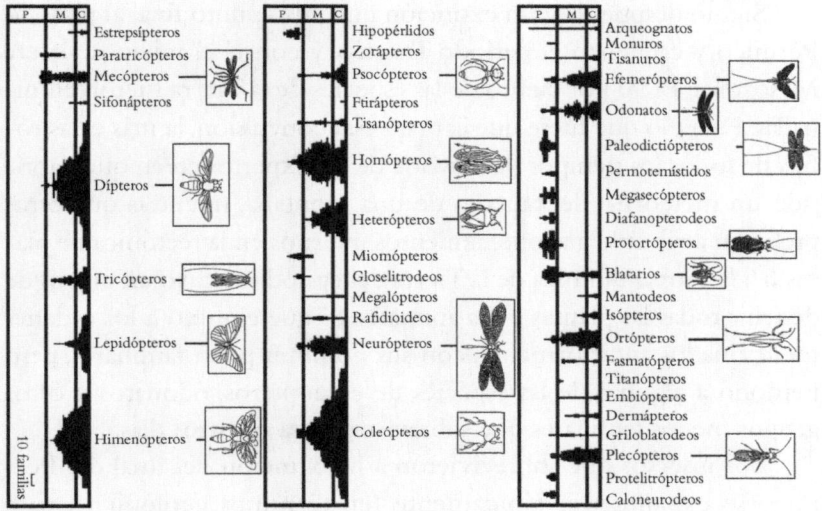

FIGURA 14.2. De toda la inmensa diversidad de insectos, que se extiende a lo largo de 400 millones de años y de tres eras (Paleozoico, P; Mesozoico, M; Cenozoico, C), el origen de los insectos eusociales fue un acontecimiento raro, y, por lo que sabemos, estos no aparecieron hasta el Mesozoico Temprano. La anchura de los esquemas representa el número de familias en cada orden de insectos a lo largo del tiempo. (De Conrad C. Labandeira y John Sepkoski Jr., «Insect diversity in the fossil record», *Science* 261 [1993], pp. 310-315. Ilustración preparada por Finnegan Marsh.)

lulas, escarabajos y cucarachas. Estas formas familiares se mezclaban con insectos ahora extinguidos que son conocidos únicamente por los expertos que estudian sus fósiles: paleodictiópteros, protelitrópteros, megasecópteros, diafanopterodeos y otros a los que se ha dado nombres igual de impronunciables.

Comprimidos dentro de rocas de grano fino, muchos de estos fósiles se encuentran en condiciones notablemente buenas, lo suficiente para que podamos comparar la mayor parte de sus detalles anatómicos externos con los de los insectos modernos. Los investigadores, utilizando especímenes recolectados de todo el mundo, han podido reconstruir los ciclos biológicos de algunas de las especies, e incluso deducir su dieta. Sin embargo, hasta el día de hoy, no se ha encontrado ni una traza de ningún insecto eusocial.

Siguió después la gran extinción que puso punto final al período Pérmico y comenzó el período Triásico, y con él el inicio de la era Mesozoica. El 90 por ciento de las especies de la Tierra fueron eliminadas. Fuera lo que fuese que causara esta convulsión, la más catastrófica de todos los tiempos (la mayoría de los expertos creen que habría sido un meteorito del tamaño de una montaña, mientras que otros prefieren atribuirlo a acontecimientos internos en la tectónica de placas o a la propia química de la Tierra), el episodio estuvo en un tris de destruir todas las plantas y los animales. Sí que eliminó a los órdenes mencionados anteriormente, con sus nombres poco familiares, pero perdonó a algunas de las especies de coleópteros, odonatos y otros grupos menos familiares que sobreviven hasta nuestros días.

Los insectos que sobrevivieron a la extinción del final del Pérmico se expandieron rápidamente (en términos geológicos) para volver a ocupar los ambientes terrestres de la Tierra. Sus especies se multiplicaron y radiaron en muchos estilos de vida nuevos. Transcurridos unos pocos millones de años, la evolución de los supervivientes había sustituido gran parte de la diversidad extinguida con nuevos conjuntos de especies, y el mundo de los insectos volvió a ser vibrante. No obstante, durante otros 50 millones de años, durante gran parte del período Triásico, mientras también tenía lugar la gran radiación evolutiva de los dinosaurios, no apareció todavía ningún insecto eusocial, al menos ninguno del que podamos encontrar algún registro.

Finalmente, en la última parte del período Jurásico, hace unos 175 millones de años, aparecieron los primeros termes, de anatomía primitiva, parecida a la de las cucarachas, y fueron seguidos unos 25 millones de años después por las hormigas. Incluso entonces, y continuando hasta el día de hoy, el origen de otros insectos eusociales, o de animales eusociales de ningún otro tipo, ha sido raro. En la actualidad existen aproximadamente 2.600 familias reconocidas de insectos y de otros artrópodos, como las moscas del vinagre comunes de la familia Drosofílidos, las arañas tejedoras de telarañas de la familia Argiópidos y los cangrejos terrestres de la familia Grápsidos. Que se sepa, solo 15 de las 2.600 familias contienen especies eusociales. Seis de las familias son termes, todos los cuales parecen haber descendido de un único antepasado eusocial. La eusocialidad apareció una vez en las hormigas, tres veces de manera independiente en las avispas y al menos cuatro veces (probablemente más, pero es difícil decirlo) en las abejas. En particular entre las abejas o abejitas del sudor eusociales actuales de la familia Halíctidos, muchos linajes se hallan cerca del origen mismo de la organización eusocial, con colonias pequeñas, reinas apenas diferenciadas y una tendencia a avanzar y retroceder en la evolución entre los estados solitario y eusocial temprano. Estas son las abejitas cuyo tamaño es solo una fracción del de las abejas melíferas y abejorros, que abundan sobre ásteres y otros tipos de flores durante el verano. Tienen colores variados: algunas son de color azul o verde metálicos y otras presentan rayas blancas y negras.

En los escarabajos de ambrosía se conoce un único caso de eusocialidad, y se han descubierto otros en pulgones y trips. Resulta sorprendente que el comportamiento eusocial se haya originado tres veces en camarones del género *Synalpheus*, de la familia Alfeidos, que construyen nidos en esponjas marinas. Es fácil que estos orígenes raros o relativamente inestables hayan pasado desapercibidos en el registro fósil. Asimismo, la multiplicidad de orígenes eusociales en los camarones *Synalpheus* se ha descubierto recientemente. Geerat J. Vermeij ha planteado una cautela paralela a partir del análisis de veintitrés innovaciones supuestamente únicas en los aspectos de la vida sobre todo no sociales. Sin embargo, incluso reconociendo esta incertidumbre, es improbable que muchos insectos eusociales avanzados y abundantes, con sus distintivas castas de obreras, hayan pasado completamente desapercibidos.

Más rara todavía que en los invertebrados ha sido la aparición de la eusocialidad en los vertebrados. Ha ocurrido dos veces en las ratas topo desnudas subterráneas de África. Ha ocurrido una vez en el linaje que conduce a los humanos modernos y, en comparación con los orígenes en los invertebrados, solo muy recientemente en el tiempo geológico: en fecha tan reciente como hace tres millones de años. Se acercan a la eusocialidad las aves que colaboran en el nido, en las que los pollos permanecen con los padres durante un tiempo,

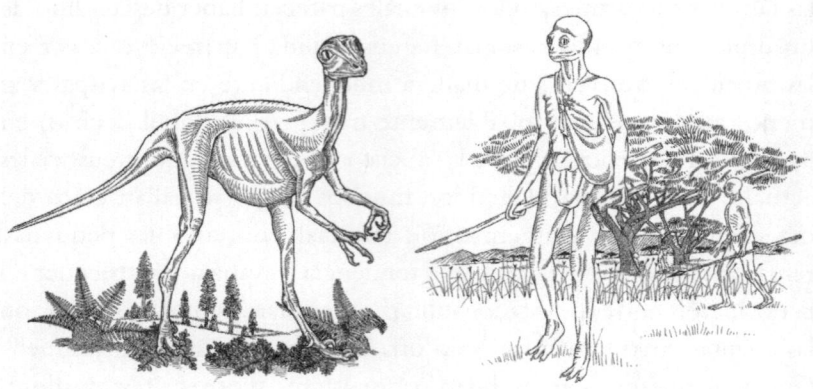

FIGURA 14.3. Lo que podía haber ocurrido. A la izquierda hay una reconstrucción del dinosaurio bípedo *Stenorhynchosaurus*, que vivió hacia el final del Mesozoico y tenía algunos de los rasgos que se piensa que hacen posible el origen de la inteligencia avanzada. A la derecha está el «dinosauroide», tal como lo concibió el paleontólogo Dale Russell. Este animal imaginario pudo haber evolucionado a partir de *Stenorhynchosaurus* cien millones de años antes del hombre… pero no lo hizo. Basado en una reconstrucción original de *Stenorhynchosaurus* por Dale Russell. (De Charles Lumsden y Edward O. Wilson, *Promethean Fire: Reflections on the Origin of Mind*, Harvard University Press, Cambridge, MA, 1983.)

pero que después heredan el nido o se van para construir uno por su cuenta. Se aproximan mucho a la eusocialidad los perros salvajes africanos, en los que una hembra alfa permanece en el cubil para reproducirse mientras la jauría caza a las presas.

Hubo muchísimas oportunidades a lo largo de los últimos 250 millones de años para que un acontecimiento tan trascendental como la eusocialidad se diera en animales grandes. Durante el Mesozoico, muchas estirpes de dinosaurios en evolución alcanzaron al menos algunos de los prerrequisitos necesarios: carnívoros del tamaño de los seres humanos, rápidos, cazadores en grupo, andadura bípeda y manos libres. Ninguno realizó el paso final para alcanzar siquiera una eusocialidad primitiva. Durante los siguientes 60 millones de años, casi toda la duración de la era Cenozoica, tuvieron la misma oportunidad las especies de mamíferos grandes que proliferaban. No solo esto, sino que la duración media de la vida de las especies de mamíferos y de sus especies hijas era por término medio muy corta, medio millón de años, lo que aceleraba la renovación en adaptaciones nuevas. Pero de todos los mamíferos no primates del mundo, con excepción de las ratas topo, y de todas las especies de primates que vivieron en las regiones tropicales y subtropicales durante millones de años, solo una, un vástago de los grandes simios africanos, un antecesor de *Homo sapiens*, cruzó el umbral a la eusocialidad.

15

Explicación del altruismo y la eusocialidad de los insectos

La humanidad se originó como una especie biológica en un mundo biológico, y en este sentido estricto ni más ni menos que lo que hicieron los insectos sociales. ¿Qué fuerzas genéticas evolutivas empujaron a nuestros antepasados hasta el umbral de la eusocialidad, y después a través de este? Solo recientemente han empezado los biólogos a resolver este dilema. Pueden encontrarse pistas vitales en las historias de las especies animales, y en especial en los invertebrados sociales, que mucho antes habían abierto la misma senda. La clave, según descubrieron los investigadores, no consistía en basarse en ningún conjunto lógico de premisas de lo que podía haber ocurrido durante el origen de los insectos y otros invertebrados eusociales, no consistía en depender de teorías construidas matemáticamente de lo que podía haber ocurrido, sino en ensamblar, a partir de observaciones de campo y de laboratorio, lo que *ocurrió* en realidad. Con cautela, paso a paso, hemos empezado a reconstruir este relato a partir de las pruebas empíricas. Después podrán usarse los principios básicos de la genética y la evolución citados, tentativamente en el mejor espíritu de la ciencia, para abordar la condición humana.

Los primeros pasos hacia una reconstrucción sólida de la historia de los invertebrados, en especial la de los insectos, los dieron a mediados del siglo pasado varios grandes entomólogos: William M. Wheeler, Charles D. Michener y Howard E. Evans. Cuando yo era un joven científico conocí personalmente muy bien a Michener y Evans (Michener está vivo y todavía continúa activo en 2012), y aunque

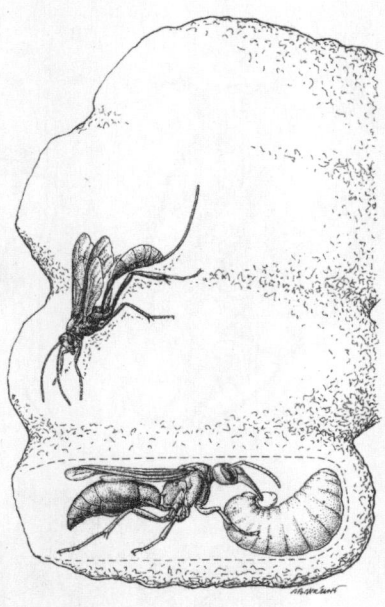

FIGURA 15.1. Aprovisionamiento progresivo de una avispa solitaria. Un corte sagital del nido muestra a una hembra de *Synagris cornuta* alimentando a su larva con un fragmento de oruga. Una avispa icneumónida parásita, *Osprynchotus violator*, acecha en el exterior del nido, a la espera del momento adecuado para atacar a la larva. (David P. Cowan, «The solitary and presocial Vespidae», en Kenneth G. Ross y Robert W. Matthews, eds., *The Social Biology of Wasps*, Comstock Pub. Associates, Ithaca, NY, 1991.)

Wheeler murió en 1937, cuando yo todavía era un muchacho, he estudiado sus investigaciones tan a fondo y he oído tantas cosas acerca de su vida que me siento como si también lo hubiera conocido personalmente.

Los tres hombres eran naturalistas auténticos de un tipo que hoy en día es muy necesario en las fronteras de la biología. Consagraron sus carreras científicas a aprender todo lo que se podía conocer acerca del grupo de organismos en el que se especializaron. Cada uno de ellos se convirtió en una autoridad mundial: Michener en las abejas, Evans en las avispas y Wheeler en las hormigas. Su pasión era la cien-

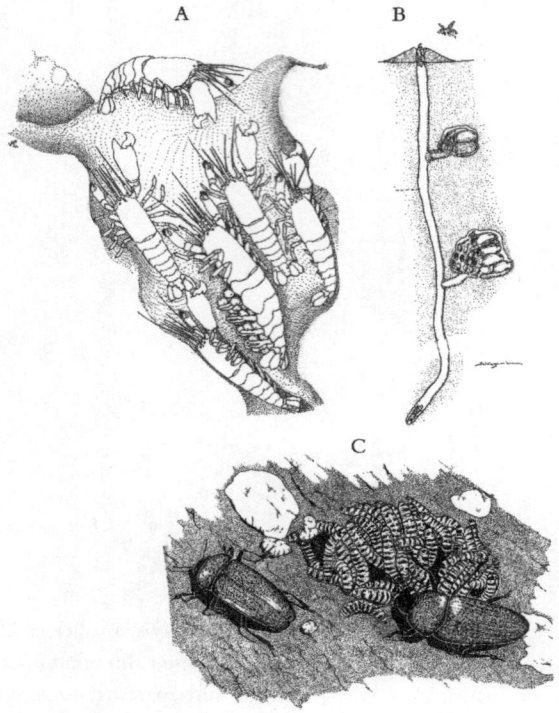

FIGURA 15.2. Especies a ambos lados del umbral de la eusocialidad. A) Colonia de un camarón chasqueador primitivamente eusocial, *Synalpheus*, que ocupa una cavidad excavada en una esponja. La gran reina (miembro reproductor) es sostenida por su familia de obreras, una de las cuales vigila la entrada del nido (de Duffy). B) Colonia de la abeja halíctida *Lasioglossum duplex*, primitivamente eusocial, que ha excavado un nido en el suelo (de Sakagami y Hayashida). C) Escarabajos erotílidos adultos del género *Pselaphacus*, que conducen a sus larvas a su alimento fúngico (de Costa); este nivel de cuidado de los progenitores está muy extendido entre los insectos y otros artrópodos, pero no se sabe que haya dado nunca origen a la eusocialidad. Estos tres ejemplos ilustran el principio de que el origen de la eusocialidad requiere la preadaptación de un lugar de nidificación construido y guardado. (J. T. Costa, *The Other Insect Societies*, Harvard University Press, Cambridge, MA, 2006; J. Emmett Duffy, «Ecology and evolution of eusociality in sponge-dwelling shrimp», en J. Emmett Duffy y Martin Thiel, eds., *Evolutionary Ecology of Social and Sexual Systems: Crustaceans as Model Organisms*, Oxford University Press, Nueva York, 2007; S. F. Sakagami y K. Hayashida, «Biology of the primitively social bee, *Halictus duplex* Dalla Torre II: Nest structure and immature stages», *Insectes Sociaux* 7 [1960], pp. 57-98.)

cia de la clasificación, pero también se aventuraron más allá: a la ecología de sus sujetos de elección, la anatomía, los ciclos biológicos, las relaciones evolutivas, el comportamiento. Si uno tenía la gran fortuna de salir al campo con uno de los tres, te podía citar el nombre científico de cada abeja (Michener), avispa (Evans) y hormiga (Wheeler) que encontrábamos, y relataba con entusiasmo todo lo que se había descubierto acerca de aquella especie hasta el momento. *Cada uno de ellos tenía una sensibilidad especial para el organismo*, y esto era lo que importaba.

La gran cantidad de conocimientos biológicos acumulados por muchos de estos científicos naturalistas que trabajan en el campo y el laboratorio ha hecho posible desarrollar una imagen clara de cómo y por qué surgió la eusocialidad, el estado más avanzado del comportamiento social. La secuencia tuvo dos fases. Primera, en todas las especies animales que han alcanzado la eusocialidad (todas ellas sin excepción conocida) la cooperación altruista protege un nido persistente y defendible de los enemigos, ya sean depredadores, parásitos o competidores. Segunda, después de haber alcanzado esta fase, se establece el marco idóneo para el origen de la eusocialidad, en la que los miembros del grupo pertenecen a más de una generación y se reparten el trabajo de una manera que sacrifica al menos algunos de sus intereses personales a los del grupo.

Para imaginar el proceso de una manera concreta, consideremos una avispa solitaria que construye un nido en el que cría a sus hijos. Esta es la fase a la que han llegado aves y cocodrilios. En el ciclo biológico de las especies de avispas ordinarias, las crías abandonan el nido cuando maduran, y se dispersan para reproducirse y construir nidos por su cuenta, como hacen, por ejemplo, aves y cocodrilios. Si al menos algunos de los componentes de la siguiente generación permanecen en el nido en lugar de dispersarse, el grupo resultante habrá alcanzado el umbral de la eusocialidad. Después esta barrera es fácil de cruzar, aunque no es en absoluto fácil mantener posteriormente esta situación. Abejas de al menos algunas especies solitarias (y abejas comunales que ocupan una madriguera común pero que construyen celdas privadas) pueden convertirse al estado primitivamente eusocial colocando simplemente juntas dos abejas en un espacio tan pequeño que solo puedan construir un nido o celda privada. La pareja forma enseguida un orden de picoteo del tipo que se observa en las poblaciones naturales de abejas primitivamente eusociales. La hembra dominante, la «reina», permanece en el nido, se reproduce y guarda el nido, mientras que la hembra subordinada, la «obrera», sale en busca de alimento.

En la naturaleza la misma disposición puede estar programada genéticamente, con la madre insecto que permanece en el nido rodeada de sus descendientes, de modo que la madre se convierte en reina y los descendientes se convierten en obreras. El único cambio genético necesario para alcanzar la fase final es la adquisición de un alelo (una nueva forma de un único gen) que silencie el programa cerebral para la dispersión e impida que la madre y sus hijos se dispersen para crear nuevos nidos.

Tan pronto como llega a existir un grupo cohesivo de este tipo, empieza la selección natural que actúa al nivel del grupo. Esto significa que un individuo en un grupo capaz de reproducirse lo hace mejor, o peor, que un individuo solitario, idéntico en todo lo demás, en el mismo ambiente. Lo que determina el resultado son los rasgos emergentes debidos a las interacciones de sus miembros. Dichos rasgos incluyen la cooperación en la expansión, la defensa y el agrandamiento del nido, la obtención de alimento y la cría de los jóvenes inmaduros; en otras palabras, todas las acciones que un insecto solitario y reproductor realizaría normalmente por sí solo.

Cuando el alelo que prescribe los anteriores rasgos emergentes del grupo predomina sobre alelos en competencia que prescriben la dispersión por los individuos desde el nido, la selección natural sobre el resto del genoma está libre para crear formas más complejas de organización social. No obstante, en los estadios más tempranos de la evolución eusocial, actúa primero sobre la predisposición ya existente a la dominancia y a la división del trabajo. Posteriormente, más del resto del genoma (es decir, todo el código genético) puede participar al nivel del grupo, creando sociedades cada vez más complejas.

En la imagen antigua y convencional, la de la selección de parentesco y el «gen egoísta», el grupo es una alianza de individuos emparentados que cooperan entre sí porque están emparentados. Aunque potencialmente entran en conflicto, sin embargo acceden de forma altruista a las necesidades de la colonia. Las obreras están dispuestas a sacrificar de esta manera algo de su potencial reproductivo personal, o todo, porque son parientes y comparten genes con ellas por su genealogía común. Así, cada una beneficia a sus propios genes «egoístas» al promover genes idénticos que también se presentan en los miembros de su grupo. Aunque dé su vida para el beneficio de una madre o una hermana, un insecto que actúe así aumentará la frecuencia de los genes que comparte con sus parientes. Los genes que aumenten incluirán los que provocaron el comportamiento altruista. Si otros miembros de la colonia se comportan de manera similar, la colonia en su conjunto puede derrotar a grupos compuestos exclusivamente por individuos egoístas.

El enfoque de gen egoísta puede parecer completamente razonable. De hecho, la mayoría de los biólogos evolutivos lo aceptaron como un dogma virtual... al menos hasta 2010. Aquel año, Martin Nowak, Corina Tarnita y yo demostramos que la teoría de eficacia inclusiva, a menudo denominada teoría de selección de parentesco, es incorrecta tanto desde el punto de vista matemático como del biológico. Entre sus errores básicos figura el que trata la división del trabajo entre la reina madre y sus hijos como «cooperación», y su dispersión desde el nido de la madre como «defección». Pero, tal como he señalado, la fidelidad al grupo y la división del trabajo no son un juego evolutivo. Las obreras no son jugadoras. Cuando la eusocialidad está firmemente establecida, son extensiones del fenotipo de la reina, en otras palabras, expresiones alternativas de sus genes personales y de los del macho con el que la reina se apareó. Efectivamente, las obreras son robots que ella ha creado a su imagen y que le permiten generar más reinas y machos de lo que sería posible si fuera solitaria.

Si dicha percepción es correcta, y creo que lo es tanto por lógica como porque encaja con la evidencia, el origen y la evolución de los insectos eusociales pueden considerarse como procesos promovidos por la selección natural al nivel del individuo. Se le sigue mejor la pista de una reina a otra y de una generación a la siguiente, con las obreras de cada colonia producidas como extensiones fenotípicas de la reina madre. A menudo, a la reina y sus descendientes se les denomina superorganismos, pero pueden ser calificados igualmente de organismos. La obrera de una colonia de avispas o de una colonia de hormigas que nos ataca cuando perturbamos su nido es un producto del genoma de la reina madre. La obrera defensora es parte del fenotipo de la reina, como los dientes y los dedos son parte de nuestro propio fenotipo.

De inmediato, parece que en esta comparación hay un fallo. La obrera social, desde luego, tiene un padre al igual que una madre, y por lo tanto un genotipo parcialmente diferente del de la reina madre. Cada colonia comprende un conjunto de genomas, mientras que las células de un organismo convencional, al ser clones, componen solo el único genoma del cigoto del organismo. Pero el proceso de selección natural y el nivel único de organización biológica en el que tienen lugar sus operaciones son esencialmente los mismos. Cada uno de nosotros es un organismo constituido por células diploides bien integradas. Lo mismo cabe decir de una colonia eusocial. Cuando nuestros tejidos proliferaban, la maquinaria molecular de cada célula fue alternativamente conectada o silenciada para crear, pongamos por caso, un dedo o un diente. De la misma manera, las obreras eusociales, que se desarrollan en adultas bajo la influencia de feromonas procedentes de los demás miembros de la colonia y otras pistas ambientales, son dirigidas para convertirse en una casta determinada. Esta realizará una tarea o una secuencia de tareas a partir de un repertorio de funciones potenciales integradas en el cerebro colectivo de las obreras. Durante un período de tiempo, raramente durante toda su vida, es un soldado, una constructora de nidos, una nodriza, o una obrera para todo.

Desde luego, es un hecho que la diversidad genética de los rasgos entre las obreras de las colonias eusociales no solo existe, sino que funciona en beneficio de la colonia, como documenta la resistencia a la enfermedad y el control climático del nido. ¿Haría esto de la colonia un grupo de individuos, cada uno de los cuales (en la perspectiva de la teoría de la selección de parentesco) busca maximizar la eficiencia de sus propios genes? Que esto no tiene por qué ser así resulta evidente si se considera que el genoma de la reina está constituido por partes relativamente bajas en la variedad de sus alelos (formas diferentes de cada gen) en aquellos casos en que los rasgos que prescriben necesitan ser inflexibles, pero que en el mismo genoma otras partes tienen una elevada variedad de sus alelos, siempre que dichos rasgos necesiten ser flexibles. La inflexibilidad genética es una necesidad de los sistemas de castas de obreras, y el medio por el que se organizan y por el que se distribuye su trabajo personal. En contraste, la flexibilidad genética en la respuesta de las obreras resulta favorecida en la resistencia a la enfermedad por parte de la colonia y en el control del clima dentro del nido. Cuantos más tipos genéticos existan en una colonia, más probable será que al menos algunos sobrevivan si una enfermedad se extiende por el nido. Y cuanto mayor sea el rango de sensibilidad a la hora de detectar desviaciones de la temperatura, la humedad y la atmósfera deseadas, más cerca de su óptimo podrán mantenerse estos componentes del ambiente del nido para la vida de la colonia.

No hay una diferencia genética importante entre la reina y sus hijas en la casta potencial en la que pueden convertirse. Cada óvulo fecundado, desde el momento en que se unen los genomas de la reina y del macho, puede convertirse en una reina o en una obrera. Su destino depende de las particularidades del ambiente que experimenta cada miembro de la colonia durante su desarrollo, que incluyen la estación en que nace, el alimento que come y las feromonas que detecta. En este sentido, las obreras son robots, producidos por la reina madre como partes ambulatorias de su fenotipo.

En las colonias de himenópteros sociales (hormigas, abejas, avispas) que son «primitivamente» simples o, en otras palabras, con pocas diferencias anatómicas entre la reina y su progenie de obreras, suele producirse una situación de conflicto cuando hay obreras que intentan reproducirse por su cuenta. Normalmente, las demás obreras frustran a la usurpadora, protegiendo así la primacía de la reina. Pueden simplemente alejarla de la cámara de puesta cuando intenta poner allí sus huevos. Pueden amontonarse sobre la transgresora para castigarla, quizá de manera lo bastante grave para mutilarla o matarla. Si la transgresora consigue depositar sus huevos en la cámara de cría, las obreras que son sus colegas reconocen su olor distinto y los extraen y se los comen. Muchos estudios han demostrado que el grado de este conflicto está relacionado con la diferencia genética entre las usurpadoras en potencia y la reina. Parte de este fenómeno puede explicarse por una diferencia en el olor, de base genética, que entonces determina el grado de antagonismo. Incluso así, sigue planteada la cuestión de si dicho conflicto es una prueba en contra de la selección natural a nivel individual, de reina a reina. No es este el caso si se considera que las usurpadoras son equivalentes a las células cancerosas en el organismo de los mamíferos. El complejo aparato celular de los mamíferos, que comporta células T, receptores de células T, fabricación de células B y el complejo mayor de histocompatibilidad, sirve a las mismas funciones (resistir la infección y el crecimiento celular desenfrenado) que la variabilidad genética entre los descendientes de la reina.

La selección de grupo tiene lugar, en el sentido de que el éxito o el fracaso de la colonia dependen de lo bien que la colectividad de la reina y de sus descendientes se comporte en la competencia con los individuos solitarios y con otras colonias. La selección de grupo es una idea útil a la hora de identificar de forma precisa las dianas de la selección cuando las reinas (y las colonias que las rodean) compiten con otras reinas. Pero quizá la selección multinivel, en la que la evolución colonial se considera como el resultado del enfrentamiento entre los intereses de la obrera individual y los de su colonia, ya no sea un concepto útil sobre el que construir modelos de evolución genética en los insectos sociales.

Además, la idea misma de altruismo en el seno de una colonia de insectos, aunque es una bonita metáfora, resulta tener poco valor analítico en ciencia. Si el objeto de interés es el altruismo en el sentido del sacrificio de la reproducción personal, es probable que el objetivo de explicarlo mediante la teoría de la selección multinivel sea ilusorio. La madre, con sus genes tamizados por la selección individual, tiene el poder de crear obreras para mejorar su eficiencia darwiniana. Si se elimina este poder, la reina fracasa.

Resulta notable que Darwin hallara el mismo concepto básico en *El origen de las especies*, aunque de una forma más elemental. Había pensado muy intensamente acerca del problema de cómo podían evolucionar las obreras estériles de las hormigas mediante selección natural. La dificultad, se lamentaba, «me pareció al principio insuperable, y en realidad fatal para toda mi teoría». Después resolvió el dilema con el concepto que en la actualidad denominamos plasticidad fenotípica, en la que la reina madre y su progenie, juntas, son el objeto de la selección por el ambiente externo. La colonia de hormigas es una familia, sugirió, y «la selección puede aplicarse a la familia lo mismo que al individuo, y lograrse de este modo el fin deseado. Así, una hortaliza de buen sabor es cocinada y el individuo es destruido; pero el horticultor siembra semillas de la misma población, y espera confiado que obtendrá casi la misma variedad. […] Así creo que ha ocurrido con los insectos sociales: si ligeras modificaciones de estructura, o de instinto, se correlacionaron con la condición estéril de determinados miembros […] y resultaron ser ventajosas, entonces los machos y las hembras fértiles de la misma comunidad prosperaron y transmitieron a sus descendientes fértiles una tendencia a producir miembros estériles con las mismas modificaciones».

La hortaliza de buen sabor es una bonita metáfora. El superorganismo es la reina, con sus hijas sirvientes que se afanan a su alrededor. Con la biología moderna podemos explicar ahora, así lo creo, de qué manera llegó a existir esta criatura.

16

Los insectos dan el gran salto

Presentaré ahora una argumentación científica simplificada para el público en general, pero también construida en el estilo apropiado para una materia técnica todavía en rápido desarrollo, en la que hay varios temas que todavía hay que someter a prueba.

Desde Darwin hasta el día de hoy, el estudio de los orígenes y de la evolución de la eusocialidad se ha centrado en el gran conjunto de especies pertenecientes a los Himenópteros, el orden taxonómico de los insectos que incluye las hormigas, las abejas y las avispas aculeadas (con aguijón). Conjuntos emparentados más alejados dentro de los Himenópteros son las avispas parasitoides* y las moscas de sierra y las avispas de la madera,** animales que abundan a nuestro alrededor en la naturaleza pero que raramente advertimos. Estudiando la historia natural de miles de especies de estos insectos, los entomólogos han reconstruido los pasos graduales en la evolución que condujeron evidentemente desde individuos solitarios a colonias avanzadas y eusociales. Este conocimiento, cuando se dispone en sus pasos lógicos conducentes a la eusocialidad, contiene pistas acerca de los cambios genéticos y de las fuerzas de selección natural por los que se consiguió efectuar uno de dichos pasos cada vez.

Un principio sólido que se deduce de este análisis de los himenópteros, así como de otros insectos, es que todas las especies que han alcanzado la eusocialidad, como he indicado, viven en lugares de

* Del suborden Apócritos. *(N. del T.)*
** Del suborden Sínfitos. *(N. del T.)*

nidificación fortificados. Un segundo principio, menos bien establecido pero que, no obstante, probablemente sea universal, es que la protección es contra los enemigos, a saber, depredadores, parásitos y competidores. Un principio final es que, si las demás cosas no varían, incluso una sociedad pequeña funciona mejor que un individuo solitario perteneciente a una especie estrechamente emparentada, tanto en lo que respecta a la longevidad como a la extracción de recursos del área situada alrededor de un nido fijo de cualquier tipo.

El recurso explotado en los estadios tempranos que llevan a la eusocialidad en todos los casos conocidos consiste en un nido guardado por obreras y situado a una distancia de forrajeo de un recurso alimentario seguro. Para tomar un estadio bien estudiado, las hembras de muchas avispas aculeadas, como las avispas terreras* y las avispas de las arañas,** construyen nidos y después los aprovisionan con presas paralizadas para que las larvas las consuman. Entre las 50.000 a 60.000 especies de avispas aculeadas que se conocen en todo el mundo, al menos siete linajes que han evolucionado de manera independiente han llegado a alcanzar la eusocialidad. En contraste, entre las más de 70.000 especies conocidas de avispas parásitas y de otros himenópteros no picadores, cuyas hembras vuelan de presa en presa para poner sus huevos, ninguna es eusocial. Ni se conoce tampoco ninguna entre las 5.000 especies que se han descrito, y que son enormemente diversificadas, de moscas de sierra y avispas de la madera. Este es el caso incluso en las muchas especies de moscas de sierra que forman agregaciones bien coordinadas. Parecen encontrarse en la cúspide de la eusocialidad; parecen hallarse a solo una simple mutación de distancia. Pero ninguna ha dado el paso; ninguna posee una reina y castas de obreras.

Fuera de los Himenópteros, todos los miles de especies conocidas de escarabajos descortezadores o barrenillos y los escarabajos de ambrosía, que componen las familias Escolítidos y Platipódidos, dependen de la madera muerta para refugio y alimento. Muchos de estos

---

* De las familias Esfécidos y Crabrónidos. *(N. del T.)*
** De la familia Pompílidos. *(N. del T.)*

insectos diminutos también excavan madrigueras y cuidan de sus crías en ellas. Unas pocas especies pueden taladrar galerías y mantenerlas en el duramen vivo, lo que permite la coexistencia de individuos a lo largo de múltiples generaciones. Entre estas solo se tiene noticia de una, *Platypus incompertus*, el escarabajo barrenador de los eucaliptos, de Australia, que haya desarrollado eusocialidad. Debido a la persistencia del hábitat de esta especie, se estima que los sistemas de túneles han sobrevivido, y presumiblemente han albergado a las mismas familias, generación tras generación, durante al menos treinta y siete años.

De manera paralela, el puñado de especies de pulgones y trips que se sabe que son sociales inducen todas agallas. Estas excrecencias hinchadas, parecidas a tumores, se encuentran en una amplia variedad de plantas. Si el lector tiene curiosidad por el significado de las agallas, corte una de las frescas que se encuentran sobre una planta viva y en el interior encontrará generalmente al insecto que la causó. Las colonias de pulgones y trips ocupan cavidades en el interior de las agallas, y gozan de un suministro alimentario rico en un hogar seguro y defendible que ellos mismos han construido. En contraste, la inmensa mayoría de las demás especies conocidas de áfidos y las de adélgidos, estrechamente emparentadas, que son unas 4.000 en número, y las de tisanópteros, unas 5.000, forman a menudo agregaciones densas, pero no cultivan agallas ni se dividen el trabajo.

En aguas marinas someras de los trópicos americanos, varias especies del género de camarón *Synalpheus*, de un total aproximado de 10.000 especies descritas de crustáceos decápodos en todo el mundo, han alcanzado de manera singular el nivel eusocial. Los camarones *Synalpheus* son asimismo muy raros entre los decápodos porque excavan y defienden nidos dentro de esponjas.

Un segundo rasgo que se origina en los antepasados solitarios pero predispone a las especies a la evolución de colonias eusociales se ha documentado en las abejas del sudor de la familia Halíctidos. Cuando los investigadores obligaron experimentalmente a que dos abejas solitarias de los géneros de Halíctidos *Ceratina* y *Lasioglossum* estuvieran juntas, los insectos forzados se dedicaron, en varias de dichas pruebas, a dividir el trabajo entre ellos en varias actividades:

construcción del nido, búsqueda de alimento y vigilancia. Además, al menos en dos especies de *Lasioglossum*, las hembras se dedican a dirigir, una de ellas, y a seguir, la otra. La misma interacción rutinaria caracteriza a las especies primitivamente eusociales.

Esta sorprendente anticipación del comportamiento social en abejas solitarias que no tiene una razón de ser darwiniana aparente parece en cambio ser el resultado de un plan fundamental preexistente que guía el trabajo y el ciclo biológico en las especies solitarias. En este plan fundamental, los individuos solitarios tienden a desplazarse de una tarea a otra una vez que la primera se ha completado. En las especies eusociales, este algoritmo de trabajo simple se transfiere a la evitación de una tarea que ya se ha completado o que en aquel momento está realizando una compañera de nido. El resultado es una distribución del trabajo más uniforme a medida que aparecen las necesidades de la colonia.

Así pues, las abejas solitarias pero que se aprovisionan de manera progresiva parece como si estuvieran provistas de un resorte (es decir, se hallan fuertemente predispuestas, y como si dispusieran de un gatillo) para un paso evolutivo rápido a la eusocialidad, una vez que la selección natural favorece la división del trabajo que caracteriza la eusocialidad.

En el siguiente nivel inferior de causa y efecto biológicos, e integrado en la manera en que funciona el mismo sistema nervioso, encontramos una explicación plausible del efecto de resorte cargado del comportamiento social temprano. La autoorganización de dos abejas solitarias a las que se obliga a estar juntas encaja en el modelo de «umbral establecido» del origen de la división del trabajo en las especies eusociales. El modelo de umbral establecido postula que existe variación entre individuos, que a veces es de origen genético y a veces no, en la cantidad de estimulación necesaria para desencadenar el trabajo en tareas concretas. Cuando dos o más hormigas o abejas individuales juntas encuentran la misma tarea disponible, las que tienen la cantidad más reducida de estimulación necesaria son las primeras en empezar a trabajar. La actividad inhibe a sus socias, que entonces es más probable que se dediquen a cualesquiera otras tareas que estén disponibles. Así, de nuevo, un simple cambio en el sistema nervioso, que esta vez se debe a la sustitución de un alelo con un resultado flexible en su efecto, podría ser suficiente para transportar a una especie preadaptada a través del umbral y hacia la eusocialidad.

Para una especie animal solitaria, hallarse cerca del umbral de la eusocialidad significa estar comprometido en el aprovisionamiento progresivo de un nido defendible. El acercamiento al umbral se consigue de una manera fortuita por selección natural convencional al nivel del individuo. El que un alelo eusocial resulte exitoso y se extienda por la población es un accidente: su suerte depende de si el ambiente concreto alrededor del nido es de un tipo que favorece a los grupos eusociales sobre los individuos.

Cuando todas las condiciones necesarias concurren (a saber: los rasgos preeusociales adecuados se hallan en su lugar, existe asimismo un alelo eusocial en la población, aunque sea a niveles muy bajos, y, finalmente, existen presiones ambientales que favorecen la actividad en grupo), la especie solitaria traspasará el umbral y pasará a la eusocialidad. El aspecto sorprendente de este paso evolutivo es que el gen de la eusocialidad no necesita crear nuevas formas de comportamiento. Como en el caso de muchas mutaciones aleatorias en general, solo necesita silenciar un comportamiento preexistente, deteniendo así la dispersión desde el nido de los progenitores y de los hijos crecidos.

Como resultado de la cancelación, la familia se queda en casa. Si se considera el asunto de otra manera, el gen de la eusocialidad que comparten con la reina madre los ha transformado en robots, expresando un estado de su propio fenotipo flexible. En este sentido, he razonado, la colonia primitiva es un superorganismo. Es esencialmente un tipo de organismo en el que las partes funcionales no son las células usuales, sino organismos presubordinados.

La eusocialidad y lo que nos gusta denominar altruismo pueden originarse de la expresión flexible de un único alelo (forma de un gen) o conjunto de alelos en aquellos casos en los que los progenitores ya construyeran nidos y alimentaran a sus crías progresivamente. Lo único que se necesita es la selección de grupo, que actúe sobre rasgos de grupo que también favorezcan a las familias que se quedan en casa. Entonces puede empezar el avance hacia el dominio ecológico. Se consigue un nuevo nivel de organización biológica. *Un pequeño paso para una reina con su casta de obreras acabada de crear, un salto gigantesco para los insectos.*

El paso al nivel eusocial se da en último término por las presiones que la madre y su pequeña colonia reciben del ambiente externo. ¿Cuáles son exactamente estas presiones ambientales? La investigación de campo y de laboratorio sobre este tema apenas ha empezado, pero ya se han descubierto unos pocos ejemplos sugerentes que proporcionan una pequeña parte del panorama mayor, un vislumbre de lo que puede ser la historia real. Por ejemplo, las hembras de la avispa solitaria *Ammophila pubescens*, que construye nidos, abastece sus madrigueras construidas en el suelo con orugas, creando celdillas en la misma madriguera en sucesión, unas encima de las otras. Obligadas a abrir y cerrar los nidos del interior cada vez, estas avispas pierden muchos de sus huevos ante el acoso de moscas cuco* que constantemente patrullan por la zona. Es del todo razonable suponer que si hubiera disponible una segunda hembra de *Ammophila* que vigilara, la pérdida de huevos se reduciría considerablemente. Si, además, la pareja fuera capaz de pasar a un aprovisionamiento progresivo, en el que las larvas que surgieran de los huevos pudieran ser criadas a base de orugas que les fueran aportadas a medida que iban creciendo, y si la madre y los hijos adultos permanecieran en el mismo nido, se conseguiría la eusocialidad.

Las abejas del sudor (Halíctidos) y las avispas polistinas, todas primitivamente eusociales, proporcionan ejemplos concretos de esta adaptación y de la transición que permite. En un caso significativo que los investigadores han desentrañado recientemente, dos especies de abejas del sudor que pasaron de recolectar polen de muchas especies de plantas a recolectarlo de solo unas pocas, también revirtieron de una vida primitivamente eusocial a una vida solitaria. Resulta que la explicación de este cambio es evidente por sí misma. La especiali-

---

* De la familia Sarcofágidos. *(N. del T.)*

zación en un número limitado de especies de plantas es común entre los insectos cuando les permite ganar en la competencia con otros insectos herbívoros. Un cambio así en la historia de la vida, que presumiblemente es de origen genético, también reduce la duración de la estación de recolección y elimina la posibilidad de generaciones que se superponen: de ahí la formación de una colonia eusocial y la ventaja que podría conseguirse de la presencia de abejas guardianas.

Es fácil imaginar la evolución en sentido inverso, y es muy probable que haya ocurrido. Una adaptación a una variedad más amplia de plantas alimento prepara el terreno para generaciones múltiples, y de ahí para generaciones que se superponen en el mismo nido. Se han obtenido pruebas similares con respecto al solapamiento de generaciones para avispas primitivamente eusociales. Al cruzar la línea hacia la eusocialidad, un único alelo que dispone que las hijas se queden puede fijarse en las poblaciones en general si la ventaja del pequeño grupo sobre las solitarias sobrepasa la ventaja de que cada hija se vaya para intentarlo por su cuenta. Cuando tal cosa ocurre, la reina efectivamente pasa de producir hijas que se dispersan a producir ayudantes robóticos. La prescripción es flexible: en la estación de apareamiento algunas de las hijas pueden criarse como reinas vírgenes programadas para dispersarse e iniciar nuevas colonias.

El paso final a la eusocialidad, la adición de únicamente un alelo o un pequeño conjunto de alelos que silencia los genes que prescriben la dispersión desde el nido de la madre, es una posibilidad clara en el mundo real. A lo largo de toda la gran diversidad de especies de hormigas actuales, por ejemplo, la coexistencia de hembras aladas reproductoras y de hembras obreras ápteras es un rasgo básico de la vida colonial. A juzgar por las moscas (orden Dípteros) y las mariposas (orden Lepidópteros), ambos grupos antiguos, el desarrollo de las alas es dirigido en todos los insectos alados por una red de genes reguladores que no ha cambiado. Hace hasta 150 millones de años, las primeras hormigas (o sus antepasados inmediatos) alteraron la red reguladora del desarrollo alar de tal manera que algunos de los genes podían suprimirse bajo la influencia de la dieta o de algún otro factor ambiental. Así se produjo una casta obrera áptera.

Un ejemplo igualmente informativo de un pequeño cambio genético, amplificado corriente abajo en un cambio social aún mayor, es el que afecta al número de reinas y al comportamiento territorial de la hormiga de fuego importada, *Solenopsis invicta*. Colonias de la primera población de Estados Unidos, que descendían de colonias introducidas mediante cargamentos procedentes de la región austral de Sudamérica a mediados de la década de 1930, contenían cada una de ellas una reina o un número reducido de reinas funcionales. Las colonias mostraban asimismo un comportamiento territorial basado en el olor, que hacía que los nidos construidos por colonias diferentes se expandieran. En algún momento de la década de 1970, esta raza de hormigas de fuego empezó a ceder el terreno ante otra raza, cuyas colonias poseen muchas reinas y ya no defienden territorios. Resulta que las diferencias entre las dos razas se deben a la variación en un único gen mayor, *Gp-9*. Se han secuenciado los dos alelos de *Gp-9*, y su producto parece ser un componente molecular clave implicado en el reconocimiento olfativo de las compañeras de nido. El efecto del alelo de muchas reinas es evidentemente reducir o eliminar la capacidad de discriminar a las compañeras de nido de los miembros de otras colonias, así como discriminar entre reinas ponedoras potenciales. Como resultado de este último efecto, las colonias pierden un medio importante de regular el número de reinas, con consecuencias profundas para la organización de la colonia.

La naturaleza exacta del paso genético hasta el grado más primitivo de eusocialidad sigue siendo desconocida, a diferencia de los casos de pérdida de las alas y de olor de la colonia, pero es inmediatamente accesible para futuras investigaciones genéticas. Los biólogos han sugerido que la base genética de la diferencia flexible entre obrera y reina en las avispas papeleras *Polistes* es la misma que la fisiología del desarrollo de base genética que regula la hibernación en los himenópteros solitarios. Efectivamente, este cambio en respuesta al ambiente puede ser importante. Resulta extraño que el cambio no tiene por qué ser un alelo o conjunto de alelos que aparezca por mutación y después se extienda a partir de frecuencias bajas mediante selección de grupo. En lugar de ello, el alelo clave puede estar fi-

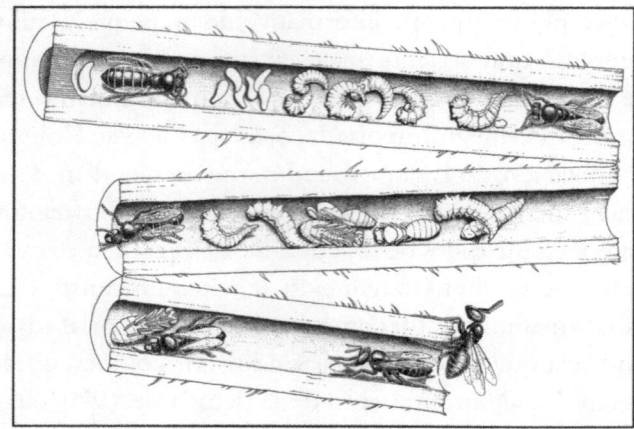

FIGURA 16.1. Colonia de una abeja de Formosa primitivamente eusocial (*Braunsapis sauteriella*) que anida en un tallo hueco de *Lantana*. La reina, con huevos gigantes, se halla en el segmento superior, a la izquierda. Las obreras alimentan a las larvas de aspecto de queresas de manera progresiva con agregados de polen, que se colocan en las paredes de la cavidad del tallo. (De Edward O. Wilson, *The Insect Societies*, Harvard University Press, Cambridge, MA, 1971. Dibujo de Sarah Landry, basado en una ilustración de Kunio Iwata en Sakagami, 1960.)

jado previamente en la población por selección individual directa y no por selección de grupo, con el comportamiento solitario como la norma en la mayoría de los ambientes y el comportamiento eusocial en otros ambientes, raros y extremos. Con un cambio en el ambiente disponible en el espacio o el tiempo, el comportamiento eusocial se convertiría en la norma. El potencial que tiene una especie que se halla al borde de la eusocialidad para seguir este camino lo demuestra la abeja xilocopina japonesa *Ceratina flavipes*, que anida en tallos de plantas. La inmensa mayoría de las hembras abastecen su nido con polen y néctar como fundadoras solitarias, pero en algo más del 0,1 por ciento de los nidos, dos individuos cooperan. Cuando esto ocurre, la pareja se divide las tareas: una pone los huevos y vigila la entrada del nido mientras que la otra va en busca de alimento.

Otro ejemplo de flexibilidad genética en el umbral de la eusocialidad lo proporciona la abeja del sudor *Halictus sexcinctus*, un halíctido que anida en el suelo. La abeja se encuentra en el filo mismo del cuchillo de la evolución social. En el sur de Grecia, las colonias de una raza hereditaria son fundadas por hembras que cooperan, y los de una segunda raza son fundadas por una única hembra territorial cuya progenie sirve como obreras.

Aunque quizá alguna selección individual directa puede desempeñar un papel en el origen de la eusocialidad, la fuerza que apunta al mantenimiento y a la elaboración de la eusocialidad es, necesariamente, la selección de grupo basada en el ambiente, que actúa sobre los rasgos emergentes del grupo como un todo. Un examen del comportamiento de las hormigas, abejas y avispas más primitivamente eusociales demuestra que estos rasgos incluyen inicialmente un comportamiento de dominancia, así como división reproductiva del trabajo, más, muy probablemente, alguna forma de comunicación de alarma basada en la liberación de feromonas. Una especie que se halla en la fase más temprana de la eusocialidad, abundando en lo que he dicho anteriormente, es una quimera genética. Por un lado, los rasgos recién aparecidos en la eusocialidad favorecen al grupo, mientras que gran parte del resto del genoma, al haber sido el objetivo de la selección directa individual a lo largo de los millones de años anteriores al acontecimiento de la eusocialidad, favorecen la dispersión y la reproducción individual. Con el fin de que los efectos de trabazón de la selección de grupo pesen más que los efectos disolutivos de la selección individual directa, las especies de insectos candidatas han de tener solo una distancia evolutiva muy corta que recorrer, de forma que no se precise más que un pequeño número de rasgos emergentes para formar una colonia eusocial. La reducción de dicha distancia se consigue por un conjunto particular de preadaptaciones, que incluyen la construcción de un nido en el que se cría a la progenie. La relativa rareza de dichas preadaptaciones, cuando se añade al elevado impedimento que para la eusocialidad establece la selección individual directa que la contrarresta, puede ser suficiente para explicar la rareza de la eusocialidad que existe a lo largo de toda la historia del reino animal.

El único cambio genético necesario para cruzar el umbral hasta el nivel eusocial es la posesión por parte de la fundadora de un alelo que mantenga a la fundadora y a sus descendientes en el nido. Las preadaptaciones proporcionan la flexibilidad en la forma del cuerpo y el comportamiento que son necesarias para la eusocialidad, así como los rasgos emergentes clave que surgen de las interacciones entre los miembros del grupo. La selección de grupo (a nivel de la colonia) empieza entonces a actuar inmediatamente sobre ambos conjuntos de rasgos. El potencial para una mayor complejidad de la organización social está presente, y de hecho se ha alcanzado muchas veces en las hormigas, las abejas y los termes.

En el estadio más temprano de la eusocialidad, cabría esperar que las crías que permanecen en el nido adoptaran el papel de obreras, en conformidad con la norma de procedimiento conductual preexistente heredada del antepasado preeusocial. En consecuencia, puede surgir una casta morfológica de obreras (que se distingue de la casta de la reina, mayor y fértil) por un cambio genético ulterior en el que la expresión de los genes para el cuidado materno se desvía para que preceda a la búsqueda de alimento, con lo que se invierte la secuencia normal en el plan fundamental del desarrollo del adulto que poseía el antepasado. Esta desviación se programa para conservar parte de la plasticidad fenotípica de los alelos que prescriben el plan fundamental general. Este origen de una casta de obreras anatómicamente distinta parece señalar el «punto de no retorno» en la evolución, en el que la vida eusocial se hace irreversible. Si las reinas de las colonias pudieran hablar, podrían decir, en el lenguaje de las feromonas: «Nos mantendremos todas juntas, sobre cada una de nuestras seis patas, o caeremos todas juntas».* Tiene que haber equilibrio y cooperación. Si hay demasiadas reinas, no habrá obreras suficientes para mantener la colonia. Si hay demasiadas obreras, el alimento alrededor de la colonia se agotará. Si no hay suficientes soldados, los depredadores invadirán el nido. Si no hay suficientes forrajeadoras que se aventuren fuera del nido, la colonia se morirá de hambre.

* Variación de una frase famosa, atribuida a diversos padres de la patria norteamericanos. (N. del T.)

17

De qué manera la selección natural crea instintos sociales

Charles Darwin, en *La expresión de las emociones en el hombre y los animales* (1873), fue el primero en proponer la idea de que el instinto evoluciona mediante selección natural. Simple en su estilo y profusamente ilustrado, en este que fue el último de sus cuatro grandes libros y el menos conocido, se argumentaba que aquellos rasgos de comportamiento que definen cada especie, al igual que los rasgos definitorios de su anatomía y fisiología, son hereditarios. Surgieron y existen hoy en día, decía Darwin, porque en el pasado ayudaron a la supervivencia y a la reproducción.

La intuición fundamental de Darwin ha sido verificada una y otra vez. Es el fundamento de buena parte de lo que sabemos del comportamiento en la actualidad. Su potencia es la razón de que un siglo más tarde, Konrad Lorenz, uno de los fundadores de la investigación moderna del comportamiento animal, calificara a Darwin de santo patrón de la psicología.

Aun así, no hay idea de la ciencia moderna que genere más controversia que la de que el instinto humano sea un producto de la mutación y de la selección natural. En la década de 1950 sobrevivió a la acometida del conductismo radical dirigido magistralmente por B. F. Skinner, según el cual todo comportamiento, tanto en animales como en humanos, es de alguna manera y en alguna fase u otra del desarrollo de cada individuo producto del aprendizaje. En las dos décadas que siguieron, la idea del instinto modelado por la selección natural se impuso a esta percepción del cerebro como una página en blanco. Al menos así lo hizo para los animales. Sin embargo, durante más de dos décadas, la página en blanco se mantuvo viva para el comportamiento social humano. Muchos autores de las ciencias sociales y las humanidades continuaron insistiendo en que la mente es totalmente producto de su ambiente y su historia pasada. El libre albedrío existe y es poderoso, decían. La mente se halla en último término a merced de la voluntad y del destino. Lo que evoluciona en la mente, adujeron al final, es exclusivamente cultural; no existe una naturaleza humana de base genética.

De hecho, las pruebas sobre el instinto y la naturaleza humana ya eran convincentes en aquella época. Hoy en día son abrumadoras en cantidad y rigor, y cada vez que se pone a prueba se incorporan nuevas evidencias. El instinto y la naturaleza humana son cada vez más materia de estudio en genética, neurociencia, antropología y, en la actualidad, incluso en las propias ciencias sociales y en las humanidades.

¿Cómo evoluciona el instinto por selección natural? Para simplificar el tema tanto como sea posible, considere el lector una imaginaria población de aves que anida en un bosque mixto de robles y pinos. Las aves eligen para su residencia solo robles, una predisposición hereditaria prescrita de la manera más sencilla posible por un solo alelo; en otras palabras, una forma de dos o más versiones de un gen concreto. Refirámonos a dicho alelo como *a*. Debido a la influencia del alelo *a*, las aves se ven atraídas automáticamente a los robles cuando anidan, y los prefieren a los numerosos pinos que crecen en el mismo bosque. Su cerebro selecciona automáticamente determinadas características que definen a los robles. Las características podrían ser la altura y el contorno de la copa de los árboles, por ejemplo, o el aspecto y la impresión de las ramas superiores.

En un bosque concreto tiene lugar un cambio ambiental. Los robles escasean cada vez más debido a un cambio en el clima local y a la incursión de una nueva enfermedad. Los pinos, mejor adaptados a las nuevas condiciones, empiezan a ocupar los espacios vacíos. Con el tiempo, los pinos se hacen dominantes en el bosque. Mientras tanto, una segunda forma del mismo gen, el alelo *b*, aparece en las aves como una mutación del alelo *a* que propende a los robles. Quizá *b* no es realmente una nueva mutación. Quizá siempre ha estado presente en frecuencias muy bajas, sostenido por mutaciones que han tenido lugar rara vez, pero repetidamente, en el pasado. O bien el alelo *b* que prefiere los pinos fue aportado por un ave inmigrante que se extravió en el bosque desde otra población, constituida por aves amantes de los pinos que vivían en un bosque cercano.

Sea cual sea su origen, este segundo alelo, *b*, hace que las aves que lo portan prefieran anidar en pinos en lugar de hacerlo en robles. En el bosque cambiante, en el que los pinos ahora están aumentando su dominancia sobre los robles, *b* funciona ahora mejor que *a* o, para ser un poco más preciso y exacto, las aves que portan *b* se desenvuelven mejor que las que portan *a*. De una generación a la siguiente, *b* aumenta en frecuencia dentro de la población de aves en su conjunto. Al final, puede sustituir totalmente a *a*, o no. Pero, en cualquier caso, *ha habido evolución*. Este cambio en la herencia de la población de aves no es grande en comparación con el resto del código genético total de las aves. El paso de una preponderancia del alelo *a* a una preponderancia del alelo *b* permite que la especie de ave continúe ocupando un bosque que ahora está cubierto en su mayor parte por pinos. El cambio evolutivo ha tenido lugar por selección natural. El ambiente natural cambiante ha seleccionado al alelo *b* sobre el *a*, que previamente era el dominante. Un resultado del instinto de selección del hábitat ha sido sustituido por otro.

En todas las poblaciones de cualquier especie, estas mutaciones tienen lugar constantemente en todos los rasgos de la especie, incluido el comportamiento. Puede tratarse de cambios aleatorios en los pares de bases, las «letras» del ADN, tales como el cambio del alelo *a* al alelo *b*; o de la construcción de pequeñas porciones de la molécula de ADN mediante duplicación en secuencias; o de cambios en el número o configuración de los cromosomas que portan las moléculas de ADN. La mayoría de las mutaciones dañan al organismo de una u otra forma, y como resultado pronto desaparecen o, en el mejor de los casos, se mantienen a niveles «mutacionales» bajísimos.

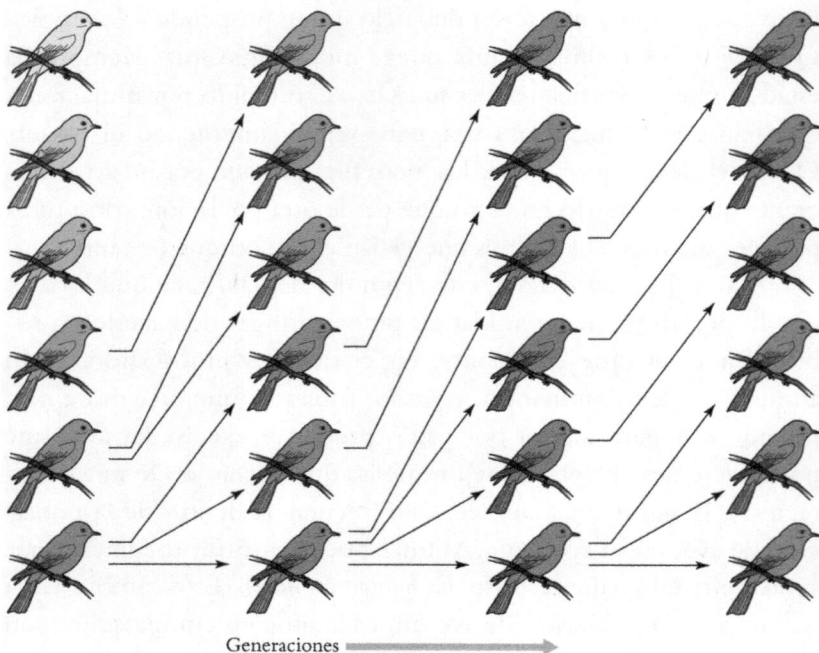

Generaciones ➡

FIGURA 17.1. La evolución por genes en su forma más simple tiene lugar cuando dos formas (alelos) del mismo género producen rasgos diferentes (en este ejemplo hipotético, el color) debido a la mayor supervivencia o a la mayor reproducción, o a ambas cosas, de una de las formas (tono oscuro). (De Carl Zimmer, *The Tangled Bank: An Introduction to Evolution*, Roberts, Greenwood Village, CO, 2010, p. 33.)

Pero unas pocas, como el alelo *b* imaginario que abrió el bosque de pinos a las aves que previamente eran especialistas de los robles, proporcionan una ventaja en la supervivencia o en la capacidad reproductiva, o en ambas. Como resultado, aumentan en frecuencia en la población. Mutaciones adicionales, la mayoría malas pero unas pocas buenas, aparecen continuamente aquí y allá en todo el código genético. En consecuencia, *siempre se está produciendo evolución*.

Aunque los alelos mutantes y otras novedades genéticas ocurren comúnmente sobre los miles de millones de letras del ADN en el vasto código hereditario de miles de millones de letras, las que componen un gen concreto solo muy rara vez experimentan este acontecimiento. Son cifras habituales uno en un millón o uno en diez millones de individuos por gen en cada generación. Pero si tiene lugar cualquier cambio que sea favorable para la supervivencia y la reproducción, como en la mutación imaginada del alelo *b* propenso a los pinos, puede extenderse rápidamente. Por ejemplo, puede aumentar desde el 10 por ciento al 90 por ciento de cualquiera de los alelos de la población en solo diez generaciones, aunque la ventaja que confiera sea muy pequeña.

En la actualidad existe una amplia literatura científica sobre la dinámica de la evolución, basada en un siglo de teoría matemática junto con estudios empíricos de campo y laboratorio. La biología evolutiva actual, sobre la base de este conocimiento, aumenta en influencia, refinamiento y poder. Los investigadores avanzan a lo largo de una amplia frontera de fenómenos, que incluyen la reproducción sexual y asexual y los cimientos moleculares de la herencia particulada. Los científicos también resuelven las interacciones de múltiples genes durante el desarrollo de la célula y el organismo, junto con el impacto de diferentes tipos de presiones ambientales sobre la microevolución.

Si se considera en sus matices, el tema de la evolución al nivel del gen puede resultar prohibitivamente técnico. No obstante, pueden entresacarse varios principios generales que son fáciles de comprender y a la vez son cruciales para entender la base genética del instinto y del comportamiento social.

Uno de los principios es la distinción entre la unidad de la herencia, en oposición al objetivo de la selección en el proceso que impulsa la evolución. La *unidad* es un gen o conjunto de genes que forman parte del código hereditario (así, *a* y *b* en las aves forestales). El *objetivo* de la selección es el rasgo o combinación de rasgos codificados por las unidades de la herencia y favorecidos o desfavorecidos por el ambiente. Ejemplos de objetivos son la propensión a la hipertensión y la resistencia a una enfermedad en los humanos o, en el caso del comportamiento de las aves, la elección instintiva del lugar de nidificación.

Por lo general, la selección natural es *multinivel*: actúa sobre genes que prescriben objetivos a más de un nivel de organización biológica, tales como la célula y el organismo, o el organismo y la colonia. Un ejemplo extremo de selección multinivel se da en el cáncer. La célula cancerosa es un mutante capaz de crecer y multiplicarse fuera de control a expensas del organismo, que es la comunidad de células que forman el siguiente nivel superior de organización biológica. La selección que tiene lugar a un nivel, la célula, puede operar en dirección opuesta a la del nivel adyacente, el organismo. Las células cancerosas desbocadas hacen que la comunidad mayor de células (el organismo), de la que son miembros, enferme y muera. Por el contrario, la comunidad permanece sana cuando se controla el crecimiento de las células cancerosas.

En colonias compuestas de individuos que cooperan auténticamente, como en las sociedades humanas, y no simplemente las extensiones robóticas del genoma de la madre, como en los insectos sociales, la selección entre los miembros individuales que son genéticamente diversos promueve el comportamiento egoísta. En cambio, la selección entre grupos de humanos promueve normalmente el altruismo entre los miembros de la colonia. Los tramposos pueden ganar en el seno de la colonia, por ejemplo porque adquieren una fracción mayor de los recursos, evitan las tareas peligrosas o quebrantan las normas; pero las colonias de tramposos pierden ante las colonias de cooperadores. Lo estrechamente que esté organizada y regulada una colonia depende del número de cooperadores en oposición al de tramposos, que a su vez depende tanto de la historia de la especie como de las intensidades relativas de la selección individual frente a la selección en grupo que hayan tenido lugar.

Los rasgos (objetivos) sobre los que se actúa exclusivamente por selección entre grupos son los que surgen de interacciones entre los miembros de cada grupo. Dichas interacciones incluyen comunicación, división del trabajo, dominancia y cooperación en la realización de tareas comunales. Si la calidad de estas interacciones favorece a la colonia que las usa sobre colonias que usan otras interacciones, o inferiores, los genes que prescriben su ejecución se extenderán por la población de colonias con el paso de cada generación de colonias.

La selección individual frente a la selección de grupo produce una mezcla de altruismo y egoísmo, de virtud y pecado, entre los miembros de una sociedad. Si un miembro de la colonia dedica su vida al servicio antes que al matrimonio, el individuo resulta beneficioso para la sociedad, aunque no tenga descendientes personales. Un soldado que entra en combate beneficiará a su país, pero corre un riesgo mayor de morir que uno que no lo hace. Un altruista beneficia al grupo, pero un vago o un cobarde que conserva su propia energía y reduce su riesgo corporal transmite el coste social resultante a otros.

Un segundo fenómeno biológico esencial para comprender la evolución del comportamiento social avanzado es la *plasticidad fenotípica*. Consideremos un fenotipo, definido como algún rasgo de un organismo prescrito al menos en parte por sus genes. Para volver al anterior ejemplo imaginario, el fenotipo es la tendencia de un ave a anidar en robles o en pinos. Consideremos a continuación su genotipo, los genes que prescriben la tendencia a elegir robles o pinos, en este caso los ya mencionados alelos *a* o *b*. Un fenotipo prescrito por un genotipo particular puede ser rígido en su expresión, como los cinco dedos de una mano o el color de un ojo. Alternativamente, puede ser flexible, y su expresión precisa depender de una manera predecible del ambiente en el que se desarrolla el individuo. El alelo *b* puede prescribir una tendencia a escoger pinos, pero bajo unas pocas condiciones (quizá raras) escoge, por el contrario, robles.

Lo que no se suele apreciar de manera general, incluso entre algunos biólogos, es el grado en el que la cantidad de plasticidad fenotípica se halla asimismo sujeta a la selección natural. En un ejemplo clásico, el mismo genotipo de la hierba lagunera puede producir uno u otro tipo de hojas, dependiendo de en qué planta (o parte de la planta) crezca: hojas amplias y lobadas por encima de la superficie del agua y hojas en forma de escobilla si están bajo el agua. La misma planta puede producir ambos tipos. Y si una hoja emerge en la

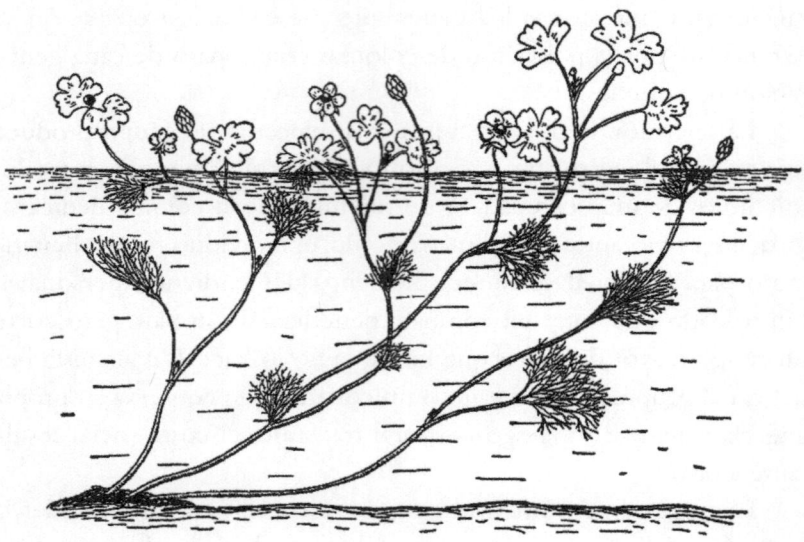

Figura 17.2. La hierba lagunera (*Ranunculus aquaticus*) tiene una plasticidad fenotípica extrema, y la forma de la hoja está determinada por su posición en el agua o fuera de ella. (De Theodosius Dobzhansky, *Evolution, Genetics, and Man*, Wiley, Nueva York, 1955.)

superficie del agua, la parte superior es ancha y la inferior tiene forma de escobilla.

Finalmente, cuando se piensa en la evolución mediante selección natural, una distinción crucial y necesaria que hay que hacer es entre *causación próxima*, que es como una estructura o proceso funciona, y *causación última*, que es por qué la estructura o el proceso existen para empezar. Consideremos las aves forestales imaginarias cuando pasan de los robles a los pinos como lugar en el que construir sus nidos. La causa próxima de su evolución es la posesión del alelo *b* que las predispone a escoger pinos frente a robles. Más precisamente, el alelo *b* prescribe el desarrollo de los sistemas endocrino y nervioso que median su cambio en comportamiento de nidificación de robles a pinos. La causa última es una presión de selección impuesta por el ambiente: la disminución del número de robles y su sustitución por pinos confiere al alelo mutante *b* una ventaja sobre el alelo *a*, que originalmente era el que predominaba. Es el proceso de selección natural lo que hace que la población en su conjunto cambie del alelo *a* al alelo *b*.

Es fácil confundir la causación próxima y la última en casos concretos, y especialmente en el complejo proceso multinivel de la evolución humana. Por ejemplo, leemos con frecuencia que el aumento evolutivo de la inteligencia humana fue causado por la invención del fuego controlado, o por el paso a la locomoción bípeda, o el empleo de caza de persistencia, y así sucesivamente, solos o en combinaciones. Estas innovaciones fueron hitos en la evolución humana, a buen seguro, pero no causas primeras. Fueron pasos preliminares en la ruta hasta el origen de la elevada calidad actual del comportamiento social humano. Al igual que los nidos persistentes y el abastecimiento progresivo que llevó a unas pocas especies de insectos en evolución al borde mismo de la eusocialidad, cada paso fue una adaptación por derecho propio, con sus propias causas últimas y próximas. El paso final fue la formación del cerebro del *Homo sapiens* moderno, que produjo la explosión creativa que continuamos en la actualidad.

18

Las fuerzas de la evolución social

El nivel de organización biológica al que opera la selección natural es un asunto de profunda importancia en la evolución del comportamiento social. ¿Se centra en los individuos de alguna manera que hace que sus descendientes se reúnan en grupos y cooperen de manera altruista porque es de una enorme importancia pertenecer a dichos grupos? ¿O bien los parientes se reconocen mutuamente y forman grupos altruistas porque los allegados comparten los mismos genes y pueden todavía colocar dichos genes en la siguiente generación, aunque no consigan hacerlo teniendo hijos propios? O, finalmente, ¿es que los altruistas hereditarios forman grupos tan cooperativos y bien organizados que vencen en la competencia con los grupos no altruistas?

La respuesta, que pruebas sustanciales han proporcionado recientemente, señala hacia la última explicación (la tercera); en otras palabras, la selección de grupo. Para explicar por qué ello es así, he elegido, como en el capítulo 16 sobre el origen de los insectos sociales («Los insectos dan el gran salto»), un modo de explicación que a menudo se utiliza en las publicaciones científicas, pero en este caso simplificado para adecuarlo a un público lector mucho más amplio. La razón es que durante muchos años he realizado investigación en este campo, y más recientemente en una parte de la teoría básica que se ha convertido en tema de acalorado debate. La explicación que sigue puede considerarse un despacho desde el frente científico.

Durante las cuatro décadas anteriores al paso a la selección de grupo, la explicación estándar de la causación última en la evolución del comportamiento social avanzado era la teoría de la eficiencia inclusiva, también denominada teoría de la selección de parentesco. La teoría de la eficiencia inclusiva sostiene que el parentesco desempeña un papel fundamental en el origen del comportamiento social. En esencia, dice que cuanto más estrechamente emparentados están los individuos de un grupo, más probable es que sean altruistas y cooperativos, y por lo tanto más probable es que las especies que formaron dichos grupos hayan evolucionado hacia la eusocialidad. Esta hipótesis tiene un poderoso atractivo intuitivo. ¿Por qué hormigas y personas no habrían de beneficiar a sus parientes y tender a formar grupos unidos por la genealogía?

Durante más de cuatro décadas, la teoría de la eficiencia inclusiva tuvo un efecto profundo sobre la interpretación de la evolución genética de todas las formas de comportamiento social. Fue especialmente prominente como un modo de abordar el altruismo colateral, en el que los individuos ceden parte de su contribución proporcional a la siguiente generación de cría a miembros del grupo que no son sus propios descendientes personales.

La eficiencia inclusiva es un producto de la selección de parentesco, la manera en la que un individuo influye sobre la reproducción de sus parientes colaterales, tales como hermanos y primos. En un sentido estrictamente biológico, el individuo es altruista en su influencia cuando los parientes colaterales aumentan su eficiencia genética y el altruista pierde su eficiencia genética. La «eficiencia inclusiva» del individuo es su eficiencia personal, en otras palabras, el número de sus descendientes personales que crecen y tienen hijos propios, sumada al efecto que sus acciones tendrán sobre la eficiencia de sus parientes colaterales, tales como hermanos, tías, tíos y primos. Cuando la propia eficiencia inclusiva del individuo y las eficiencias (por reducidas que sean) de su grupo aumentan en conjunto, el gen para el altruismo, según la teoría, también aumentará en la especie en su conjunto. La idea de la selección de parentesco gustó a los científicos y al público desde su inicio, al ser valorada por su aparente simplicidad y por la confirmación que parecía proporcionar para la importancia del altruismo en la vida social.

Aunque la idea de la selección de parentesco la planteó por primera vez el biólogo inglés J. B. S. Haldane en 1955, los cimientos de una teoría completa los estableció su compatriota más joven William D. Hamilton en 1964. La fórmula primaria, en lo que iba a convertirse en el «E = mc² de la sociobiología», la planteó Hamilton como una desigualdad, $rb > c$, que significa que un alelo que prescribe altruismo aumentará de frecuencia en una población si el beneficio, b, para el receptor del altruismo, multiplicado por r, el grado de parentesco con el altruista, es mayor que el coste para el altruista, c. El parámetro r, tal como lo expresaron originalmente Haldane y Hamilton, es la fracción de genes que comparten el altruista y el receptor como resultado de la genealogía común. Por ejemplo, el altruismo evolucionará si el beneficio para un hermano o hermana es 2 veces el coste para el altruista ($r = \frac{1}{2}$) o 8 veces para un primo hermano ($r = \frac{1}{8}$). Para exponer esta idea con un ejemplo sencillo, uno promoverá el gen altruista que posee si altruistamente no tiene hijos, pero si su hermana más que duplica el número de hijos que ella tiene como resultado del altruismo del hermano hacia ella.

Nadie ha planteado con más claridad la idea de la selección de parentesco que Haldane en su formulación original:

> Supongamos que el lector porta un gen raro que afecta a su comportamiento de manera que se lanza a un río crecido y salva a un niño, pero hay una probabilidad entre diez de que se ahogue, mientras que yo no poseo dicho gen y me quedo en la orilla mirando cómo el niño se ahoga. Si el niño es el hijo del lector, o su hermano o hermana, hay una probabilidad del 50 por ciento de que el niño también tenga el gen, de manera que se salvarán cinco de tales genes en los niños por cada uno que se pierda en un adulto. Si el lector salva a un nieto o sobrino, la ventaja es solo de dos y medio a uno. Si solo salva a un primo hermano, el efecto es muy reducido. Si intenta salvar a un primo segundo, la población tiene más probabilidades de perder este valioso gen que de ganarlo. Pero en las dos ocasiones en las que he sacado del agua a gente que posiblemente se hubiera ahogado (a un riesgo infinitesimal para mí) no tuve tiempo de hacer tales cálculos. Los hombres del Paleolítico no los hacían. Es claro que los genes que pro-

ducen conductas de este tipo solo tendrían posibilidad de extenderse en poblaciones relativamente pequeñas en las que la mayoría de los niños fueran parientes bastante próximos del hombre que arriesgó su vida. No es fácil ver de qué manera, excepto en poblaciones pequeñas, dichos genes pudieran haberse establecido. Desde luego, las condiciones son incluso mejores en una comunidad como una colmena o un hormiguero, cuyos miembros son todos literalmente hermanos y hermanas.

Cuando encontré por primera vez la idea de selección de parentesco en el artículo de Hamilton de 1964, el año siguiente al de su publicación, al principio fui escéptico. Dada la enorme variedad de organizaciones sociales en las sociedades de insectos y nuestra ignorancia contemporánea en aquella época de cómo llegó a existir todo, yo dudaba de que tal complejidad pudiera hacerse encajar en una ecuación tan simple como la desigualdad de Hamilton. También me resultaba difícil de creer que un recién llegado al campo, y a la edad joven (para un biólogo evolutivo) de veintiocho años, pudiera haber dado con un enfoque nuevo y revolucionario. (En esta respuesta emocional pasé por alto mi propia edad relativamente tierna de treinta y cinco años.) Sin embargo, después de un estudio minucioso, cambié de parecer. Me encantó la originalidad y la capacidad explicativa que la selección de parentesco prometía. En 1965, con Bill Hamilton a mi lado, defendí la idea ante una audiencia, en su mayoría hostil, en la Real Sociedad Entomológica de Londres.

En aquella época, Hamilton, a pesar de estar convencido de la solidez de su trabajo, se sentía deprimido: su artículo sobre la selección de parentesco había sido rechazado como tesis de doctorado. Mientras caminábamos por las calles de Londres yo intentaba animarlo. Le aseguré que estaba convencido de que, si la volvía a presentar, la tesis sería aceptada, y que tendría un gran impacto en nuestro campo. Estuve en lo cierto en ambas cosas. Volví a Harvard, y en los años siguientes di a la selección de parentesco y a la eficiencia inclusiva un lugar prominente en *The Insect Societies* (1971), *Sociobiología* (1975) y *Sobre la naturaleza humana* (1978), los tres libros que organizaban el conocimiento del comportamiento social en la nueva disciplina basada en la biología de poblaciones que yo denominé sociobiología. Sin embargo, no fue la desigualdad de Hamilton en sí misma, en su forma abstracta, lo que me inspiró en las décadas de 1960 y 1970. Fue más bien una brillante sugerencia de Hamilton, que después se llamaría hipótesis haplodiploide, lo que inicialmente confirió a la fórmula su poder magnético. La haplodiploidía es el mecanismo de determinación del sexo en el que los óvulos fecundados se convierten en hembras, y los óvulos no fecundados en machos. Como resultado, las hermanas están más estrechamente emparentadas entre sí ($r = \frac{3}{4}$, es decir, que las tres cuartas partes de sus genes son idénticos debido a un origen común) que las hijas lo están con sus madres ($r = \frac{1}{2}$, con la mitad de los genes idénticos debido a la genealogía común). Resulta que la haplodiploidía es el método de determinación sexual en los Himenópteros, el orden taxonómico que comprende hormigas, abejas y avispas. Por lo tanto, decía Hamilton, cabe esperar que las colonias de hermanas altruistas evolucionen con más frecuencia en este orden que en otros órdenes taxonómicos que emplean la diplodiploidía convencional para la determinación del sexo.

En las décadas de 1960 y 1970, casi todas las especies que se sabía que habían desarrollado eusocialidad pertenecían a los Himenópteros. Así, aparentemente, la hipótesis haplodiploide tenía un fuerte respaldo. La creencia de que la haplodiploidía y la eusocialidad estaban relacionadas causalmente se dio por buena en las revisiones generales y en los libros de texto de las décadas de 1970 y 1980. La percepción parecía newtoniana en su concepto, al desplazarse en pasos lógicos desde un principio biológico individual hasta un resultado evolutivo principal, el patrón de ocurrencia de la eusocialidad; y confería crédito a una superestructura de la teoría sociobiológica basada en el supuesto papel clave del parentesco.

Sin embargo, en la década de 1990 la hipótesis haplodiploide empezó a fallar. Los termes nunca habían encajado en este modelo de explicación. Después salieron a la luz más grupos eusociales de especies que eran diplodiploides y no haplodiploides en la determinación del sexo. Incluían una especie de coleópteros de la ambrosía de la familia Platipódidos, varias estirpes evolucionadas de manera independiente de camarones que viven en el interior de esponjas de la familia Alfeidos y dos linajes evolucionados separadamente de ratas topo de la familia Batiérgidos. El resultado fue que la conexión entre haplodiploidía y eusocialidad cayó por debajo de la significación estadística. En consecuencia, la hipótesis haplodiploide ha sido actualmente abandonada casi de manera general por los investigadores de los insectos sociales.

Mientras tanto, se acumulaban nuevas pruebas que resultaron desfavorables para los supuestos básicos de la selección de parentesco y la teoría de la eficiencia inclusiva. Una es la simple rareza de la eusocialidad, a pesar de la abundancia de su supuesta predisposición a lo largo de la historia del reino animal. Hay un número enorme de especies que han evolucionado de manera independiente y que son haplodiploides o clónicas (estas últimas proporcionan el grado más alto posible de parentesco genealógico: $r = 1$), pero no hay un solo caso conocido de eusocialidad.

También resultó que existen fuerzas de selección compensadoras que tienden a hacer que el parentesco cercano sea antagonista a la evolución del altruismo. Incluyen una mayor variabilidad genética favorecida por la selección de grupo, tal como se ha documentado en las hormigas *Pogonomyrmex occidentalis* y *Acromyrmex echinatior*, debida, al menos en esta última, a la resistencia a la enfermedad. También incluyen variabilidad genética en la predisposición a las subcastas de obreras en *Pogonomyrmex badius*, que puede hacer más clara la división del trabajo y mejorar la eficiencia de la colonia, aunque esta última posibilidad todavía no se ha comprobado. Además, se ha observado un aumento de la estabilidad térmica en la temperatura del nido con la diversidad genética en nidos de abejas melíferas y de hormigas *Formica*. Otros factores que operan posiblemente en contra de la ventaja del parentesco genealógico próximo son el impacto disruptivo del nepotismo en el seno de las colonias, y los efectos negativos generales asociados con la endogamia del tipo que de otro modo maximizaría el parentesco genético entre los miembros de la colonia.

La mayoría de las fuerzas compensadoras evolucionan mediante selección de grupo o, más exactamente en el caso de los insectos sociales, mediante selección entre colonias. Repitámoslo: este nivel de selección es el siguiente nivel por encima de la selección a nivel individual. Actúa sobre rasgos de base genética creados por la interacción de los miembros de un grupo, en particular la determinación de casta, la división del trabajo, la comunicación y la construcción comunal de nidos. El grupo está lo bastante definido para reproducirse como una unidad y, por lo tanto, para competir con individuos solitarios y con otros grupos de la misma especie.

Podría parecer que, en teoría al menos, las diversas fuerzas compensadoras en la evolución eusocial podrían resumirse en b, el beneficio de cada rasgo en la eficiencia individual, y c, su coste, conservando así la desigualdad de Hamilton. Sin embargo, en la práctica, hacerlo así exigiría una contabilidad completa de la eficiencia inclusiva, incluidas medidas de b y c. Esto, a su vez, exigiría estudios de campo y de laboratorio de extraordinaria dificultad. Nada parecido se ha conseguido y, que yo sepa, ni siquiera se ha emprendido. Además, existen dificultades matemáticas con la definición de r, el grado de parentesco. Estas dificultades invalidan la afirmación a menudo repetida de que la selección de grupo es lo mismo que la selección de parentesco expresada mediante la eficiencia inclusiva.

La mayoría de los autores sobre este tema, incluido Richard Dawkins, su defensor ampliamente leído, siguieron fieles, pero a principios de la década de 1990 yo empecé a tener dudas. Pensaba que ya era hora de preguntar: ¿qué es lo que había conseguido la teoría de la eficiencia inclusiva en la explicación del altruismo y de las sociedades basadas en el altruismo durante las tres décadas en que fue el paradigma imperante de la evolución genética social? Había estimulado medidas de parentesco genealógico y las había convertido en rutina en sociobiología. Estas eran valiosas por derecho propio. Los investigadores habían usado la teoría para predecir algunos casos de la perturbación de las proporciones sexuales en la inversión en nuevos reproductores por parte de colonias de hormigas; los datos son en su conjunto sólidos, aunque en gran parte consisten en desigualdades y no en ajustes exactos. (Pero, como describiré brevemente, la conclusión que se extrajo es errónea.) La teoría de la selección de parentesco condujo asimismo a la predicción correcta del efecto del parentesco genealógico en el comportamiento de dominancia y de control. Se descubrió que las abejas y las avispas que están más estrechamente emparentadas luchan menos entre sí que las que lo están menos. Pero, de nuevo, la conclusión que se extrajo, que los datos indican que la clave es el grado de parentesco, no es la única interpretación posible. Por último, se ha usado la teoría de la eficiencia inclusiva para predecir que las reinas de las especies de abejas primitivamente eusociales se aparean una única vez. Sin embargo, en este caso las pruebas presentadas no incluían especies solitarias de abejas como control, de manera que todavía no puede deducirse ninguna conclusión de ningún tipo.

Los resultados de un período tan largo de intensa investigación teórica han de considerarse, se mire como se mire, escasos. Durante el mismo período, en cambio, la investigación empírica sobre los organismos eusociales, y especialmente los insectos, floreció, revelando los ricos detalles de las castas, la comunicación, los ciclos biológicos y otros fenómenos, tanto a nivel de la selección individual como de la selección de grupo. Casi ninguno de estos avances fue estimulado o promovido por la teoría de la eficiencia inclusiva, que en gran medida había evolucionado en un mundo abstracto cerrado en sí mismo.

Gran parte de la inadecuación de la teoría procede de la vaguedad en la definición de r, y, por ello, del concepto mismo de parentesco, en varias interpretaciones de la desigualdad de Hamilton. El enfoque original que adoptaron los teóricos de la eficiencia inclusiva fue definir r como el parentesco genealógico, en otras palabras, lo cerca que se encuentran entre sí los miembros de un grupo en el árbol genealógico. Por ejemplo, los hermanos se hallan más próximos que los primos hermanos. Esta definición perfectamente razonable fija el número medio de genes que comparten dos individuos debido a un origen común. Sin embargo, pronto se reconoció que esta definición de parentesco no podía funcionar para la desigualdad de Hamilton en la mayoría de los casos reales y teóricos. Como resultado, se usaron definiciones diferentes en momentos diferentes para satisfacer las necesidades concretas del modelo que se desarrollaba, incluidos los que se diseñaron para igualar los modelos de parentesco con los de selección natural multinivel. En algunas circunstancias, el parentesco podía ser la posesión común de un único alelo, ya procediera o no de la genealogía, o incluso debido a mutaciones independientes.

En resumen, con el tiempo el único tema unificador parecía ser que r, definido originalmente por la genealogía, es cualquier cosa que haga funcionar la desigualdad de Hamilton. Por lo tanto, la desigualdad perdió significado como concepto teórico y se convirtió en una herramienta prácticamente inútil para diseñar experimentos o analizar datos comparados. En un modelo sencillo de una cooperación basada en etiquetas, por ejemplo, resulta que el cálculo de r implica correlaciones triples. Hay que escoger tres individuos al azar de un grupo, elegir uno como cooperador, y los otros dos con la misma etiqueta fenotípica, como el mismo aspecto o comportamiento (lo que a veces metafóricamente se denomina una «barba verde»). La mayoría de los biólogos que conocían solo desde lejos la teoría de la eficiencia inclusiva se sorprendieron al descubrir que cuando se calculan realmente las medidas no hay ningún concepto biológico consistente detrás del parámetro de «grado de parentesco».

En esencia, se han propuesto muchos modelos que se resuelven mediante una aproximación de selección natural y teoría de juegos basada en la idea de que la reproducción es proporcional a la recompensa. Se puede demostrar que la selección natural suele ser multinivel, al menos en cierto grado: sus consecuencias al nivel del rasgo principal que es el objetivo reverberan arriba y abajo hasta otros niveles de la organización biológica, desde la molécula a la población. Muchos de los modelos de selección natural y teoría de juegos podían expresarse en términos de selección de parentesco, y fueron reformulados. Insistimos en ello: este enfoque, en lugar de considerar la eficiencia directa de los individuos, toma los efectos de la acción del individuo en sí mismo y en todos los individuos del grupo, ponderados por lo «emparentado» que el actor está con cada uno de los receptores.

Puede demostrarse que hay una resolución muy sencilla a este problema de cálculos diversos. Se establece una afirmación general de selección natural dinámica, y después se intenta interpretarla de ambas maneras. Cuando se hace esto, resulta que la interpretación mediante la selección natural estándar es apropiada para todos los casos, mientras que la interpretación por selección de parentesco, aunque posible en unos pocos casos, no puede generalizarse para cubrir todas las situaciones sin extender el concepto de «grado de parentesco» hasta el punto en que pierde sentido.

Se ha hecho evidente a partir de un análisis fundacional más completo que la desigualdad de Hamilton permite que los cooperadores en el seno de un grupo sean más que marginalmente abundantes solo bajo condiciones estrictamente restringidas. Y no proporciona una descripción de la dinámica evolutiva subyacente, en la que se especifiquen las condiciones para una distribución estacionaria en la evolución.

Un concepto importante necesario para evaluar la limitación de la selección de parentesco en las poblaciones reales es la selección débil. El juego al que juegan los genotipos que compiten incluye la selección que puede surgir a partir de la respuesta basada en el parentesco más la basada en cualquier otra diferencia hereditaria entre los individuos, y de ahí en todos los individuos a través de todo lo que le ocurra al individuo y a sus respuestas a lo largo de su vida. Si dos individuos son muy próximos entre sí por parentesco, pueden experimentar algo de selección de parentesco (si es que en realidad existe), pero después la proximidad amortigua la variación en el resto del genoma entre los individuos, extiende la fuerza de selección sobre la variación que sí existe y, por lo tanto, reduce la cantidad de evolución dinámica posible. Bajo determinados supuestos y para una selección débil, el enfoque de la eficiencia inclusiva y el enfoque de la selección multinivel son idénticos. Sin embargo, cuando nos alejamos de la selección débil o si no se cumplen los supuestos, el enfoque de la selección de parentesco no puede generalizarse más sin hacerlo tan amplio y abstracto que pierda significado. Teniendo en cuenta esta percepción, tiene sentido plantearse la siguiente pregunta: si existe una teoría general que funciona para todo (selección natural multinivel) y una teoría que funciona solo para algunos casos (selección de parentesco), y en los pocos casos en que esta última funciona concuerda con la teoría general de selección multinivel, ¿por qué no quedarse simplemente con la teoría general en todos los casos?

Lo que es peor es que la fe injustificada en el papel central del parentesco en la evolución social ha llevado a una inversión del orden usual en que se realiza la investigación biológica. La mejor manera que se ha comprobado de hacerlo, en biología evolutiva como en la mayor parte de la ciencia, es definir un problema que surge durante la investigación empírica, y después seleccionar o diseñar la teoría necesaria para resolverlo. Casi toda la investigación en la teoría de la eficiencia inclusiva ha sido al revés: plantear la hipótesis del papel clave del parentesco y de la selección de parentesco y después buscar pruebas para verificar dicha hipótesis.

El fallo más básico en este enfoque es que no considera hipótesis múltiples en competencia. Cuando se examinan los detalles biológicos de casos particulares antes de aplicar la teoría de la eficiencia inclusiva, dichos exámenes alternativos llaman enseguida la atención. Incluso en los casos analizados más meticulosamente presentados por varios autores como prueba de la selección de parentesco, ha sido fácil establecer explicaciones de la teoría de la selección natural estándar que son al menos igual de válidas. Implican selección individual o de grupo directas, o ambas. Puede que tenga lugar selección de parentesco, pero no hay ningún caso que presente una explicación convincente de su papel como fuerza motriz de la evolución.

Un ejemplo clásico para demostrar la necesidad de múltiples hipótesis en competencia lo proporcionan los biofilmes microbianos y los mohos mucilaginosos celulares que forman pedúnculos. Los organismos unicelulares de vida libre forman tapices (el caso de las bacterias) o bien son atraídos hacia otros de la misma cepa genética para formar agregados densos (mohos mucilaginosos). Muchos adoptan entonces posiciones que reducen o sacrifican su propia reproducción, claramente en beneficio del grupo. Los teóricos de la eficiencia inclusiva han sugerido que la selección de parentesco es la fuerza motriz que hay detrás de este altruismo. Sin embargo, la explicación más directa y general parece ser que la selección de grupo se impone a la selección individual, «egoísta».

Una interacción comparable de fuerzas de selección multinivel resulta evidente cuando se examina detenidamente el número de veces que las hormigas, abejas y avispas eusociales se aparean. Un equipo de teóricos de la eficiencia inclusiva observó que las especies que poseen una organización social relativamente primitiva se aparean solo con un macho, y así producen descendientes estrechamente emparentados. Los autores presentaron sus datos como prueba correlativa de selección de parentesco. Sin embargo, no proporcionaron datos comparables para especies solitarias estrechamente relacionadas con los ejemplos eusociales; de ahí que no hubiera controles para la conclusión de que los apareamientos simples favorecen el origen del comportamiento eusocial. De hecho, es lógico suponer que estas reinas de especies solitarias se aparean asimismo solo con un macho, y por una razón no relacionada con la selección de parentesco: las excursiones de apareamiento prolongadas aumentan el riesgo de que las hembras jóvenes sean capturadas por depredadores. De igual importancia, los investigadores de la eficiencia inclusiva señalaron el origen de los apareamientos de múltiples machos que practican las reinas de muchas de las especies de himenópteros con organización colonial avanzada. Eso, concluyeron, indica la relajación de la selección de parentesco en estadios avanzados de la evolución. Pero pasaron por alto la casi limitación del apareamiento con múltiples machos a las especies que tienen poblaciones de obreras excepcionalmente grandes, que sus propios datos demuestran. En este caso, la fuerza motriz es más probablemente la selección de grupo que favorece el esperma almacenado o la resistencia a las amenazas de patógenos en los nidos grandes, o ambas cosas.

Un segundo tipo de explicaciones para el origen del comportamiento social avanzado, que surge de las evaluaciones realizadas caso por caso utilizando la teoría estándar de la selección natural, es la discordancia entre los miembros del grupo como un factor en la evolución de la fisiología y del comportamiento. Cuanto más lejanamente emparentados sean los miembros, menos probable es que se comuniquen efectivamente, que respondan a las mismas pistas del ambiente y que coordinen sus actividades con precisión. Un grupo genéticamente muy diverso propende a ser menos armonioso y, por lo tanto, a ser eliminado por la selección de grupo. El mismo principio es de aplicación en un extremo a los casos más familiares de células cancerosas en un organismo y, a otro nivel de la organización biológica, a los mecanismos de aislamiento genético que dividen las especies únicas en dos o más especies hijas. Además, la interacción entre la selección individual y la selección de grupo en las sociedades microbianas puede considerarse que suprime la discordancia de las células participantes. En esta interpretación, alternativa a la que implica la eficiencia inclusiva, las células que cooperan con éxito son variantes plásticas del mismo genotipo, y la formación de la colonia es el resultado de la selección de grupo que opera contra la discordancia de fenotipos mutantes.

La misma argumentación básica se aplica al papel de la nutrición en el control de la producción de reinas en las abejas melíferas, en la que las obreras dan de comer a las larvas un alimento especial, la jalea real, que las convierte en reinas. También es relevante limitar y regular el control de la reproducción de las obreras en las sociedades de insectos en general. Ambos fenómenos se han presentado a veces en el lenguaje de la selección de parentesco y su producto, la eficiencia inclusiva, pero la reducción de la discordancia mediante selección de grupo sin selección de parentesco es, al menos, igualmente plausible.

Un puntal de la teoría de la eficiencia inclusiva ha sido durante mucho tiempo la explicación de cómo y por qué las colonias de hormigas regulan la cantidad de comida que invierten en la producción de reinas vírgenes en relación con los machos. Si la madre se apareó una sola vez, en teoría tendría que desear una proporción de un macho a una hembra, puesto que está igualmente emparentada (la mitad del grupo comparte genes por herencia común) con sus hijas, las reinas vírgenes, y con sus hijos, los machos reproductores. Sin embargo, como argumentaron Robert L. Trivers y Hope Hare en 1976 y elaboraron con todo lujo de detalles los teóricos de la eficiencia inclusiva con especies de hormigas, las obreras deberían desear más inversión en las reinas vírgenes, sus hermanas, porque comparten las tres cuartas partes de sus genes por herencia común, debido al modo haplodiploide de determinación del sexo. En cambio, solo comparten una cuarta parte de sus genes con los machos, sus hermanos. Por lo tanto, sigue el razonamiento, la reina madre y sus hijas obreras se hallan en conflicto a propósito de la proporción sexual de los nuevos reproductores producidos por la colonia. Muchos estudios han demostrado, efectivamente, que la proporción real está sesgada en favor de la producción de reinas. Así pues, parece que las obreras han ganado en el conflicto, y la teoría de la eficiencia inclusiva se confirma.

La aproximación de la eficiencia inclusiva a la determinación de la proporción sexual reproductora en hormigas es uno de los cuerpos teóricos más elaborados y documentados de la biología evolutiva. Pero se basa en dos conjeturas de partida, que el parentesco genealógico es un factor determinante primario de la proporción sexual y, según se sigue de esta primera conjetura, que los grupos del interior de la colonia con diferentes grados de parentesco al nivel del grupo se hallan en conflicto. ¿Qué ocurriría si una de estas conjeturas, o ambas, no fueran correctas? Disponemos de una explicación más sencilla y más directa a partir de la teoría de la selección natural elemental, en ausencia de selección de parentesco, en los términos que siguen. El objetivo de toda la colonia es colocar tantos futuros progenitores como sea posible en la siguiente generación. En las especies de hormigas, por lo general los machos son más pequeños y más gráciles que las reinas vírgenes, a veces de manera sorprendente, debido a las pesadas reservas de grasa que las reinas deben llevar para iniciar nuevas colonias. Los machos son menos costosos de producir, y si la proporción de inversión de energía fuera de 1:1, habría más machos que hembras disponibles para el apareamiento.

Lo más común es que los jóvenes reproductores tengan solo una probabilidad de aparearse, de modo que, por término medio, producir un exceso de machos sería un despilfarro para la colonia. Solo si la colonia tuviera conocimiento de perturbaciones de las proporciones de producción de otras colonias, o si la mortalidad de los machos en los vuelos nupciales fuera mayor, podría elegir de manera distinta. Como resultado, es en beneficio tanto de la reina madre como de sus hijas obreras sesgar la inversión de energía en favor de las reinas vírgenes. Esta explicación, liberada de las conjeturas de la selección de parentesco, y habiendo añadido la selección al nivel de la colonia, es más consistente con los datos que la explicación procedente de la teoría de la eficiencia inclusiva. En especies con reinas madres múltiples y en colonias esclavistas, las reinas vírgenes no necesitan normalmente las pesadas reservas corporales para fundar colonias de manera independiente, y por ello, como ocurre en la naturaleza, se predice que la proporción ideal está más cerca de 1:1. Tales tendencias son también consistentes con los datos. Una perturbación adicional de las proporciones sexuales refleja aparentemente presiones de selección de los ambientes concretos en los que las colonias lanzan sus reinas vírgenes y sus machos en los vuelos nupciales, o bien los mantienen en casa hasta que se aparean.

En una situación distinta, y muy diferente, un análisis experimental igualmente meticuloso ha demostrado que en la araña *Stegodyphus lineatus*, un erésido periódicamente subsocial, los grupos de arañitas hijas extraen más nutrientes de las presas comunales que los grupos de arañitas procedentes de progenitores distintos y que han sido mezcladas artificialmente. Debido a que los investigadores creen que las arañitas evitan inyectar enzimas digestivas con el fin de eludir la explotación por extraños, aceptan la hipótesis de la selección de parentesco. Pero un cálculo rápido demuestra que dicho comportamiento reduciría la retribución media para cada individuo, incluidos los que retuvieron sus enzimas digestivas. La reducción en la ingestión comunal podría explicarse mejor ya fuera por la discordancia en las señales entre las arañitas no emparentadas, ya por conflicto abierto entre ellas.

La expectativa de la herencia es un tercer proceso que puede conducir al altruismo aparentemente basado en el parentesco, pero se explica de manera más sencilla y realista como el resultado directo de la selección al nivel individual. En un pequeño porcentaje de especies de aves y de mamíferos, los hijos permanecen en el nido de su nacimiento y ayudan a sus padres en la cría de camadas o polladas adicionales. Por lo tanto, retardan su propia reproducción al tiempo que aumentan la reproducción de sus progenitores. Los investigadores de la eficiencia inclusiva han atribuido este fenómeno a la selección de parentesco, y han reforzado su razonamiento demostrando una correlación positiva en diversas especies entre la cercanía del parentesco y la cantidad de ayuda que los que se quedan en casa proporcionan a los progenitores. Sin embargo, estudios más completos y publicados anteriormente que cubren una amplia gama de datos del ciclo biológico de varias especies habían llegado ya a una explicación diferente, que implicaba selección multinivel con un fuerte énfasis en la selección a nivel individual. Bajo determinadas condiciones no relacionadas con la selección de parentesco, se favorece la persistencia de jóvenes adultos en el nido natal. Las condiciones incluyen escasez inusual de lugares de nidificación o de territorio, o ambos, o, alternativamente, baja mortalidad de los adultos o condiciones relativamente invariantes en un ambiente estable. Después de una residencia prolongada, los ayudantes heredan el nido o el territorio a la muerte de sus padres. La correlación positiva en diversas especies entre parentesco y colaboración de que informaron los investigadores de la eficiencia inclusiva se basa solo en unos pocos datos puntuales y puede explicarse lógicamente por la práctica común de una «estrategia flotante» en algunas especies, en las que hay individuos que se desplazan entre los nidos y extienden la cantidad de ayuda que proporcionan. Cuanto mayor es la flotación, menor es el parentesco promedio y la ayuda que se presta a cada nido visitado.

Pude examinar personalmente el fenómeno del ayudante en el pico carpintero de escarapela roja* cuando visité una población en

---

* *Picoides borealis. (N. del T.)*

Florida occidental y discutí los detalles con investigadores que habían seguido las trayectorias vitales de aves marcadas para su identificación en la naturaleza. Descubrí que el de escarapela roja es la única especie de pico carpintero del mundo que excava su nido en los troncos de árboles vivos. A un macho joven le lleva un año construir un nido semejante, y su localización tiene que ser asimismo fuera de los territorios de las familias ya establecidas. Hasta entonces, tanto a las hijas como a los hijos les resulta ventajoso quedarse en casa. Además, durante el período de espera, uno o los dos progenitores puede morir, y el nido natal puede heredarse. También resulta ventajoso para los padres tolerar pollos crecidos solo si trabajan como ayudantes.

Resumiendo, la línea esencial de razonamiento en la teoría de la eficiencia inclusiva ha sido como sigue. Se supone que se da la selección de parentesco y que, de hecho, es inevitable en muchos sistemas biológicos. Cuando tiene lugar la selección de parentesco, sigue la desigualdad de Hamilton, que predice en el caso más sencillo al menos si los genes para el altruismo aumentarán o no en una población sin restricciones. Cuando la desigualdad de Hamilton se aplica a todos los miembros de un grupo, produce la eficiencia inclusiva para el grupo, que, si se conoce, puede predecir si una población de estos grupos evolucionará hacia una organización social basada en el altruismo.

Sin embargo, no se ha encontrado que ninguno de estos supuestos se cumpla. Los empíricos que han medido el grado de parentesco genético y emplean argumentos de eficiencia inclusiva han creído que basaban su razonamiento sobre unos cimientos teóricos sólidos. Sin embargo, este no es el caso. La eficiencia inclusiva es un enfoque matemático especial con tantas limitaciones que lo hacen impracticable. No es una teoría general, como se cree comúnmente, y no caracteriza la dinámica de la evolución ni las distribuciones de las frecuencias génicas.

En los casos extremos en que la teoría de la eficiencia inclusiva podría funcionar, se requieren condiciones biológicas que es demostrable que no existen en la naturaleza. Resulta que el sistema ha de moverse al límite matemático de la «selección débil», en la que todos los miembros de un grupo se acercan a la misma eficiencia, y todas las respuestas alternativas han de tener una abundancia aproximadamente igual. Además, todas las interacciones entre los miembros de la colonia han de ser aditivas y emparejadas, de uno a uno. En realidad, todas las sociedades conocidas, excepto las parejas apareadas, violan esta condición. Otros tipos de interacciones tienden a ser sinérgicas hasta un grado que varía con la condición constantemente cambiante de la colonia. Por último, la teoría de la eficiencia inclusiva puede emplearse solo en estructuras estáticas en las que las intensidades de la interacción no pueden variar de un contacto a otro, y ha de existir una puesta al día global en ciclos.

Esta cuestión de la biología teórica es importante, porque la intuición que proporciona la teoría de la eficiencia inclusiva ha sido aceptada de manera amplia, aunque equivocada, como generalmente correcta. En realidad, los razonamientos de eficiencia inclusiva sin modelos completamente especificados, del tipo que de ordinario proponen los investigadores de campo y de laboratorio, son engañosos. Lo desviado que puede ser el razonamiento queda ilustrado por la demostración matemática de que todas las medidas de grado de parentesco pueden ser idénticas en dos sistemas, pero que la cooperación se ve favorecida en un sistema pero no en el otro. Inversamente, dos poblaciones pueden tener medidas del grado de parentesco en los extremos opuestos del espectro y, no obstante, ambas estructuras ser igualmente incapaces de sostener la evolución de la cooperación.

Otro concepto erróneo que se suele tener es que los cálculos de la eficiencia inclusiva son más simples que los de los modelos de la selección natural estándar, cuando no es así. En los raros casos en que puede hacerse que la eficiencia inclusiva funcione en los modelos abstractos, las dos teorías son idénticas y requieren la medida de las mismas cantidades.

Así pues, el viejo paradigma de la evolución social, que al cabo de cuatro décadas se ha hecho venerable, ha fracasado. Su línea de razonamiento, desde la selección de parentesco como el proceso, hasta la condición de la desigualdad de Hamilton para la cooperación, y de ahí a la eficiencia inclusiva como categoría darwiniana de los miembros de la colonia, no funciona. La selección de parentesco, si acaso es que ocurre en los animales, ha de ser una forma de selección débil que solo se da en condiciones especiales que fácilmente son violadas. Como objeto de la teoría general, la eficiencia inclusiva es una construcción matemática fantasma que no puede arreglarse de ninguna manera que suponga un significado biológico realista. Tampoco puede usarse para hacer el seguimiento de la dinámica evolutiva de sistemas sociales de base genética.

La escasa fortuna de la teoría de la eficiencia inclusiva se originó al creer que una única formulación abstracta, en este caso la desigualdad de Hamilton, tiene implicaciones que pueden deshacerse capa a capa para explicar la evolución social cada vez con más detalle. Esta creencia puede refutarse tanto por la lógica matemática como por las pruebas empíricas. ¿Cuál es, pues, la mejor dirección que hemos de tomar para comprender el comportamiento social avanzado?

19

El surgimiento de una nueva teoría de la eusocialidad

El origen evolutivo de cualquier sistema biológico complejo solo puede reconstruirse correctamente si se considera como la culminación de una sucesión de estadios que se recorren desde el principio al final. Empieza con fenómenos biológicos conocidos empíricamente en cada estadio, si es que se conocen, y explora la gama de fenómenos que son teóricamente posibles. Cada transición desde un estadio al siguiente requiere modelos diferentes, y cada uno necesita situarse en su propio contexto de causa y efecto potenciales. Esta es la única manera de llegar al significado profundo de la evolución social avanzada y de la propia condición humana.

El primer estadio concebible en el origen de la eusocialidad, que implica una división del trabajo que aparentemente es altruista, es la formación de grupos dentro de una población de individuos que, por otra parte, son solitarios y que se mezclan libremente. En teoría hay muchas maneras en las que esto puede ocurrir en realidad. Los grupos pueden congregarse cuando los lugares de nidificación o los recursos alimentarios en los que la especie se ha especializado son de distribución local, o cuando padres e hijos permanecen juntos, o cuando columnas migratorias se ramifican repetidamente antes de instalarse, o cuando las bandadas siguen a guías hasta áreas de alimentación conocidas. Incluso pueden reunirse aleatoriamente por atracción mutua local.

La manera en que los grupos se forman tiene probablemente un efecto profundo sobre la probabilidad del avance hacia la eusocialidad. La manera más importante incluye estrechar la cohesión y la persistencia del grupo. Por ejemplo, tal como he señalado, todos los linajes evolutivos conocidos con especies primitivamente eusociales que sobreviven (en las avispas aculeadas, las abejas halictinas y xilocopinas, un camarón que anida en una esponja, los termes termópsidos, los pulgones y trips coloniales, los escarabajos de ambrosía y las ratas topo desnudas) poseen colonias que construyen y ocupan nidos defendibles. En unos pocos casos, individuos no emparentados unen sus fuerzas para crear las pequeñas fortalezas. Por ejemplo, colonias no emparentadas de *Zootermopsis angusticollis* se fusionan para formar una supercolonia con una única pareja real después de repetidos combates. En la mayoría de los casos de eusocialidad animal, sin embargo, la colonia empieza a partir de una única reina inseminada (por ejemplo en los Himenópteros) o de una pareja apareada (termes). Por lo tanto, en la mayoría de los casos la colonia crece por la adición de descendientes que sirven como obreras no reproductivas. En unas pocas especies más primitivamente eusociales, el crecimiento se acelera por la aceptación de obreras ajenas o por la cooperación de reinas fundadoras no emparentadas.

Agruparse por familias puede acelerar la extensión de los alelos eusociales, pero no lleva por sí solo a un comportamiento social avanzado. El agente causativo del comportamiento social avanzado es la ventaja de un nido defendible, especialmente uno costoso de hacer y al alcance de un suministro sostenible de comida. Debido a esta condición primaria en los insectos, el grado de parentesco genético cercano en la primitiva formación de colonias es la consecuencia, no la causa, del comportamiento eusocial.

El segundo estadio es la acumulación fortuita de otros rasgos que hacen que el cambio a la eusocialidad sea todavía más probable. El más importante es el cuidado inmediato en el nido de la prole que crece: alimentando progresivamente a las crías, o limpiando las cámaras de incubación, o guardándolas, o alguna combinación de estas tres acciones. Al igual que la construcción de un nido defendible por parte del antepasado solitario, estas preadaptaciones surgen por la selección a nivel del individuo, sin ninguna anticipación de un papel futuro en el origen de la eusocialidad (no hay anticipación porque la evolución mediante selección natural no puede predecir el futuro). Las preadaptaciones son productos de la radiación adaptativa, en las que las especies se dividen y se expanden en nichos ecológicamente distintos. Según los nichos en los que se especialicen, algunas especies tendrán más probabilidades que otras de adquirir preadaptaciones potentes. Algunas especies, por ejemplo, pueden acabar viviendo en hábitats relativamente libres de depredadores. Al tener una necesidad menos urgente de proteger a la prole, es probable que permanezcan estables en la evolución social o que evolucionen apartándose de ella para llevar una vida solitaria. Otras, en hábitats plenos de depredadores peligrosos, se acercarán más al umbral de la eusocialidad y harán que cruzarlo sea más probable. La teoría de este estadio es la teoría de la radiación adaptativa, que muchos investigadores ya han elaborado independientemente de los estudios sobre la eusocialidad.

El tercer paso en la evolución hacia el comportamiento social avanzado es el origen de los alelos eusociales, ya sea por mutación o por inmigración de individuos mutantes desde el exterior. En los himenópteros preadaptados (abejas y avispas) al menos, este acontecimiento puede ocurrir como una única mutación puntual. Además, no se requiere que la mutación prescriba la construcción de un comportamiento nuevo. Solo necesita cancelar el viejo. Cruzar el umbral hacia la eusocialidad requiere solo que una hembra y sus descendientes adultos dejen de dispersarse para iniciar nuevos nidos individuales. Por el contrario, permanecen en el nido viejo. En este punto, si las presiones de selección ambiental son lo bastante fuertes, las preadaptaciones provistas de resorte se disparan y los miembros del grupo dan inicio a las interacciones que los transforman en una colonia eusocial.

Todavía no se han identificado genes eusociales, pero se conocen al menos otros dos genes o pequeños conjuntos de genes que prescriben cambios importantes en los rasgos sociales al silenciar mutaciones en rasgos preexistentes. Estos ejemplos, y la promesa que ofrecen de avances tanto en la teoría como en el análisis genético, nos llevan a la cuarta fase de la evolución de la eusocialidad animal.

Tan pronto como el progenitor y la descendencia subordinada permanecen en el nido, tal como ocurre con una familia primitivamente social de abejas o avispas, actúa la selección en grupo, dirigida únicamente a los rasgos emergentes creados por las interacciones de los miembros de la colonia. Las fuerzas de selección crearán probablemente un sistema de alerta con llamadas de alarma o señales químicas. Desarrollarán olores en su cuerpo para distinguir a su colonia de las demás. Es probable que inventen los medios para atraer a las compañeras de nido hacia fuentes de alimentos recién descubiertos. Al menos en los estadios más avanzados, producirán por evolución diferencias en anatomía y comportamiento entre los reproductores regios y la casta de obreras de apoyo.

Considerando los rasgos emergentes sobre los que actúa la selección de grupo, es posible plantear un nuevo modo de investigación teórica. Entre los fenómenos que se han destacado recientemente figura que los diferentes papeles de los progenitores reproductores y de sus hijos no reproductores no están determinados genéticamente. Por el contrario, tal como han demostrado las pruebas procedentes de especies primitivamente eusociales, representan fenotipos alternativos del mismo genotipo. En otras palabras, la reina y sus obreras poseen los mismos genes que prescriben la casta y la división del trabajo, aunque difieren extensamente en otros genes. Esta circunstancia respalda la teoría según la cual la colonia puede considerarse como un organismo individual o, de manera más precisa, como un superorganismo individual. Además, en lo que se refiere al comportamiento social, la herencia es de reina a reina, siendo a su vez la fuerza laboral una extensión de cada una de ellas. Todavía se da selección de grupo, pero se concibe que lo que se selecciona son los rasgos de la reina y la proyección exosomática de su genoma personal. Esta percepción ha abierto una nueva forma de indagación teórica, así como preguntas que solo pueden zanjarse mediante un nuevo foco de investigación empírica.

La cuarta fase es la identificación de las fuerzas ambientales que impulsan la selección de grupo, que es el sujeto lógico de las investigaciones combinadas en genética de poblaciones y ecología del comportamiento. Los programas de investigación apenas han empezado es esta área, en parte debido al olvido relativo del estudio de las fuerzas ambientales de selección que conforman la evolución eusocial temprana. La historia natural de los animales más primitivamente eusociales, y en especial la estructura de sus nidos y la defensa feroz de los mismos, sugiere que un elemento clave en el origen de la eusocialidad es la defensa contra los enemigos, entre ellos parásitos, depredadores y colonias rivales. Pero se han diseñado muy pocos estudios experimentales de campo o de laboratorio para comprobar esta hipótesis y sus hipótesis competidoras potenciales.

En la fase quinta y última, la selección de grupo (entre colonias) modela el ciclo de vida y los sistemas de castas de las especies eusociales más avanzadas. Como resultado, muchos linajes evolutivos han producido por evolución sistemas sociales muy especializados y complejos. Los sistemas extremos de este tipo se presentan no en los humanos, sino en los insectos, en particular los que se encuentran en el nivel más avanzado: las abejas melíferas, las abejas inermes, las hormigas cortadoras de hojas, las hormigas tejedoras, las hormigas legionarias y los termes constructores de termiteros.

Resumidamente, una teoría completa de la evolución eusocial consistirá en una serie de fases, sujetas a verificación experimental, de las que pueden reconocerse las siguientes:

1. La formación de grupos.
2. La existencia de una combinación mínima y necesaria de rasgos preadaptativos en los grupos que hace que estos se formen de manera compacta. En los animales al menos, la combinación incluye un nido valioso y defendible. La condición de dependencia del nido predetermina la probabilidad de que los grupos primitivamente eusociales sean una familia: progenitores e hijos en los insectos y otros invertebrados, y familias extendidas en los vertebrados.
3. La aparición de mutaciones que prescriben la persistencia del grupo, muy probablemente por la eliminación del comportamiento de dispersión. Evidentemente, un nido durable si-

gue siendo el elemento clave en mantener la prevalencia. La eusocialidad primitiva puede surgir de inmediato debido a preadaptaciones con resorte, las que aparecieron por evolución en estadios anteriores y que, por casualidad, provocaron que los grupos se comportaran de una manera eusocial.

4. En los insectos, los rasgos emergentes causados ya sea por la génesis de obreras parecidas a robots, ya por la interacción de miembros del grupo, son modelados mediante selección a nivel de grupo por parte de fuerzas ambientales.

5. La selección a nivel de grupo impulsa los cambios en el ciclo biológico y las estructuras sociales de la colonia de insectos, a menudo hasta extremos extravagantes, con la producción de superorganismos complejos.

Dado que los dos últimos pasos se dan únicamente en los insectos y en otros invertebrados, ¿de qué manera, pues, alcanzó la especie humana su condición social única, basada en la cultura? ¿Qué marca ha puesto en la naturaleza humana el proceso combinado genético y cultural? Dicho de otro modo, *¿qué somos?*

V

¿QUÉ SOMOS?

20

¿Qué es la naturaleza humana?

Seguramente todos estaremos de acuerdo en que una definición clara de la naturaleza humana es la clave para comprender la condición humana como un todo. Pero resulta que conseguir esta definición es una tarea extraordinariamente difícil. La naturaleza humana es evidente a través de su manifestación en la vida cotidiana. Su expresión intuitiva es la esencia de las artes creativas y el socalce de las ciencias sociales. Pero su verdadera identidad sigue siendo escurridiza. Puede haber una razón emocional, muy humana, para esta ambigüedad persistente. Si se revelara la naturaleza humana no transformada, cruda, y se consiguiera así la piedra filosofal, ¿qué sería? ¿Qué aspecto tendría? ¿Nos gustaría? Una pregunta mejor puede ser: ¿queremos saberlo realmente?

Quizá la mayoría de las personas, incluidos muchos estudiosos, preferirían mantener la naturaleza humana al menos parcialmente en la oscuridad. Es el monstruo en el pantano febril del discurso público. Su percepción es distorsionada por el amor propio y las expectativas idiosincrásicas y personales. Los economistas han navegado a su alrededor una y otra vez, mientras que los filósofos lo bastante osados para buscarla han perdido siempre su camino. Los teólogos tienden a rendirse, atribuyéndola en partes diferentes a Dios y al diablo. Los ideólogos políticos, desde los anarquistas hasta los fascistas, la han definido para su ventaja egoísta.

La existencia misma de la naturaleza humana fue negada durante el último siglo por la mayoría de los científicos sociales. Se aferraron al dogma, a pesar de la evidencia creciente, de que todo el comportamiento social es aprendido y toda la cultura es el producto de la historia transmitida de una generación a la siguiente. Los líderes de las religiones conservadoras, en cambio, han propendido a creer que la naturaleza humana es una propiedad fija otorgada por Dios... y que ha de ser explicada a las masas por los privilegiados que comprenden Sus deseos. Pablo VI, por ejemplo, en su encíclica de 1969 *Humanae vitae*, explicaba: «El hombre no puede hallar la verdadera felicidad, a la que aspira con todo su ser, más que en el respeto de las leyes grabadas por Dios en su naturaleza, y que debe observar con inteligencia y amor». En particular, dijo que las leyes divinas de la naturaleza humana prohíben cualquier uso de la contracepción artificial.

Creo que numerosas pruebas, que proceden de múltiples ramas del saber en las ciencias y las humanidades, permiten una definición clara de la naturaleza humana. Pero antes de sugerirla, permítame el lector que explique lo que no es. La naturaleza humana no es los genes que la sustentan. Estos prescriben las reglas de desarrollo del cerebro, del sistema sensorial y del comportamiento que producen la naturaleza humana. Ni tampoco pueden definirse colectivamente como naturaleza humana los rasgos universales de la cultura que los antropólogos han descubierto. Los que siguen, por ejemplo, son los sesenta y siete comportamientos e instituciones sociales compartidos por todos los cientos de sociedades humanas, según los Archivos del Área de Relaciones Humanas, tal como se compilaron en el estudio clásico de 1945 de George P. Murdock,* y que aquí se listan por orden alfabético:

> adiestramiento de limpieza, adivinación, adornos corporales, alojamiento, arte decorativo, bromas, calendario, cirugía, cocina, comercio, conceptos del alma, concesión de regalos, control del clima, cortejo, cosmología, costumbres de la pubertad, costumbres del embarazo, cuidados posnatales, curación por la fe, danza, deportes atléticos, derechos de propiedad, diferenciación jerárquica, división del trabajo, educación, elaboración de utensilios, escatología, estilos de peinado, ética,

---

* *Outline of Cultural Materials. (N. del T.)*

etiqueta, etnobotánica, fiestas familiares, folclore, gestos, gobierno, gradación por edad, grupos familiares, higiene, horarios de comida, hospitalidad, interpretación de los sueños, juegos, lenguaje, ley, magia, matrimonio, medicina, nomenclatura de parentesco, nombres personales, obstetricia, organización de la comunidad, política demográfica, producción de fuego, propiciación de seres sobrenaturales, reglas de herencia, reglas de residencia, restricciones sexuales, ritos funerarios, ritual religioso, saludos, sanciones penales, supersticiones de suerte, tabúes alimentarios, tabúes de incesto, tejeduría, trabajo cooperativo y visitas.

Es tentador suponer que esta lista no solo es realmente diagnóstica para los seres humanos, sino inevitable para la evolución de cualquier especie en cualquier sistema estelar que alcance el nivel humano de inteligencia elevada y de lenguaje complejo, con independencia de las predisposiciones hereditarias que los apuntalen. Sin embargo, casi con toda seguridad no será así, porque es posible imaginar otros mundos en los que organismos terrestres grandes desarrollen por evolución combinaciones diferentes de rasgos culturales. Sería prematuro esperar que cada uno de estos rasgos universales teóricos fuera de naturaleza genética. En cualquier caso, es mejor considerar los rasgos universales humanos como los productos predecibles de algo más profundo.

Si el código genético que subyace en la naturaleza humana se halla demasiado cerca de su socalce molecular y los rasgos culturales universales se encuentran demasiado lejos del mismo, de ahí se sigue que el mejor lugar para buscar la naturaleza humana hereditaria es a medio camino, en las reglas del desarrollo que los genes prescriben, a través de las cuales se crean los rasgos culturales universales.

La naturaleza humana son las regularidades heredadas del desarrollo mental común a nuestra especie. Son las «reglas epigenéticas», que evolucionaron por la interacción de la evolución genética y cultural que tuvo lugar a lo largo de un prolongado período en la prehistoria profunda. Estas reglas son los sesgos genéticos en la manera en que nuestros sentidos perciben el mundo, la codificación simbólica mediante la cual representamos el mundo, las opciones que automáticamente nos abrimos a nosotros mismos, y las respuestas que encontramos que son las más fáciles y más gratificantes de hacer. De maneras que empiezan a enfocarse a nivel fisiológico e incluso, en unos pocos casos, a nivel genético, las reglas epigenéticas alteran la manera como vemos y clasificamos lingüísticamente el color. Provocan que evaluemos la estética del diseño artístico según formas abstractas elementales y el grado de complejidad. Determinan los individuos que, como norma, encontramos sexualmente más atractivos. Hacen que adquiramos diferencialmente miedos y fobias relacionados con peligros del ambiente, como serpientes y alturas; que nos comuniquemos mediante determinadas expresiones faciales y formas de lenguaje corporal; que establezcamos lazos con los niños; que establezcamos lazos conyugales, y así sucesivamente a través de una extensa gama de otras categorías del comportamiento y el pensamiento. Es evidente que la mayoría de las reglas epigenéticas son muy antiguas, y se remontan a millones de años en nuestro linaje de mamíferos. Otras, como las fases de desarrollo lingüístico, solo tienen cientos de miles de años de antigüedad. Al menos una, la tolerancia del adulto a la lactosa de la leche, y en consecuencia el potencial de una cultura basada en los productos lácteos en algunas poblaciones, se remonta a unos pocos miles de años.

Tal como indica el prefijo *epi-* en la palabra «epigenética», las reglas del desarrollo fisiológico no están integradas genéticamente. No se hallan más allá del control consciente, como lo están los «comportamientos» autónomos del latido cardíaco y de la respiración. Son menos rígidos que los reflejos puros, como el parpadeo ocular y el espasmo rotuliano. El reflejo más complejo es la respuesta de sobresalto. Si uno se acerca por detrás a otra persona sin ser visto y emite un ruido súbito y fuerte (un grito, el choque de dos objetos), esta, en una fracción de segundo, más rápidamente de lo que la corteza frontal puede procesar la respuesta, relajará su cuerpo, cerrará los ojos, abrirá la boca, dejará caer la cabeza hacia delante y doblará ligeramente las rodillas. En la naturaleza y en la vida moderna, su respuesta la prepara de manera instantánea e inconsciente para la colisión o el golpe que es probable que vengan después. La vida de esta persona puede ser salvada en otro momento del ataque de un enemigo o un depredador. La respuesta de sobresalto está rígidamente prescrita por los genes, pero no forma parte de la naturaleza humana como percibimos de manera intuitiva. Es un reflejo tipo, efectuado por completo fuera de la mente consciente.

Los comportamientos creados por reglas epigenéticas no son innatos como los reflejos. En cambio, son las reglas epigenéticas las que son innatas, y por ello componen el verdadero núcleo de la naturaleza humana. Estos comportamientos son aprendidos, pero el proceso es lo que los psicólogos denominan «preparado». En el aprendizaje preparado, estamos predispuestos de manera innata a aprender y, por lo tanto, reforzar una opción sobre otra. Estamos «contrapreparados» para hacer elecciones alternativas, o incluso para evitarlas activamente. Por ejemplo, estamos preparados para desarrollar con gran rapidez un temor a las serpientes, que fácilmente llega hasta el punto de ser una fobia, pero no estamos preparados por instinto a tratar a otros reptiles, como las tortugas y los lagartos, con ningún grado parecido de revulsión. El aprendizaje preparado nos atrae a encontrar la belleza en un terreno de parque cruzado por un arroyo, pero nos hallamos contrapreparados para hacer lo mismo para el interior de bosques oscuros. Tales respuestas nos parecen «naturales», aunque tienen que ser aprendidas, y esta es precisamente la cuestión.

¿Cómo han evolucionado estas reglas epigenéticas de aprendizaje? Empecé a pensar en profundidad sobre el proceso en la década de 1970, cuando las controversias acerca de la herencia frente al ambiente y a los genes frente a la cultura eran políticas y frenéticas. La raíz del problema, tal como yo lo veía, era la manera en que la evolución de los genes afecta a la evolución de la cultura. Esta interacción presentaba un reto teórico de dificultad excepcionalmente interesante.

En 1979 invité a Charles J. Lumsden, un joven físico teórico de capacidad demostrada, a unirse a mí en un estudio de esta cuestión. Pronto nos dimos cuenta de que el proceso solo podría desvelarse si tratábamos su misterio no como un problema no resuelto, sino como

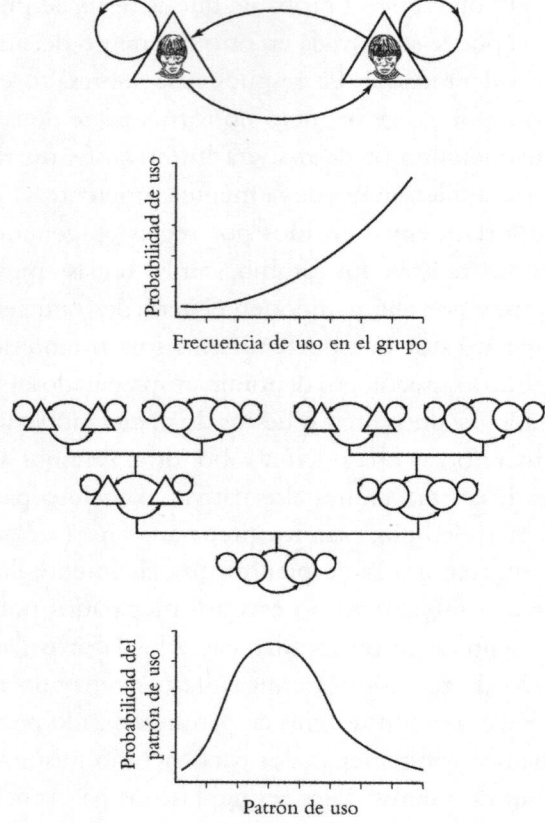

FIGURA 20.1. Dinámica de la coevolución gen-cultura. Los estadios que llevan desde la toma de decisiones individuales a la creación de diversidad entre culturas,
vienen ilustrados por la decoración corporal en los indios tapirapé de Brasil. Los
procesos se expresan en forma abstracta, según se sigue de la teoría de la coevolución gen-cultura. De arriba abajo, la secuencia es como sigue: el individuo elige si
adornará su cuerpo o no, y pasa de una opción a otra a una determinada tasa; su
tasa de cambio depende de la frecuencia con que otros expresan una preferencia
por una elección u otra; cada uno de los individuos en un grupo tribal (ilustrado
en el tercer panel inferior) o sociedad, o bien utiliza el adorno corporal o no; a
partir de toda esta información, el antropólogo (panel inferior) puede estimar la
probabilidad de que un determinado porcentaje del grupo use adornos, es decir, de
que exista un patrón de uso particular en un momento dado en el tiempo. (De
Charles J. Lumsden y Edward O. Wilson, *Promethean Fire: Reflections on the Origin of
Mind*, Harvard University Press, Cambridge, MA, 1983.)

un par de ellos. El primer problema era identificar la base instintiva, y por ende no cultural, de la naturaleza humana. El segundo problema, menos tratable todavía, era la relación causal entre la evolución de los genes y la evolución de la cultura, o la «coevolución gen-cultura», como decidimos llamarla. Ya hacía tiempo que era evidente que muchas propiedades del comportamiento social humano se ven afectadas por la herencia, tanto para la especie en su conjunto como para diferencias entre miembros de la misma población. También era evidente que las propiedades innatas de la naturaleza humana tuvieron que haber evolucionado como adaptaciones. Asimismo supusimos que la clave para la solución es la preparación y contrapreparación en la manera en que la gente aprende la cultura. En los dos años siguientes, Lumsden y yo construimos y presentamos la primera teoría de la coevolución gen-cultura.

Otros investigadores tomaron la idea de la coevolución gen-cultura, aunque pusieron especial énfasis en la evolución cultural. Consideraban que la evolución genética es principalmente una fuerza que ha dado origen a la capacidad para la cultura, o alternativamente como una fuerza en una senda doble y que corre más o menos separadamente a lo largo de la evolución cultural, prestando poca atención a las interacciones, las reglas epigenéticas o a los componentes genéticos por los que tiene lugar la coevolución.

Esta parcialidad es curiosa, dado que en las décadas de 1970 y 1980 ya se disponía de pruebas sustanciales de las propiedades genéticas del tipo que por lo general se cita como parte de la «naturaleza humana», con influencias palpables sobre algunos aspectos de la evolución cultural. El sesgo pudo haber surgido como un exceso de cautela en deferencia a la concepción de la mente como una «página en blanco» o una tabla rasa, que negaba totalmente la existencia del instinto humano. La preferencia general en las décadas de 1970 y 1980 favorecía, en cambio, lo que podía denominarse hipótesis del «gen de Prometeo». La evolución genética produjo la cultura, según los defensores de esta idea, pero solo en el sentido de que creó la capacidad para la cultura. Durante este período, los científicos sociales, con unas pocas excepciones notables, aceptaron a la vez el cerebro como página en blanco y el gen de Prometeo como una manera de afirmar la autonomía de las ciencias sociales y las humanidades. Esta visión biológicamente adimensional de la evolución social se deducía además de una segunda hipótesis clave, la unidad psíquica de la humanidad. Esta opinión sostenía que la cultura humana evolucionó durante un tiempo demasiado corto para que se hubiera producido evolución genética, al menos más allá del genotipo prometeico de uso múltiple que separa a la humanidad de todas las demás especies animales.

A primera vista, podría parecer que la evolución cultural tendería, efectivamente, a inhibir o incluso invertir la evolución genética. El uso de fuegos de campamento, de moradas cerradas y de ropa de abrigo permitió a los humanos sobrevivir y reproducirse en partes del mundo en las que, de otro modo, la supervivencia durante el invierno hubiera sido imposible. Además, los métodos mejorados de caza y de plantación de cosechas permitieron que la gente prosperara en hábitats en los que normalmente se hubieran enfrentado al hambre. Entonces puede preguntarse de manera razonable: ¿por qué ser gobernado por los genes si los cambios culturales pueden conseguir de manera tan rápida el mismo resultado?

De hecho, es cierto que la evolución cultural tiende indudablemente a reprimir la evolución genética. Aun así, existen abundantes nuevos retos y nuevas oportunidades en los muchos hábitats del mundo que también pueden abordarse (o, al menos, abordarse de manera más efectiva) por un cambio en los genes conducido por la selección natural, incluidos alimentos, enfermedades y regímenes climáticos extraños y nuevos. La explosión de nuevas mutaciones que tuvo lugar después de la salida de África hace unos 60.000 años creó un gran número de estos nuevos genes potencialmente adaptativos. Sería sorprendente que no hubiera ocurrido evolución genética en las diferentes poblaciones a medida que colonizaban el resto del mundo.

El ejemplo de referencia de coevolución gen-cultura que se ha producido en milenios recientes es el desarrollo de la tolerancia a la lactosa en los adultos. En todas las generaciones humanas previas, la producción de lactasa, la enzima que convierte el azúcar lactosa en azúcares digeribles, se hallaba presente solo en los niños. Cuando se destetaba a los niños de la leche de su madre, su cuerpo automáticamente interrumpía la producción ulterior de lactasa. Cuando se desarrolló la ganadería hace de 9.000 a 3.000 años, de forma diversa e independiente en el norte de Europa y África oriental, se extendieron culturalmente mutaciones que mantenían la producción de lactasa en la vida adulta, permitiendo así el consumo continuado de leche. La ventaja de utilizar leche y sus productos derivados para la supervivencia y la reproducción resultó ser enorme. Los rebaños de vacas lecheras, cabras y camellas se cuentan entre los recursos alimentarios más productivos, fiables y disponibles todo el año para los seres humanos. Los genetistas han descubierto cuatro mutaciones independientes que prolongan la producción de lactasa, una en Europa y tres en África.

La tolerancia a la lactosa es un ejemplo de lo que los ecólogos y los investigadores de la evolución humana denominan «construcción del nicho». En el caso de la coevolución gen-cultura de la producción de la lactosa, el nicho se creó para incluir la domesticación del ganado como una fuente alimentaria principal y nueva. Los genes mutantes se hallaban disponibles en frecuencias muy bajas, y rápidamente sustituyeron a las otras variantes, más antiguas. Además, eran genes que codificaban proteínas, que es el principal medio por el que se dan cambios en tejidos específicos, en este caso en el tubo digestivo.

A lo largo del último medio siglo, antropólogos y psicólogos han descubierto un gran número de estos procesos coevolutivos entrelazados. En su conjunto, forman una clase de cambios genéticos de tipo diferente a la adquisición de tolerancia a la lactosa. Son universales en la humanidad moderna, y también antiguos, pues sus orígenes son anteriores a la aparición del *Homo sapiens* moderno y, al menos en algunos casos, incluso a la separación humano-chimpancé de hace más de seis millones de años. Operan al nivel de la cognición y de la emoción, y su efecto sobre la evolución del lenguaje y la cultura ha sido a la vez profundo y amplio. Constituyen gran parte de lo que intuitivamente se denomina «naturaleza humana».

Uno de los ejemplos más importantes y mejor conocidos es la evitación del incesto. Los tabúes sobre el incesto son un rasgo cultural universal. Todos los cientos de sociedades que los antropólogos han estudiado toleran, y ocasionalmente incluso fomentan, el matrimonio entre primos hermanos, pero lo prohíben entre hermanos y medio hermanos. En tiempos históricos, unas poquísimas sociedades han institucionalizado el incesto hermano-hermana para algunos de sus miembros. El elenco incluye los incas, hawaianos, algunos tais, los antiguos egipcios, los monomotapas de Zimbabue, los ankole, buganda y bunyoro de Uganda, los nyanza del Congo, zande y shilluk de Sudán, y dahomeyanos. En cada caso la práctica estaba rodeada de ritual y limitada a la realeza o a otros grupos de estatus social elevado. El poder político se transmitía a través de la línea masculina, y a los hombres se les consentía que tuvieran múltiples esposas, lo que les permitía engendrar niños separados, no incestuosos.

En todos los demás lugares el incesto hermano-hermana se evita de manera estricta. Una revulsión personal contra él es reforzada en la mayoría de las culturas mediante tabú y ley. Se comprende perfectamente el riesgo de tener hijos deficientes debido al incesto. De promedio, cada persona porta en algún punto de sus veintitrés pares de cromosomas al menos dos lugares que presentan genes recesivos que son defectuosos en algún grado, y en casos extremos letales. En cada lugar, el gen recesivo se encuentra en un cromosoma, y su contraparte en el otro es normal. Cuando ambos cromosomas presentan el gen defectivo, la persona que los porta desarrolla la enfermedad, o al menos tiene una gran probabilidad de adquirirla. El defecto puede darse incluso en el útero, lo que produce un aborto espontáneo. En cambio, si uno de los genes es normal, anula el impacto del gen defectuoso, y el individuo se desarrolla normalmente. De ahí el término «recesivo»: el gen está oculto en presencia de su contraparte normal, «dominante». Ahora se sabe que los lugares vulnerables incluyen tanto genes codificadores de proteínas como regiones reguladoras del ADN entre los genes. Tales enfermedades, ya sean del todo recesivas o principalmente recesivas en el control genético, incluyen la degeneración macular, la enfermedad inflamatoria intestinal, el cáncer de próstata, la obesidad, la diabetes de tipo 2 y la enfermedad cardíaca congénita.

La consecuencia destructiva del incesto es un fenómeno general no solo en los humanos sino también en plantas y animales. Casi todas las especies vulnerables a la depresión endogámica moderada o severa utilizan algún método programado biológicamente para evitar el incesto. En los simios, monos y otros primates no humanos, el método tiene dos niveles. En primer lugar, en las diecinueve especies sociales cuyos patrones reproductivos se han estudiado, los individuos jóvenes tienden a practicar el equivalente de la exogamia humana. Antes de llegar al tamaño adulto completo, abandonan el grupo en el que han nacido y se incorporan a otro. En los lémures de Madagascar y en la mayoría de las especies de monos, tanto los del Viejo como los del Nuevo Mundo, son los machos los que emigran. En los colobos rojos, los papiones sagrados, los gorilas y los chimpancés de África, son las hembras las que se van. En los monos aulladores de América Central y del Sur, se van los dos sexos. Los jóvenes inquietos de estas diversas especies de primates no son expulsados del grupo por adultos agresivos. Por el contrario, su marcha parece ser enteramente voluntaria.

En los humanos, exactamente el mismo fenómeno se produce en la forma de exogamia, en la que jóvenes adultos, en general mujeres, se intercambian entre tribus. Las consecuencias de los intercambios exogámicos en la cultura son muchos, y han sido analizados en detalle por los antropólogos. Sin embargo, para la explicación del origen de la exogamia como instinto de profundo valor genético no hemos de ir más allá que el patrón universal que siguen todas las demás especies de primates.

Sea cual sea su origen evolutivo último, y con independencia de cómo afecte al éxito reproductor, la emigración de los jóvenes primates antes de alcanzar la madurez sexual completa reduce mucho el potencial para la endogamia. Pero la barrera contra la endogamia es reforzada por una segunda línea de resistencia. Esta es la evitación de la actividad sexual entre los individuos estrechamente emparentados que permanecen con su grupo natal. En todas las especies de primates no humanos sociales cuyo desarrollo se ha estudiado con detalle, entre ellos los titíes y tamarinos de Sudamérica, los macacos asiáticos y los papiones y chimpancés, los adultos, tanto los machos como las hembras, presentan el «efecto Westermarck»: en la actividad sexual rechazan a los individuos con los que estuvieron estrechamente asociados en su vida temprana. Madres e hijos casi nunca copulan, y los hermanos y hermanas mantenidos juntos se aparean con mucha menor frecuencia que los individuos más lejanamente emparentados.

Esta respuesta elemental la descubrió, no en monos y simios, sino en seres humanos, el antropólogo finlandés Edward A. Westermarck, e informó por primera vez de ella en su obra maestra de 1891, *Historia del matrimonio*. Desde aquella fecha, la existencia del fenómeno ha tenido un respaldo creciente por parte de muchas fuentes. Ninguna de ellas es más persuasiva que el estudio de los «matrimonios menores» en Taiwan por parte de Arthur P. Wolf, de la Universidad de Stanford, y sus colaboradores. Los matrimonios menores, antaño muy extendidos en la China meridional, son aquellos en los que niñas no emparentadas son adoptadas por familias, criadas con los hijos biológicos en una relación ordinaria de hermano-hermana, y después se casan con los hijos. La motivación de la práctica parece ser la de asegurar pareja para los hijos cuando se combinan una proporción sexual desequilibrada y la prosperidad económica para crear un mercado de matrimonio muy competitivo entre los machos para conseguir hembras núbiles.

A lo largo de cuatro décadas, de 1957 a 1995, Wolf estudió las historias de 14.200 mujeres taiwanesas contratadas para matrimonios menores durante la parte final del siglo XIX y la inicial del XX. Las estadísticas se complementaron con entrevistas personales con muchas de estas «pequeñas nueras», o *sim-pua*, tal como se las conoce en el lenguaje hokkien, así como con sus amigos y parientes.

Lo que Wolf encontró fue un experimento controlado (aunque originalmente no intencionado) sobre los orígenes psicológicos de una porción importante del comportamiento social humano. Las *sim-pua* y sus maridos no estaban emparentados biológicamente, de manera que se eliminaban todos los factores concebibles debidos a semejanza genética elevada. Pero fueron criados en una proximidad tan íntima como la que experimentan los hermanos y hermanas en los hogares taiwaneses.

Los resultados respaldan de manera inequívoca la hipótesis de Westermarck. Cuando la futura esposa era adoptada antes de los treinta meses de edad, por lo general después se resistía al matrimonio posterior con su hermano *de facto*. A menudo los padres tenían que obligar a la pareja a consumar el matrimonio, en algunos casos mediante amenazas de castigo físico. Los matrimonios terminaban en divorcio con una frecuencia tres veces mayor que los «matrimonios mayores» en las mismas comunidades. Producían casi un 40 por ciento menos de hijos, y se informaba de que un tercio de las mujeres habían cometido adulterio, frente a un 10 por ciento aproximadamente de las esposas de los matrimonios mayores.

En una meticulosa serie de análisis cruzados, Wolf y sus colaboradores identificaron el factor inhibidor clave como la coexistencia cercana durante los primeros treinta meses de vida de cada una de las parejas o de ambas. Cuanto más prolongada e íntima fue la asociación durante este período crítico, más fuerte era el efecto posterior. Los datos permiten la reducción o eliminación de otros factores imaginables que pudieran haber tenido un papel, entre ellos la experiencia de la adopción, el nivel económico de la familia de acogida, la salud, la edad del matrimonio, la rivalidad entre hermanos y la aversión natural al incesto que pudiera haber surgido de confundir a la pareja con hermanos genéticos verdaderos.

Un experimento no intencionado paralelo se ha realizado en los kibbutzim israelíes, en los que los niños son criados juntos en jardines de infancia tan estrechamente como los hermanos y hermanas en las familias convencionales. El antropólogo Joseph Shepher y sus colaboradores informaron en 1971 que de 2.769 matrimonios de jóvenes adultos criados en este ambiente, ninguno fue entre miembros del mismo grupo de edad del kibutz que habían vivido juntos desde el nacimiento. No hubo siquiera ni un solo caso de actividad heterosexual, a pesar del hecho de que los adultos del kibutz no se oponían especialmente a ella.

A partir de estos ejemplos, y de una gran cantidad de pruebas anecdóticas adicionales obtenidas de otras sociedades, es evidente que el cerebro humano está programado para seguir una regla empírica sencilla: *No tengas interés sexual por los que conociste íntimamente durante los primeros años de tu vida.*

¿Es posible que los humanos no sean regidos por el efecto Westermarck pero que en cambio usen simplemente su inteligencia y su memoria para reconocer que el incesto entre hermanos y entre padres e hijos crea hijos deficientes? La respuesta es no. Cuando el antropólogo William H. Durham examinó las creencias de sesenta sociedades de todo el mundo en busca de referencias a cualquier forma de comprensión racional de las consecuencias, observó que solo veinte tenían un cierto grado de conocimiento. Los amerindios tlingit del noroeste del Pacífico, por ejemplo, comprendían de una manera directa que los niños con defectos suelen producirse a veces por matrimonios de parientes muy próximos. Otras sociedades no solo conocían esto, sino que también desarrollaron teorías populares para explicarlo. Los lapones de Escandinavia hablaban del *mara*, la fatalidad generada por las parejas incestuosas, que se transmitía a sus hijos. Los kapauku de Nueva Guinea, con una percepción similar, creían que el acto incestuoso provocaba un deterioro de las sustancias vitales. Los habitantes de Sulawesi, Indonesia, eran más cósmicos en su interpretación. Decían que siempre que las personas que se casan tienen determinadas relaciones conflictivas, como ocurre con los parientes cercanos, la naturaleza es arrojada a la confusión.

Curiosamente, mientras que cincuenta y seis de las sesenta sociedades de Durham tenían motivos de incesto en uno o más de sus mitos, solo cinco contenían relatos de efectos nocivos. Un número algo mayor adscribía resultados beneficiosos a las transgresiones, en particular la creación de gigantes y héroes. Pero incluso en este caso el incesto se consideraba algo especial, si no anormal.

El efecto Westermarck es una regla epigenética de coevolución gen-cultura, en el sentido de que es la predisposición heredada de los individuos a seleccionar y transmitir a través de la cultura una de varias (en este caso, dos) opciones posibles. Su paralelismo en la ge-

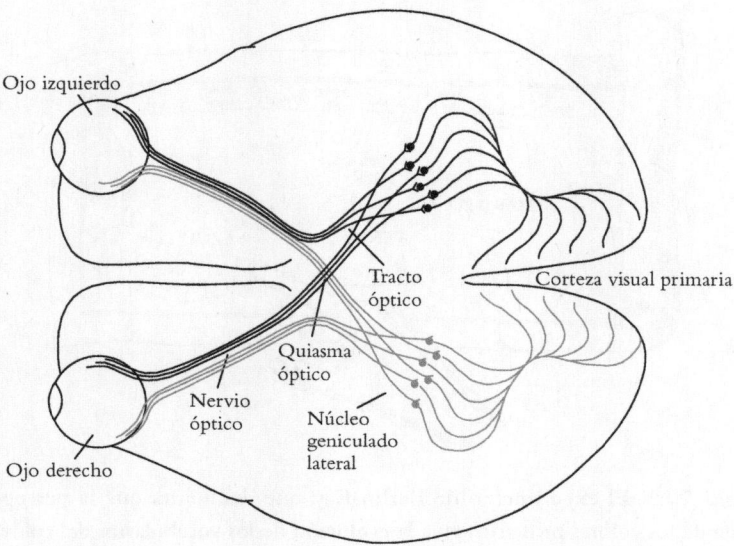

FIGURA 20.2. Creación del color por el cerebro. Las frecuencias de la luz son seleccionadas en la retina en categorías amplias destinadas a que el cerebro las clasifique como colores. Los impulsos neurales generados por la retina viajan a través del nervio óptico hasta los núcleos geniculados laterales en el tálamo, un importante centro de tránsito y organizador. Desde el tálamo, la información visual viaja a centros de procesamiento en la corteza visual primaria y otras regiones cerebrales. (Basado en David H. Hubel y Torsten N. Wiesel, «Brain mechanisms of vision», *Scientific American*, septiembre de 1979, p. 154; hay trad. cast.: «Mecanismos cerebrales de la visión», *Investigación y ciencia*, noviembre de 1979, p. 104.)

nética médica son los genes de «susceptibilidad» al cáncer, el alcoholismo, la depresión crónica y otras muchas de las más de mil enfermedades hereditarias. Los que poseen los genes no están absolutamente condenados a adquirir el rasgo, pero en determinados ambientes tienen más probabilidades de hacerlo que la persona promedio. Si uno es genéticamente propenso al mesotelioma y trabaja en un edificio que desprende polvo de asbesto, tiene más probabilidades de desarrollar la enfermedad que sus compañeros de trabajo. Si genéticamente uno es propenso al alcoholismo y socializa con bebedores empedernidos, tiene más probabilidades a convertirse en adicto que

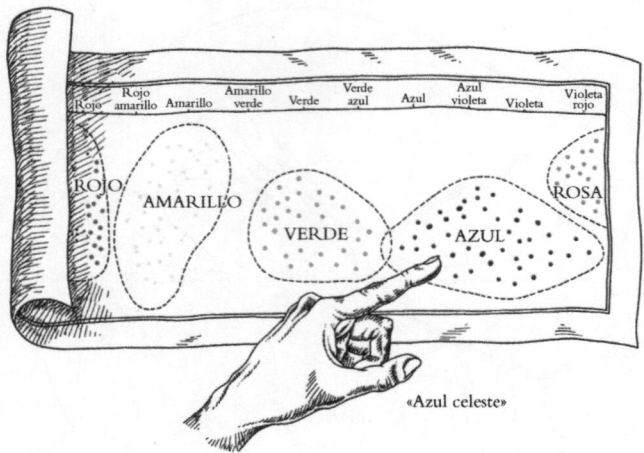

FIGURA 20.3. El experimento de Berlin-Kay, que demuestra que la percepción innata de los colores primarios guía la evolución de los vocabularios del color. Los hablantes de lenguajes nativos concentran sus términos allí donde la percepción del color es más estable cuando cambia la frecuencia de la onda luminosa. (De Charles Lumsden y Edward O. Wilson, *Promethean Fire: Reflections on the Origin of Mind*, Harvard University Press, Cambridge, MA, 1983.)

sus amigos menos inclinados genéticamente. Las reglas epigenéticas del comportamiento que afectan a la cultura, y que han surgido por selección natural, actúan de la misma manera pero tienen el efecto opuesto. Son la norma, y las desviaciones fuertes de las mismas tienen grandes probabilidades de ser canceladas por la evolución cultural, por la evolución genética, o por ambas. Consideradas de esta manera, tanto las reglas genéticas de la coevolución gen-cultura como de la susceptibilidad a la enfermedad son consistentes con la definición amplia de «epigenética» que utilizan los Institutos Nacionales de la Salud de Estados Unidos: «cambios en la regulación de la actividad y la expresión génicas que no dependen de la secuencia de genes», lo que incluye «tanto los cambios heredables en actividad y expresión génica (en la progenie de células o individuos) como también las alteraciones estables y a largo plazo del potencial transcripcional de una célula que no son necesariamente heredables».

En una categoría radicalmente diferente, un segundo caso de coevolución gen-cultura que ha sido asimismo bien investigado es el vocabulario del color. En esta cuestión, los científicos le han seguido la pista directamente desde los genes que prescriben la percepción del color hasta la expresión final de la percepción del color en el lenguaje.

El color no existe en la naturaleza. Al menos, no existe en la naturaleza de la forma que el cerebro ingenuo piensa. La luz visible está compuesta por diversas longitudes de onda, sin un color intrínseco en ella. La visión del color se impone sobre esta variación por unas células fotosensibles de la retina, los conos, y las neuronas cerebrales en conexión. Empieza cuando la energía luminosa es absorbida por tres pigmentos diferentes en los conos, que los biólogos han denominado células azules, verdes o rojas según los pigmentos fotosensibles que contienen. La reacción molecular desencadenada por la energía luminosa se transduce en señales eléctricas que son enviadas a las células ganglionares retinales que forman el nervio óptico. Allí la información de las longitudes de onda se recombina para producir señales distribuidas a lo largo de dos ejes. Posteriormente, el cerebro interpreta un eje como verde a rojo y el otro como azul a amarillo, definiendo el amarillo como una mezcla de verde y rojo. Una célula ganglionar concreta, por ejemplo, puede ser excitada por la entrada procedente de conos rojos e inhibida por la entrada procedente de conos verdes. En función de lo intensa que sea la señal que entonces se transmita, el cerebro es informado de cuánto rojo o verde está recibiendo la retina. La información colectiva de este tipo procedente de un enorme número de conos y células ganglionares mediadoras es transmitida al cerebro, a través del quiasma óptico hasta los núcleos geniculados laterales del tálamo, que son masas de neuronas que componen una estación reguladora cerca del centro del cerebro, y finalmente hasta conjuntos de células de la corteza visual primaria, en la parte posterior extrema del cerebro.

En cuestión de milisegundos, la información visual, ahora codificada para el color, se extiende a diferentes partes del cerebro. La manera en que este responda depende de la entrada de otros tipos

FIGURA 20.4. En *Nueva armonía* (1936), de Paul Klee, el ojo se ve atraído primero a los cuadrados rojos, y después tiende a pasar a los demás colores en una secuencia que aproximadamente es el orden que sigue la evolución de los vocabularios del color. Sin embargo, la posible relación entre los procesos fisiológicos y culturales no ha sido estudiada todavía. (Paul Klee, *Nueva armonía [Neue Harmonie]*, 1936, óleo sobre tela [93,6 × 66,3 cm], Museo Solomon R. Guggenheim, Nueva York, 71.1960.)

de información y de los recuerdos que evocan. Los patrones invocados por muchas de dichas combinaciones, por ejemplo, pueden hacer que la persona piense en palabras que denotan los patrones, como «Esta es la bandera estadounidense; sus colores son rojo, blanco y azul». Téngase presente la siguiente comparación cuando se reflexione sobre la aparente obviedad de la naturaleza humana: un insecto que pasara volando percibiría diferentes longitudes de onda y las descompondría en colores diferentes, o ninguno en absoluto, dependiendo de su especie, y si de alguna manera pudiera hablar, sus palabras serían difícilmente traducibles a las nuestras. Su bandera sería muy distinta de la nuestra, gracias a su naturaleza insectil, opuesta a la nuestra. «Esta es la bandera de las hormigas; sus colores son ultravioleta y verde» (las hormigas pueden ver el ultravioleta, que nosotros no podemos ver, pero no el rojo, que nosotros sí podemos).

La química de los pigmentos de los tres conos (los aminoácidos de que están compuestos y las formas en las que se pliegan sus cadenas) es conocida. También lo es la estructura del ADN en los genes del cromosoma X que los prescribe, así como la de las mutaciones de los genes que causan ceguera del color.

Así, mediante procesos moleculares heredados y razonablemente bien comprendidos, el sistema sensorial y el cerebro humanos rompen las longitudes de onda de la luz visible, que varían de manera continua, en la serie de unidades más o menos discretas que denominamos espectro del color. La serie es arbitraria en un sentido en último término biológico. Es solo una de muchas series que podrían haber evolucionado a lo largo de miles de milenios. Pero no es arbitraria en un sentido cultural. Al haber evolucionado genéticamente, no puede ser alterada ni por aprendizaje ni por decreto. Todos los rasgos humanos culturales que implican color derivan de este proceso unitario. Como fenómeno biológico, la percepción del color existe en contraste con la percepción de la intensidad de la luz, la cualidad primaria de la luz visible diferente de la frecuencia. Cuando variamos gradualmente la intensidad de la luz, por ejemplo moviendo despacio arriba o abajo un interruptor reductor de la luz, percibimos el cambio como el proceso continuo que realmente es. Pero si utilizamos una luz monocromática (que proyecta solo una longitud de onda en cada momento) y cambiamos de una longitud de onda a la siguiente en sucesión, no percibimos dicha continuidad. Lo que vemos al pasar del extremo de la longitud de onda corta al extremo de la longitud de onda larga es primero una amplia banda de azul (al menos una banda de longitud de onda que se percibe más o menos como dicho color), después verde, después amarillo y finalmente rojo. Añádase a los colores blanco, producido por los colores combinados, y negro, la ausencia de luz.

La creación de los vocabularios del color en todo el mundo está sesgada por esta misma limitación biológica. En un famoso experimento realizado en la década de 1960, Brent Berlin y Paul Kay comprobaron los conceptos del color en hablantes nativos de veinte idiomas, entre ellos árabe, búlgaro, cantonés, catalán, hebreo, ibibio, tai, tseltal y urdu. A los voluntarios se les pidió que describieran su vocabulario del color de una manera directa y precisa. Se les mostraba una serie de Munsell, un despliegue de fichas que varían a lo largo del espectro del color de izquierda a derecha y que aumentan en luminosidad de abajo arriba, y se les pedía que situaran cada uno de los principales términos de color de su idioma sobre las fichas más parecidas al significado de las palabras. Aunque los términos varían de manera asombrosa de un lenguaje a otro en origen y sonido, los hablantes los colocaron en grupos sobre la serie que correspondía, al menos aproximadamente, a los colores principales: azul, verde, amarillo y rojo.

La intensidad del sesgo de aprendizaje quedó de manifiesto de manera asombrosa en un experimento realizado sobre la percepción del color durante los últimos años de la década de 1960 por Eleanor Rosch. Al buscar «categorías naturales» de cognición, Rosch explotó el hecho de que el pueblo dani de Nueva Guinea no tiene palabras para denotar el color; hablan solo de *mili* (aproximadamente, «oscuro») y *mola* («claro»). Rosch consideró la siguiente cuestión: si adultos dani se dispusieran a aprender un vocabulario del color, ¿lo harían más fácilmente si los términos de los colores correspondieran a los principales tonos innatos? En otras palabras, ¿estaría la innovación cultural encauzada en alguna medida por las limitaciones genéticas? Rosch dividió a sesenta y ocho hombres dani voluntarios en dos grupos. Enseñó a los de uno una serie de términos de color recién inventados situados en las principales categorías de matices de la serie (azul, verde, amarillo, rojo), donde se sitúan la mayor parte de vocabularios de otras culturas. Enseñó a un segundo grupo de hombres dani una serie de nuevos términos situados descentrados, lejos de los principales grupos formados por otros idiomas. El primer grupo de voluntarios, siguiendo las propensiones «naturales» de la percepción del color, aprendió casi el doble de rápido que aquellos a los que se había dado los términos de color en competencia, menos naturales. También seleccionaron dichos términos más fácilmente cuando se les dio la posibilidad.

Ahora viene la pregunta que hay que contestar para completar el tránsito de los genes a la cultura. Dada la base genética de la visión del color y su efecto general sobre el vocabulario del color, ¿cuán grande ha sido la dispersión de rasgos entre las diferentes culturas? Tenemos al menos una respuesta parcial. En el caso del efecto Westermarck y la evitación del incesto que crea, todas las sociedades son casi completamente consistentes. Sin embargo, los vocabularios del color son muy diferentes al respecto. A unas pocas sociedades les preocupa relativamente poco el color, y se las arreglan con una clasificación rudimentaria. Otras efectúan muchas distinciones finas de matiz e intensidad dentro de cada uno de los colores básicos. Han ampliado sus vocabularios.

¿Ha sido aleatoria esta ampliación de los términos del color? Evidentemente no. En investigaciones posteriores, Berlin y Kay observaron que cada sociedad usa de dos a once términos para los colores básicos, que son puntos focales que se extienden por los cuatro bloques elementales de color que se perciben en la serie de Munsell. El complemento completo, utilizando la terminología del idioma español, es negro, blanco, rojo, amarillo, verde, azul, pardo o marrón, morado o púrpura, rosa, anaranjado y gris. Cada uno de ellos puede hacerse coincidir en todas las culturas con un término para el color de entre los once, o con alguna combinación de términos. Por ejemplo, cuando decimos «rosa», puede haber en otro lenguaje dado un término equivalente o, pongamos por caso, un término que para nosotros significa «rosa» y/o «anaranjado». El idioma dani, por ejemplo, utiliza solo dos de dichos términos, el idioma inglés los once. Al pasar de sociedades con clasificaciones simples a las que tienen clasificaciones complejas, las combinaciones de términos de colores básicos aumentan como norma de la siguiente manera jerárquica:

> Los idiomas con solo dos términos básicos para el color los usan para distinguir el negro y el blanco.

Los idiomas con solo tres términos tienen palabras para el negro, el blanco y el rojo.

Los idiomas con solo cuatro términos tienen palabras para el negro, el blanco, el rojo y el verde o bien el amarillo.

Los idiomas con solo cinco términos tienen palabras para el negro, el blanco, el rojo, el verde y el amarillo.

Los idiomas con solo seis términos tienen palabras para el negro, el blanco, el rojo, el verde, el amarillo y el azul.

Los idiomas con solo siete términos tienen palabras para el negro, el blanco, el rojo, el verde, el amarillo, el azul y el pardo.

No existe tal precedencia en los cuatro colores básicos restantes, púrpura, rosa, anaranjado y gris, cuando estos se añaden a los primeros siete.

Si los términos para los colores básicos se combinaran aleatoriamente, lo que claramente no es el caso, los vocabularios humanos para el color se extraerían sin orden ni concierto de un total de 2.036 secuencias matemáticamente posibles. La progresión Berlin-Kay sugiere que en su mayor parte se extraen de solo veintidós.

Otras investigaciones posteriores han confirmado la realidad de las once palabras básicas para el color, de modo que las de un idioma pueden hacerse coincidir con las de otros idiomas, ya sea una a una o bien muchas a una, o una a muchas. Sin embargo, la manera precisa en la que los términos se sitúan en cada uno de los colores focales difiere entre los idiomas. Su posición parece depender de la importancia del color en el punto del área focal básica en la que se coloca. También depende de lo bien que la posición distingue el color básico del que tiene al lado.

Una cuestión fundamental relacionada con la coevolución gen-cultura evolucionada por la relación entre categoría de color y lenguaje es la medida en que una afecta al otro. Una hipótesis influyente que expresó de manera efectiva Benjamin Lee Whorf a finales de la década de 1930 y principios de la de 1940 sugiere que el lenguaje no solo sirve para comunicar lo que percibimos en el resto del mundo, sino que también influye sobre lo que percibimos literalmente. En el caso de los vocabularios del color, hasta la actualidad el grueso de las investigaciones ha favorecido la visión intermedia, que el cerebro filtra realmente y distorsiona el verdadero color de determinadas maneras, pero que no determina de forma exclusiva sus categorías.

Pruebas directas referidas a la relación del color con el lenguaje se han obtenido recientemente a partir de estudios de IRM* de la actividad cerebral. La percepción de categorías de color está más fuertemente correlacionada con el campo visual derecho del cerebro. Cuando a los sujetos se les mostraron varias secuencias de categorías de color, el patrón de la actividad cerebral fue más intenso en el campo visual derecho para los colores de las diferentes categorías de colores que para la misma categoría de color, como cabía esperar. Pero las diferentes categorías de colores también provocaron una mayor activación en la región del lenguaje del hemisferio izquierdo. Este resultado sugiere que las regiones del lenguaje proporcionan una cierta cantidad de control desde arriba de la actividad en la corteza visual.

Los biólogos evolutivos, por su parte, han empezado a sondear la cuestión de por qué las culturas humanas en general seleccionan una secuencia determinada de categorías de color cuando añaden términos a su repertorio. Una conjetura prometedora es la dominancia del color rojo, que hace su aparición muy pronto en la secuencia evolutiva. Una explicación probable, según André A. Fernández y Molly R. Morris, es que el rojo y el anaranjado son colores que se encuentran característicamente en los frutos. Los primeros primates arborícolas encontrarían ventaja al moverse hacia este color en medio de un ambiente casi totalmente pardo y verde. Cuando algunas especies se hicieron sociales, continúa la hipótesis, eligieron estos colores para hacer notar su disponibilidad sexual. En la teoría general de la evolución de los instintos, los tonos rojos y rojizos fueron «ritualizados» en los primates ancestrales del Viejo Mundo para que sirvieran en la comunicación visual.

---

* Imagen por resonancia magnética. *(N. del T.)*

21

Cómo evolucionó la cultura

En el bosque del Triángulo de Goualougo, en el Congo, un chimpancé rompe una delgada ramita de un pimpollo del sotobosque, arranca sus hojas y la inserta en un termitero cercano. Dentro del termitero, las blandas y blancas obreras huyen de la ramita, mientras que los termes soldado se abalanzan sobre ella y la agarran con sus mandíbulas puntiagudas como agujas. Se agarran al palo en un abrazo de muerte. El chimpancé lo sabe. Espera un poco hasta que se ha acumulado una masa de defensores, después extrae el palo, saca los soldados con los dedos y se los come. Esta práctica no tiene lugar en todas partes. Forma parte de la cultura local de los chimpancés en algunas poblaciones, pero no en otras, aprendidas cuando un individuo observa a otro.

En el país de los yanomamo, entre el río Negro y el río Blanco, en una región que se halla a caballo de Brasil y Venezuela, un pequeño grupo de aldeanos sale de una casa colectiva y se dirige a pie a un arroyo situado a tres kilómetros de distancia. Allí vierten veneno timbó en el agua, esperan y recolectan los peces que flotan en la superficie. Las capturas se transportan a casa para compartirlas con los demás habitantes de la aldea. Esta práctica se lleva a cabo en la estación veraniega. En otras épocas son las mujeres las que van solas hasta el arroyo. Allí cogen peces con las manos y les muerden en el cuello para matarlos. Frente a las costas de Alaska, a un nivel muy diferente, los pescadores profesionales de aguas profundas dejan caer palangres que llevan hileras de anzuelos sobre el fondo del océano Pacífico, a profundidades de 1.100 metros o más. Pescan pez sable, también llamado bacalao negro* (o gindara cuando se transforma en sushi). Los peces son limpiados y refrigerados, transportados a los mercados de la costa y distribuidos por todo el mundo a restaurantes de primera categoría y a mesas privadas.

En realidad, la práctica de la pesca es una cultura particular que ha evolucionado a lo largo de lo que tal vez han sido millones de años, de manera extremadamente lenta al principio y después cada vez más deprisa, y al final con una rapidez explosiva. La ruta que lleva a una cena de gindara es solo una de una miríada de categorías culturales que han surgido de la mente del hombre, se han ramificado y anastomosado desde el alba del Neolítico, y que finalmente se han unido para crear la sustancia de la moderna civilización global. Nosotros no hemos inventado la cultura. La inventaron los antepasados comunes de los chimpancés y los prehumanos. Nosotros desarrollamos y complicamos lo que nuestros antepasados produjeron mediante evolución hasta convertirnos en lo que somos hoy en día.

Tal como la definen de manera amplia antropólogos y biólogos, la cultura es la combinación de rasgos que distinguen a un grupo de otro. Un rasgo cultural es un comportamiento que o bien fue inventado por primera vez en un grupo, o bien fue aprendido de otro grupo, y después se transmitió entre los miembros del grupo. La mayoría de los investigadores están asimismo de acuerdo en que el concepto de cultura debe aplicarse por igual a animales y humanos, con el fin de destacar su continuidad de unos a otros a pesar de la complejidad inmensamente mayor del comportamiento humano.

Las culturas más avanzadas que se sabe que tienen lugar en los animales son las de los chimpancés y sus parientes cercanos, los bonobos. Estudios comparados de poblaciones de chimpancés dispersas por África han revelado un número sorprendente de rasgos culturales, y que se encuentran diferencias en las combinaciones de dichos rasgos de una población a otra.

---

* *Anoplopoma fimbria. (N. del T.)*

El papel de la imitación de un miembro del grupo por otro en la extensión de los rasgos culturales se ha comprobado en experimentos en dos colonias de chimpancés. En el procedimiento, los investigadores seleccionaron a una hembra de nivel jerárquico elevado en cada uno de los dos grupos y le hicieron una demostración privada de cómo obtener comida de un contenedor especialmente diseñado. Al ser la recompensa comida, las chimpancés demostraron ser estudiantes que aprendían rápido. Una aprendió una técnica de «golpe», la otra una técnica de «levantar». Cuando volvieron a sus propios grupos, ambas continuaron practicando el método que se les había mostrado. Una gran mayoría de sus compañeros empezaron pronto a utilizar el mismo método de abrir el contenedor. La difusión pudo haber sido una imitación directa de la chimpancé maestra, pero es igualmente posible que los estudiantes aprendieran en cambio al observar los movimientos mecánicos del dispensador de comida. Si esto último resulta ser lo cierto, estudios posteriores pueden revelar que el aprendizaje social es muy diferente en los chimpancés que en los humanos.

La existencia de una cultura auténtica se ha documentado asimismo de manera convincente en orangutanes y delfines. Un ejemplo sorprendente de innovación y transmisión cultural en estos últimos animales es la pesca de esponjas por parte de los delfines mulares de Shark Bay, Australia. Una pequeña minoría de hembras fijan a su hocico un fragmento de esponja, y después lo empujan para hacer salir a los peces de sus estrechos escondrijos del fondo de los canales de la bahía. La cultura en los delfines no debería constituir una gran sorpresa. Figuran entre los animales más inteligentes, y al respecto se sitúan justo por detrás de monos y simios. Puesto que los delfines son asimismo profundamente imitadores durante sus interacciones sociales, parece muy probable que los innovadores de Shark Bay se dediquen a la transmisión cultural verdadera. Entonces, ¿por qué los delfines y otros cetáceos de cerebro grande, cuya evolución se remonta a millones de años, no han avanzado más en evolución social? Destacan tres razones. A diferencia de los primates, carecen de nidos o de lugares de acampada. Sus extremidades anteriores son aletas.

Y en su reino acuático, el fuego controlado les ha sido negado para siempre.

La elaboración de la cultura depende de la memoria a largo plazo, y en esta capacidad los humanos se sitúan muy por encima de todos los animales. La vasta cantidad almacenada en nuestro cerebro anterior, inmensamente agrandado, nos hace narradores consumados. Evocamos sueños y recuerdos de experiencias de toda una vida, y los usamos para crear situaciones hipotéticas, pasadas y futuras. Vivimos en nuestra mente consciente con las consecuencias de nuestras acciones, ya sean reales o imaginadas. Situados en versiones alternativas, nuestros relatos internos nos permiten superar deseos inmediatos en favor del placer demorado. Mediante la planificación a largo plazo vencemos, al menos durante un tiempo, la urgencia de nuestras emociones. Esta vida interior es la razón por la que cada persona es única y preciosa. Cuando una muere, se extingue toda una biblioteca de experiencia y de imaginaciones.

¿Cuánto extingue la muerte? Creo que soy prototípico en concebir cuánto. A veces cierro los ojos y rememoro cómo eran Mobile y la cercana costa del Golfo en Alabama en la década de 1940. Al llegar allí, de nuevo un muchacho, viajo desde un extremo del condado que me rodea hasta el otro, en mi bicicleta Schwinn de una sola marcha y de neumáticos hinchables. Siguen más detalles vívidos. Recuerdo mi extensa familia, cada miembro de ella en una red propia de personas, cada una de ellas con recuerdos compartidos en parte con las demás. Existían en lo que debía de parecerles que era el centro del mundo en el centro del tiempo. Vivían como si Mobile, tal como era entonces, nunca fuera a cambiar mucho. Todo era importante, todos los detalles, al menos por un tiempo. De alguna manera, en una u otra forma, todo lo que recuerdo colectivamente era importante para alguien. Ahora toda esa gente ha desaparecido. Casi todo lo que había en su extensa memoria colectiva se ha olvidado. Sé que cuando muera mis recuerdos, y con ellos este mundo antiguo, y la inmensidad de conocimientos que contenía, desaparecerá también. Pero sé además que todas esas redes, y toda aquella biblioteca de remembranzas, aunque desaparecidas, eran vitales para una parte de la humanidad. Son la razón por la que sobreviví, y seguí adelante.

Los animales poseen asimismo memorias a largo plazo que les sirven para la supervivencia. Las palomas pueden lograr la memorización de hasta 1.200 imágenes. El cascanueces americano,* una especie de ave que en la naturaleza almacena bellotas a la manera de las ardillas, recordó cuando se le puso a prueba en cautividad hasta 25 escondrijos en una habitación que contenía 69 escondrijos, y conservó su recuerdo durante 285 días. Estas dos especies de aves, de forma nada sorprendente, son superadas por los papiones. Las pruebas han demostrado que estos primates evidentemente inteligentes pueden memorizar hasta 5.000 ítems y recordarlos durante al menos tres años. La memoria humana a largo plazo es, a su vez, mucho mayor que la de cualquier animal conocido. Hasta donde yo sé, no se ha diseñado ningún método para medir la capacidad de un ser humano individual, ni siquiera hasta el orden de magnitud más cercano.

El gran don del cerebro humano consciente es la capacidad (y con ella el impulso innato irresistible) de construir situaciones hipotéticas. Para cada relato a su vez, la mente consciente evoca solo una minúscula fracción de la memoria a largo plazo acumulada en el cerebro. La manera en que esto se hace sigue siendo controvertida. Un grupo de neurocientíficos aduce que los fragmentos de la memoria a largo plazo son transformados desde el almacenamiento a largo plazo y petrificados en la memoria funcional para construir situaciones hipotéticas. Una segunda escuela cree, a partir de los mismos datos, que el proceso se consigue simplemente por la excitación de la memoria a largo plazo, sin que sea necesaria la transferencia desde un sector del cerebro a otro.

Sea como sea, es evidente que durante un período relativamente célere de tres millones de años de evolución, el género *Homo* generó algo a lo que nunca antes se había aproximado ninguna otra especie

* *Nucifraga columbiana. (N. del T.)*

de animal: un banco de memoria contenido en una enorme corteza cerebral de alrededor de 10.000 millones de neuronas, cada una de las cuales extiende por término medio 10.000 ramificaciones que se conectan con otras células similares. Estas conexiones, las unidades básicas del tejido cerebral, forman rutas intrincadas de circuitos y estaciones repetidoras integradoras. Redes de rutas y estaciones repetidoras, a las que a veces se denomina módulos, organizan de algún modo todos los instintos y la memoria de un cerebro humano.

Al principio, la inmensa complejidad de la arquitectura cerebral creó un difícil problema para aplicar los modelos teóricos de la genética a la teoría evolutiva. El genoma humano contiene pocos genes que codifiquen proteínas, solo 20.000. De estos, solo una fracción prescribe nuestros sistemas sensorial y nervioso. El problema que se plantea es este: ¿cómo puede una arquitectura celular tan complicada ser programada con tan pocos genes?

El dilema de la escasez de genes se ha resuelto mediante un concepto que se ha originado en la genética del desarrollo. Los investigadores han descubierto que pueden construirse módulos múltiples mediante instrucciones que primero los replican a partir de un único programa, seguido por programas distintos (y genes distintos) que ordenan que cada módulo de tejido se especialice según su localización en el cerebro. Puede conseguirse una especialización adicional por la entrada recibida desde el ambiente exterior al cerebro. En un paralelismo sencillo, un ciempiés no necesita un conjunto de cientos de genes para programar el desarrollo de su centenar de pares de patas. Solo algunos le bastan. Queda todavía mucho por descubrir acerca del control genético del desarrollo del cerebro, pero al menos se ha demostrado la capacidad teórica de los genes humanos para conseguirlo.

No siendo ya la codificación genética para el desarrollo del cerebro humano un dilema abrumador, ahora podemos dirigirnos al origen de la mente y el lenguaje. Hace tiempo que los científicos abandonaron la idea de que el cerebro es una página en blanco sobre la cual toda la cultura se inscribe por aprendizaje. Según esta concepción arcaica, todo lo que la evolución ha conseguido es una capacidad extraordinaria para aprender, basada en una capacidad extremadamente grande para la memoria a largo plazo. Ahora predomina una concepción distinta: el cerebro tiene una arquitectura compleja heredada. Como consecuencia de la manera en que se construyó, la mente consciente, uno de los productos de la arquitectura, se originó por coevolución gen-cultura, una interacción intrincada entre la evolución genética y la cultural.

Los arqueólogos han unido esfuerzos con genetistas y neurocientíficos en la empresa de comprender el origen evolutivo del lenguaje y la mente. Con el fin de seguir los pasos y la cronología de estos acontecimientos esquivos, han iniciado un nuevo campo de estudio denominado «arqueología cognitiva». De entrada, puede parecer que esta disciplina híbrida tenga pocas probabilidades de éxito. Después de todo, además de huesos exhumados, los únicos indicios que dejaron los humanos antiguos consisten en las cenizas de fuegos de campamento, fragmentos de utensilios, restos desechados de comidas y otros restos. No obstante, mediante nuevos métodos de análisis y experimentación, los investigadores han podido llegar a la siguiente conclusión: el pensamiento abstracto y el lenguaje sintáctico surgió no más tarde de hace 70.000 años. La clave para esta conclusión reside en la existencia de determinados artefactos, y en la deducción del proceso mental necesario para fabricarlos. De especial importancia en el modo de razonar es el ensamble de puntas de piedra en el extremo de lanzas. La práctica se inició hace 200.000 años por parte de los neandertales en Europa y por los *Homo sapiens* primitivos en África. En sí misma, esta fue una invención tecnológica importante, pero todavía nos dice poco acerca del razonamiento y la comunicación. Sin embargo, hace 70.000 años, *Homo sapiens* había conseguido un avance nuevo y principal que, cuando se ha analizado en fecha reciente, arrojó luz sobre la evolución cognitiva. Para construir lanzas se emplearon una serie de pasos, desde someter al fuego y modelar la piedra descantillada hasta el uso de resina de acacia, cera de abejas y otros artefactos para mantener la punta en su sitio. Lo que esto nos dice acerca de la cognición lo ha resumido muy bien Thomas Wynn:

FIGURA 21.1. El hecho de que la cultura de los neandertales no avanzara de manera significativa durante la historia de la especie se debe probablemente a la incapacidad de conectar ámbitos de la inteligencia para crear nuevos patrones abstractos y para imaginar escenarios complejos. (De Steven Mithen, «Did farming arise from a misapplication of social intelligence?», *Philosophical Transactions of the Royal Society B* 362 [2007], pp. 705-718.)

Los artesanos necesitaban comprender las propiedades de sus ingredientes (por ejemplo, el grado de pegajosidad), ser capaces de juzgar los efectos de la temperatura, ser capaces de prestar atención sucesivamente a variables que cambiaban con rapidez, y ser lo bastante flexibles para ajustarse a la variabilidad inherente a los ingredientes que se encontraban en la naturaleza.

¿Y qué decir del habla? Una mente consciente capaz de generar abstracciones y de situarlas todas juntas en un escenario complejo podría, por lo que parece, generar asimismo un lenguaje sintáctico, con secuencias de sujeto, verbo y complemento.

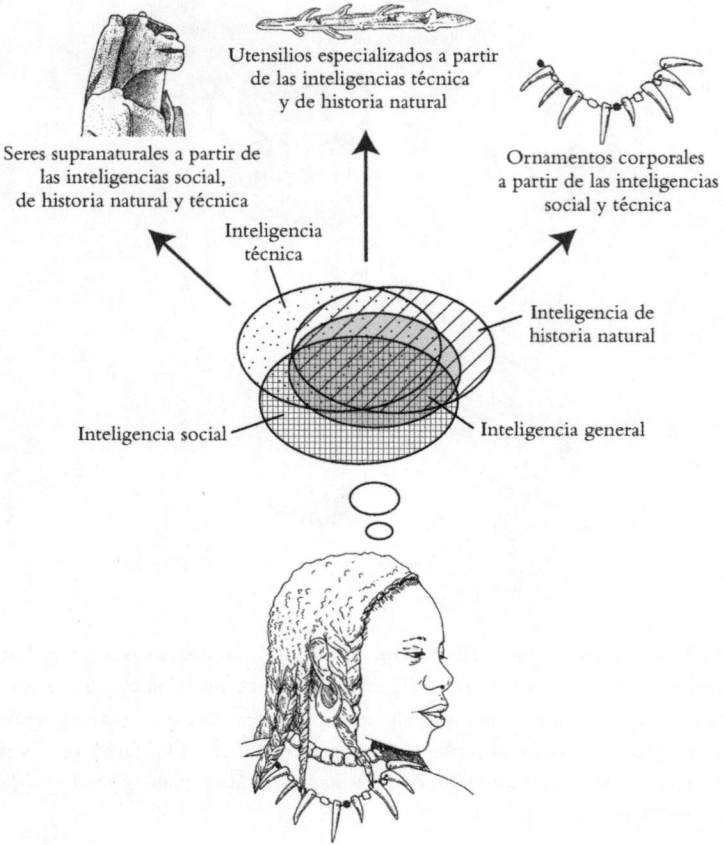

FIGURA 21.2. Se sugiere aquí el avance de la inteligencia y la cultura de *Homo sapiens* en el Paleolítico Tardío. El notable progreso de la cultura humana en el Paleolítico Tardío se debió evidentemente a la capacidad de conectar la memoria almacenada en diferentes ámbitos para crear nuevas formas de abstracción y metáfora. (De Steven Mithen, «Did farming arise from a misapplication of social intelligence?», *Philosophical Transactions of the Royal Society* B 362 [2007], pp. 705-718.)

Al buscar los orígenes antiguos de cualquier especie es habitual recurrir a la biología comparada con el fin de descubrir cómo vivían y cómo pudieron haber evolucionado otras especies estrechamente relacionadas. La búsqueda de la génesis de la mente humana ha lle-

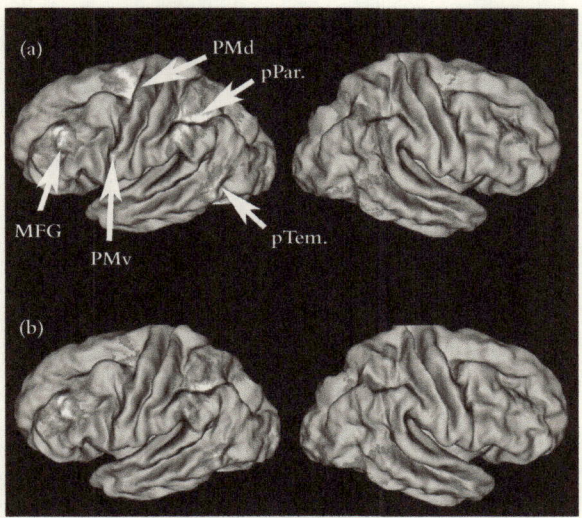

Figura 21.3. La compleja interacción de los diferentes ámbitos mentales en el cerebro del hombre moderno se ilustra por la actividad en partes distintas del cerebro mientras un adulto a) pensaba en el uso de herramientas, y b) comunicaba la misma herramienta con una pantomima. Los mapas de actividad se realizaron mediante imagen por resonancia magnética funcional (IRMf). (De Scott H. Frey, «Tool use, communicative gesture and cerebral asymmetries in the modern human brain», *Philosophical Transactions of the Royal Society* B 363 [2008], pp. 1.951-1.957.)

vado a los científicos a considerar detenidamente los neandertales (*Homo neanderthalensis*), de los que hemos llegado a saber muchas cosas. La especie hermana de los humanos modernos ocupaba Europa durante la época en la que *Homo sapiens* adquiría sus capacidades cognitivas avanzadas en África, donde perduró durante más de 200.000 años. El último neandertal del que tenemos noticias murió hace aproximadamente 30.000 años en el sur de España. Casi con toda seguridad, la especie fue empujada hacia la extinción por *Homo sapiens* cuando la especie más adaptable se extendió gradualmente por el continente europeo, hacia el norte y el oeste.

Al principio fue una lid justa. Los neandertales empezaron parejos con sus contrapartes *H. sapiens* mientras estos se encontraban todavía en África. Sus utensilios de piedra eran al principio tan ela-

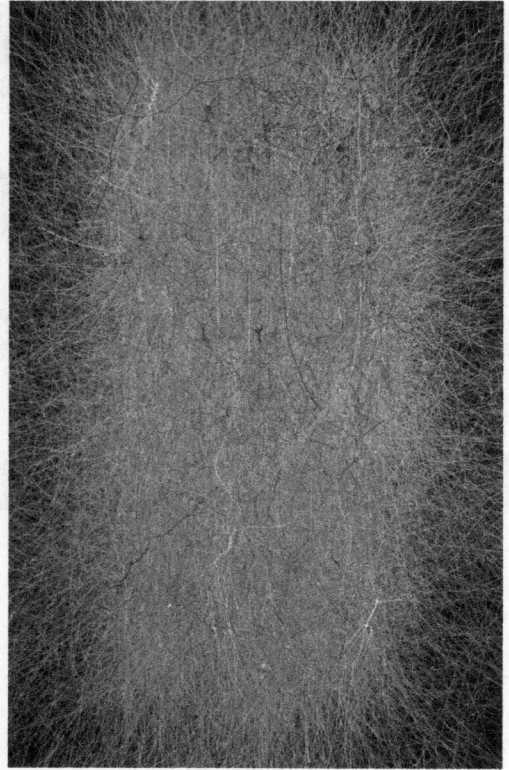

FIGURA 21.4. La inmensa complejidad del cerebro humano puede imaginarse a partir de este modelo de las 100.000 neuronas en una sección de un milímetro por dos milímetros de tamaño de un cerebro de roedor de dos semanas de edad. Unidades computacionales básicas de este tipo se repiten millones de veces en el cerebro humano. (Jonah Lehrer, «Blue brain», *Seed* 14 [2008], pp. 72-77. A partir de investigaciones realizadas por Henry Markham *et al.*, École Polytechnique Fédérale de Lausana.)

borados como los de *H. sapiens*. Sus cuchillos tenían bordes rectos y afilados, y probablemente se usaban para raspar. Otros tenían bordes aserrados, que probablemente se empleaban para serrar. Piezas de punta aguda se enmangaban de manera simple a palos para hacer lanzas. El juego de utensilios de los neandertales parece diseñado para la vida que la especie llevaba como cazadores de piezas de caza mayor. Evidentemente, los neandertales se desplazaban mucho, como cabe esperar de carnívoros especialistas. Cocinaban la carne y quizá también la ahumaban, llevaban vestidos y durante el crudo frío invernal se mantenían calientes en sus pobres campamentos con ayuda del fuego. A partir de la secuenciación reciente de su código genético, que constituye por derecho propio un logro científico extraordinario, sabemos que poseían el gen FOX2, asociado con la capacidad del lenguaje, y en una secuencia de código concreta que compartía de manera singular con *Homo sapiens*. Así, bien pudieron haber tenido lenguaje. En la edad adulta, el cerebro de los neandertales era de promedio algo mayor que el de *Homo sapiens*. El cerebro de sus bebés y niños crecía también más deprisa que el de *H. sapiens*.

Los neandertales eran fascinantes en todos los aspectos en tanto otra especie humana paralela a *Homo sapiens*: un experimento evolutivo disponible para su comparación con el nuestro. Pero quizá lo más interesante de los neandertales no es lo que fueron, sino lo que no consiguieron ser. Prácticamente no hubo progreso en su tecnología o cultura durante sus doscientos milenios de existencia. No chapucearon con la elaboración de utensilios, no tuvieron arte ni ornamentación personal (al menos, no existen en las pruebas arqueológicas de que disponemos hasta la actualidad).

Mientras tanto, *Homo sapiens* siguió avanzando, y aproximadamente hacia la época en la que los neandertales salieron de escena, los logros cognitivos de *H. sapiens* florecieron de manera espectacular. La primera población se abrió paso hacia el norte a lo largo del Danubio, hasta el centro de Europa, hace unos 40.000 años. Diez mil años después habían empezado las innovaciones que marcaron la era Paleolítica Tardía: arte rupestre de elegantes representaciones; escultura, incluida una cabeza de león en un cuerpo humano; flautas de hueso; quemas controladas con corrales para dirigir y capturar las piezas de caza, y chamanes con máscaras.

¿Qué catapultó a *Homo sapiens* hasta este nivel? Los expertos están de acuerdo en que el aumento de la memoria a largo plazo, especialmente la que se sitúa en la memoria funcional, y con ella la capacidad de construir situaciones hipotéticas y planear estrategias en

	Uso de piedras para abrir nueces y frutos	Mascar hojas para hacer esponja	Entrar en el agua	Pescar termes con ramitas	Bailar bajo la lluvia	Lanzar piedras	Cazar pequeños animales	Acicalar a otros con las manos apretadas sobre la cabeza	Cortar hojas con los dientes para llamar la atención
Assirik, Senegal	×	×	–	–	?	×	×	×	–
Fongoli, Senegal	×	×	×	×	×	×	×	×	×
Guinea Bissau	×	×	×	–	×	×	×	–	×
Parque Taï Nat, Costa de Marfil	×	×	–	×	×	–	×	×	×
Triángulo Goualougo, Congo	–	×	–	–	×	–	–	×	–
Budongo, Uganda	–	×	–	–	×	–	×	–	–
Parque Nac. Kibale, Uganda	–	×	–	–	×	×	×	×	×
Gombe, Tanzania	×	×	–	×	×	×	×	×	–
Mahale-K, Tanzania	–	–	–	×	×	×	×	×	×
Mahale-M, Tanzania	–	×	×	×	×	×	×	×	×

TABLA 21.1. Las culturas de diferentes grupos de chimpancés salvajes en África se definen por sus combinaciones de comportamientos socialmente aprendidos. (Basado en el resumen de Mary Roach, «Almost human», National Geographic [abril de 2008], pp. 136-137.)

Figura 21.5. La estepa de los mamuts, teatro de la explosión creativa de la cultura, se conserva en praderas de valles y bosques montanos similares a estos actuales en el Refugio Nacional de Vida Salvaje del Ártico. Durante la Edad del Hielo, el *Homo sapiens* primitivo avanzó a través de Eurasia al sur del glaciar continental, cazando grandes animales y sustituyendo a su especie hermana, *Homo neandertha-lensis.* («The Oneiric Autumn», de *Arctic Sanctuary: Images of the Arctic National Wild-life Refuge,* University of Alaska Press, Fairbanks, 2010, p. 115. Fotografías de Jeff Jones, ensayos de Laurie Hoyle.)

períodos breves de tiempo, desempeñó el papel clave en Europa y en todas partes, tanto antes de la salida de África como posteriormente. ¿Cuál fue la fuerza impulsora que condujo al umbral de la cultura compleja? Parece que fue la selección de grupo. Un grupo con miembros que podían leer las intenciones y cooperar entre ellos al tiempo que predecían las acciones de grupos competidores habría tenido una ventaja enorme sobre otros menos dotados. Indudablemente había competencia entre los miembros del grupo, lo que conducía a la selección natural de rasgos que conferían ventaja a un individuo sobre otro. Pero más importante para una especie que penetraba en ambientes nuevos y que competía con rivales poderosos era la unidad y la cooperación en el seno del grupo. La moralidad, la avenencia, el fervor religioso y la capacidad de luchar se combinaron con la imaginación y la memoria para producir el ganador.

22

Los orígenes del lenguaje

Seguramente, la explosión de innovaciones que elevaron a la humanidad al dominio mundial no resultó de una única mutación habilitadora. Menos probable todavía es que llegara en forma de alguna inspiración mística que descendió sobre nuestros esforzados antepasados. Tampoco pudo haberse debido al estímulo de nuevas tierras y recursos abundantes, porque también gozaron de ellos las especies relativamente poco progresivas de caballos, leones y simios. Lo más probable es que fuera el acercamiento gradual a un punto de inflexión y su consecución final, cruzar el umbral de aptitud cognitiva que dotó a *Homo sapiens* de una capacidad espectacularmente alta para la cultura.

El ascenso había empezado en África al menos dos millones de años antes, con los *Homo habilis* precursores de *Homo erectus*. En este punto, el cerebro anterior inició su crecimiento espectacular, nunca visto en ninguna otra estructura compleja durante los quinientos millones de años anteriores de evolución animal. ¿Qué fue lo que cristalizó este cambio? Las preadaptaciones para la eusocialidad, el nivel más avanzado de organización social, ya estaban todas en su sitio, pero esto también había sido así para las múltiples especies de australopitecinos que existieron hasta aquella época, ninguna de las cuales dio con la senda que conducía al rápido crecimiento cerebral. La clave para el avance hasta *Homo*, a mi juicio, reside en la preadaptación crítica que había llevado a las otras pocas especies animales evolucionadas de la historia de la vida que han conseguido atravesar el umbral de la eusocialidad. Cada una de ellas, sin excepción, desde las dos docenas aproximadamente de linajes de insectos y crustáceos hasta las ratas topo desnudas, defendían un nido desde el cual los miembros podían ir en busca de alimento suficiente para sustentar a la colonia. En los raros casos en los que dichas colonias podían vencer en la competencia con los individuos solitarios, los animales permanecían en el nido en lugar de dispersarse para renovar el ciclo de la vida solitaria.

No es ninguna coincidencia que en la época del origen de *Homo erectus*, y muy probablemente antes, en la época de su antepasado inmediato, *Homo habilis*, pequeños grupos habían empezado a establecer lugares de campamento. Pudieron crear estos equivalentes de los nidos animales porque habían pasado de una dieta vegetariana a otra omnívora, con una fuerte dependencia de la carne. Eran carroñeros y cazadores, y con el tiempo llegaron a basarse en el elevado rendimiento calórico de la carne animal cocinada. Las pruebas arqueológicas indican que sus tropillas ya no vagaban constantemente por un territorio recogiendo frutos y otros alimentos vegetales, a la manera de los chimpancés y gorilas actuales. Ahora seleccionaban sitios defendibles y los fortificaban, y algunos permanecían en ellos por períodos prolongados para proteger a las crías, mientras otros cazaban. Cuando al campamento se añadió el fuego controlado, la ventaja de este modo de vida cuajó.

Aun así, la carne y el fuego de campamento no son suficientes por sí solos para explicar el rápido aumento que tuvo lugar en el tamaño del cerebro. Para la pieza que falta podemos recurrir, así lo creo con una cierta confianza, a la hipótesis de la inteligencia cultural de Michael Tomasello y sus colaboradores de antropología biológica que se ha desarrollado durante las tres últimas décadas.

Estos investigadores señalan que la diferencia principal y crucial entre la cognición humana y la de otras especies animales, incluidos nuestros parientes genéticos más cercanos, los chimpancés, es la capacidad de colaborar con el propósito de conseguir objetivos e intenciones compartidos. La especialidad humana es la intencionalidad, moldeada a partir de una memoria funcional enorme. Nos hemos convertido en expertos en leer la mente, y en campeones mundiales

263

en inventar la cultura. No solo interactuamos intensamente unos con otros, como hacen otros animales con organizaciones sociales avanzadas, sino que, en un grado único, hemos añadido el impulso de colaborar. Expresamos nuestras intenciones apropiadas para el momento, y leemos de manera brillante las de otros, cooperando de manera estrecha y competente para construir utensilios y refugios, para adiestrar a los jóvenes, para planear expediciones en busca de comida, para jugar en equipos, para conseguir casi todo lo que necesitamos para sobrevivir como seres humanos. Los cazadores-recolectores y los ejecutivos de Wall Street por igual se cuentan chismes en cada reunión social, evaluando a los demás, estimando su veracidad y prediciendo sus intenciones. Nuestros líderes manipulan la estrategia política con las artes de la inteligencia social. Los hombres de negocios cierran tratos en función de la lectura de las intenciones, y la mayor parte de las artes creativas se dedican a su expresión. Como individuos, apenas podemos vivir un día sin el ejercicio de la inteligencia cultural, aunque solo sea en los frecuentes ensayos que invaden nuestros pensamientos privados.

Los seres humanos están atrapados en redes sociales. Al igual que el proverbial pez en el mar, nos resulta difícil concebir un lugar que sea diferente de este ambiente mental que nuestra evolución ha producido. Desde la infancia estamos predispuestos a leer las intenciones de los demás, y estamos prestos a cooperar a la mínima traza de interés compartido. En un experimento revelador, se enseñó a unos niños cómo abrir la puerta de un contenedor. Cuando unos adultos intentaron abrir la puerta aparentando no saber cómo hacerlo, los niños dejaron lo que estaban haciendo y cruzaron la habitación para ayudar. Chimpancés bajo las mismas circunstancias, pero mucho menos avanzados en consciencia cooperativa, no hicieron este esfuerzo.

En otro experimento, a los chimpancés se les realizaron pruebas de inteligencia, y sus resultados eran comparables a los de los niños de 2,5 años de edad que fueron sometidos a estas pruebas antes de ir a la escuela y de ser alfabetizados. A la hora de resolver problemas físicos y espaciales (por ejemplo, localizar una recompensa escondida, discriminar cantidades diferentes, comprender las propiedades de herramientas, utilizar un palo para llegar a un objeto situado fuera del alcance), chimpancés y niños humanos eran aproximadamente iguales. En cambio, los niños mostraban habilidades más avanzadas que los chimpancés en diversas pruebas sociales. Aprendían más mientras observaban una demostración, comprendían mejor las pistas que ayudaban a localizar una recompensa, seguían la mirada de los demás hacia un objetivo, y comprendían la intención de las acciones de los demás al buscar una recompensa. Los humanos, a lo que parece, tienen éxito no debido a una inteligencia general elevada que aborda todos los retos, sino porque nacen para ser especialistas en habilidades sociales. Cooperando mediante la comunicación y la lectura de la intención, los grupos consiguen mucho más que el esfuerzo de cualquier persona solitaria.

Las primeras poblaciones de *Homo sapiens*, o sus antepasados inmediatos en África, se aproximaron al mayor nivel de inteligencia social cuando adquirieron una combinación de tres atributos concretos. Desarrollaron la atención compartida, en otras palabras, la tendencia a prestar atención al mismo objeto de acontecimientos en curso que los demás. Adquirieron un nivel elevado de la consciencia que necesitaban para actuar juntos para conseguir un objetivo común (o para impedir que otros lo intentaran). Y adquirieron una «teoría de la mente», el reconocimiento de que sus propios estados mentales serían compartidos por otros.

Cuando estas cualidades se hubieron desarrollado de forma suficiente, se inventaron lenguajes comparables a los que predominan en la actualidad. Este avance tuvo lugar ciertamente antes de la salida de África, hace 60.000 años. Por aquella época, los colonizadores tenían toda la capacidad lingüística de sus descendientes modernos y probablemente empleaban lenguajes sofisticados. La prueba principal para esta conclusión es que las poblaciones aborígenes actuales, descendientes directos de aquellos colonizadores que ahora se encuentran en poblaciones relictas y asentadas desde África hasta Australia, poseen todas ellas lenguajes de una calidad muy alta y los atributos mentales necesarios para inventarlos.

El lenguaje fue el grial alcanzado de la evolución social humana. Una vez instalado, confirió poderes casi mágicos a la especie humana. El lenguaje emplea símbolos y palabras arbitrarios para transmitir significado y generar un número de mensajes potencialmente infinito. En último término, es capaz de expresar, aunque sea de una manera tosca, todo lo que los sentidos humanos pueden percibir, cada sueño y experiencia que la mente humana puede imaginar, y todas las declaraciones matemáticas que nuestros análisis puedan construir. Parece lógico que no fue el lenguaje el que creó la mente, sino al revés. La secuencia en evaluación cognitiva fue desde la interacción social intensa en los primeros poblados hasta una sinergia con una capacidad creciente para leer la intención y actuar en consecuencia, hasta una capacidad para crear abstracción a la hora de tratar con los demás y con el mundo exterior y, finalmente, hasta el lenguaje. Los rudimentos del lenguaje humano pudieron haber aparecido como las cualidades mentales esenciales que se reunieron y coevolucionaron de una manera sinérgica. Pero es muy improbable que aquel precediera a estas. Michael Tomasello y sus coautores han planteado el caso como sigue:

> El lenguaje no es básico; es derivado. Se asienta sobre las mismas habilidades cognitivas y sociales subyacentes que hacen que los niños señalen cosas y muestren cosas a otras personas de manera declarativa e informativa, de una manera que otros primates no hacen, y que les lleva a dedicarse a actividades colaborativas y de atención conjunta con otros de su clase, que también son únicas entre los primates. La pregunta general es: ¿qué es el lenguaje sino un conjunto de dispositivos de coordinación para dirigir la atención de los demás? ¿Qué podría significar decir que el lenguaje es responsable de comprender y compartir intenciones, cuando en realidad la idea de comunicación lingüística sin estas habilidades subyacentes es incoherente? Y así, aunque es cierto que el lenguaje representa una diferencia fundamental entre los humanos y otros primates, creemos que en realidad procede de las capacidades exclusivamente humanas de leer y compartir intenciones con otras personas, lo que también destaca otras habilidades exclusivamente humanas que surgen junto con el

lenguaje, tales como gestos declarativos, colaboración, pretensión y aprendizaje imitativo.

En ocasiones se describe que los animales tienen lenguaje. Las abejas melíferas, quizá el ejemplo más sorprendente, se dice que se comunican con señales abstractas durante sus danzas en los panales de la colmena, así como sobre los cuerpos hacinados de sus compañeras obreras durante la emigración a nuevos lugares de nidificación. La abeja danzarina transmite efectivamente la dirección y la distancia del objetivo, ya se trate de una fuente de néctar y polen o de un nuevo lugar de nidificación potencial. Pero el código está fijado, y lo ha estado probablemente durante millones de años. Asimismo, la danza no es un símbolo abstracto como los que componen las palabras y frases humanas. Es una representación del vuelo que las abejas a punto de partir han de emprender para llegar a su objetivo. Si la danzarina se desplaza en un círculo, ello significa que el objetivo está cerca del nido («viajad alrededor del nido para encontrar el objetivo»). La danza de contoneo, que resigue una y otra vez un número ocho, informa de un objetivo más distante. El segmento medio del 8, más parecido a la letra griega Θ, es la dirección que hay que tomar en referencia al ángulo del Sol, y la longitud del segmento medio es proporcional a la distancia al objetivo. Esto es impresionante, pero solo los humanos pueden decir algo parecido a: «Salga por la puerta, gire a la derecha, siga por la calle hasta que llegue al primer semáforo, y después busque el restaurante que se encuentra hacia la mitad de la manzana... ¡no, espere!, está en la esquina siguiente».

A diferencia de la comunicación en las abejas y en otros animales, el lenguaje humano fue capaz de una representación independiente, en la que se hace referencia a objetos y acontecimientos no presentes en la vecindad inmediata (o incluso inexistentes). Además, el habla humana añade información mediante prosodia, el énfasis en palabras concretas y el ritmo de su flujo con el fin de transmitir ironía, hacer hincapié o señalar el significado de una frase en oposición a otra. El lenguaje humano está cargado de ironía, un juego finamente ajustado de hipérbole y direcciones equívocas que transmiten un significado diferente del que indica la frase si se considera literalmente. El lenguaje puede ser indirecto, insinuando un mensaje en lugar de declararlo directamente, y por lo tanto dejando abierto un desmentido plausible. Los ejemplos incluyen añagazas sexuales manifiestas, incluso manidas («¿Quieres subir conmigo y te enseñaré mis grabados?»); peticiones educadas («Si me ayuda usted a cambiar esta rueda pinchada, le estaré eternamente agradecida»); amenazas («Tienes un bonito almacén. Sería una lástima que le ocurriera algo»); sobornos («¡Caramba, agente!, ¿no podría yo pagar la entrada directamente aquí?»); solicitar una donación («Esperamos que ustedes se incorporen a nuestro Programa de Liderazgo»). Tal como explican Steven Pinker y otros estudiosos del tema, el lenguaje indirecto tiene dos funciones: transmitir información y negociar una relación entre el que habla y el que escucha.

Debido a que el lenguaje es fundamental para la existencia humana, es importante conocer su historia evolutiva. Al dedicarnos a este objetivo nos encontramos con la dificultad de que el lenguaje es asimismo el más perecedero de los artefactos. Las pruebas arqueológicas se remontan solamente al origen de la escritura, hace unos cinco mil años, época en la que los cambios genéticos críticos en *Homo sapiens* ya habían ocurrido y las reglas del habla ya se habían establecido de manera uniforme en todas las sociedades del mundo.

Incluso así, existen unos pocos patrones en el habla que pueden citarse como productos de la evolución. Uno de tales vestigios es el ritmo de los turnos en las conversaciones. Una impresión popular que hace tiempo que existe es que las culturas difieren en la extensión del hiato que se da entre los turnos. Se piensa, por ejemplo, que los nórdicos hacen largas pausas entre la persona que habla y la que contesta. Los judíos de Nueva York, tal como los comediantes los suelen representar, se cree que tienen una preferencia por hablar casi simultáneamente. Sin embargo, cuando se midieron realmente los intervalos conversacionales de hablantes de diez lenguajes de todo el mundo, se demostró que todos evitaban la superposición (pero no la interrupción), y resultó que la duración de los espacios entre conversación y conversación era casi la misma. En cambio, las conversaciones entre hablantes de idiomas diferentes producían una considerable variación en la extensión del hiato, pues los conversadores se esforzaban por descubrir el significado y la intención. Este efecto comprensible es probablemente el origen de la percepción de que las culturas difieren en el ritmo de la conversación.

Otro vestigio de evolución lingüística temprana que se ha documentado recientemente se encuentra en las vocalizaciones no verbales, exclamaciones que probablemente son más antiguas que el lenguaje. Se encontró, por ejemplo, que las vocalizaciones que comunican emociones negativas (cólera, disgusto, miedo y tristeza) eran las mismas para los hablantes nativos de inglés en Europa y los hablantes del idioma himba, que se halla limitado a aldeas remotas y culturalmente aisladas de Namibia septentrional. Por el contrario, las vocalizaciones no verbales que comunican emociones positivas (logros, diversión, placer sexual y alivio) no concuerdan de la misma manera. Las razones de esta diferencia se desconocen.

Sin embargo, la pregunta fundamental relacionada con el origen del lenguaje no tiene que ver con los turnos en las conversaciones ni con las exclamaciones prelinguales,* sino con la gramática. El orden en el que palabras y frases se encadenan, ¿es aprendido o de alguna manera es innato? En 1959 tuvo lugar un intercambio histórico entre B. F. Skinner y Noam Chomsky sobre esta cuestión. Tomó la forma de un ensayo extenso por parte de Chomsky que era la recensión del libro de Skinner *Verbal Behavior* publicado en 1957. Skinner, el fundador del conductismo, decía que el lenguaje es aprendido. Chomsky disentía. Decía que aprender un lenguaje, con todas sus reglas gramaticales añadidas, es demasiado complejo para que un niño lo memorice durante el tiempo de que dispone. Al principio parecía que Chomsky ganaba la discusión. Posteriormente reforzó su punto de vista elaborando una serie de normas que, según propuso, son seguidas espontáneamente en el cerebro en desarrollo.

* Que preceden al habla. *(N. del T.)*

Sin embargo, dichas normas estaban expresadas de una manera casi incomprensible, como demuestra el desafortunado ejemplo que sigue:

> Resumiendo, hemos llegado a las siguientes conclusiones, según la hipótesis de que la traza de una categoría de nivel cero ha de ser regida adecuadamente.

1. VP es marcada α por I.
2. Solo las categorías léxicas son marcadores L, de modo que VP no es marcada L por I.
3. El gobierno α está limitado a la hermandad sin la cualificación (35).
4. Solo el término de una cadena de X^0 puede marcar α o marcar la caja.
5. El movimiento cara a cara forma una cadena A.
6. El acuerdo cara-SPEC y las cadenas implican la misma indexación.
7. Coindexar la cadena contiene los eslabones de una cadena extendida.
8. No hay coindexación accidental de I.
9. Coindexar I-V es una forma de acuerdo cara a cara; si se limita a verbos aspectuales, entonces las estructuras generadas de base, de la forma (174), cuentan como estructuras de adición.
10. Posiblemente, un verbo no gobierna adecuadamente su complemento marcado α.

Los estudiosos se esforzaron por comprender lo que parecía ser un descubrimiento profundo y nuevo del funcionamiento del cerebro (yo fui uno de ellos en la década de 1970). La gramática profunda o universal, como se la llama indistintamente, era el tema predilecto de los *salonistes* perplejos y de los seminarios en las facultades. Durante mucho tiempo, Chomsky tuvo éxito debido a que, aunque no fuera por otra razón, rara vez padeció la indignidad de ser comprendido.

Al final, los analistas pudieron verter a un lenguaje y esquemas comprensibles lo que Chomsky y sus seguidores decían. Entre los más accesibles y amables se cuenta *El instinto del lenguaje* (1994), de Steven Pinker, que fue un éxito de ventas.

Sin embargo, incluso después de descifrar a Chomsky, seguía planteándose la pregunta: ¿existe realmente una gramática universal? Sin duda, existe un instinto abrumadoramente poderoso para aprender el lenguaje. También hay un período sensible en el desarrollo cognitivo del niño en el que el aprendizaje es más rápido. En realidad, tan célere es la adquisición del lenguaje, tan impetuoso el esfuerzo del niño por aprender, que, después de todo, puede que el razonamiento de Skinner no sea tan descartable. Quizá hay una época en la infancia temprana, y la capacidad para aprender las palabras y el orden de las palabras es tan eficiente, que un módulo especial del cerebro para la gramática no es una necesidad.

Efectivamente, a medida que la investigación experimental y de campo ha avanzado en los últimos años, ha surgido una concepción de la evolución del lenguaje diferente de la «gramática profunda». La alternativa permite reglas epigenéticas, que conllevan «aprendizaje preparado», en la manera como evolucionan los lenguajes de culturas individuales. Pero las limitaciones que dichas reglas imponen son muy amplias. El psicólogo y filósofo Daniel Nettle ha descrito la aparición y las posibilidades que ofrece para nuevas orientaciones en la investigación sobre lingüística:

> Todos los lenguajes humanos realizan la misma función, y el conjunto de distinciones que utilizan para hacerlo se halla probablemente muy limitado. Las limitaciones provienen de la arquitectura universal de la mente humana, que influye en la forma del lenguaje mediante la manera en que oye, articula, recuerda y aprende. Sin embargo, dentro de estas limitaciones, hay latitud para la variación de un lenguaje a otro. Por ejemplo, las categorías principales de sujeto, verbo y complemento varían en su orden normal, y algunos lenguajes señalan principalmente las distinciones gramaticales mediante la sintaxis o la combinatoria de palabras, mientras que otros lo consiguen principalmente mediante la morfología o la mutación interna de las palabras.

Existen ahora diversas rutas probablemente nuevas para penetrar más profundamente en el enigma del lenguaje, apartando a la lingüística de la contemplación de esquemas estériles y acercándola en la dirección de la biología. Una es la manera en que el ambiente externo abre o estrecha las limitaciones en la evolución del lenguaje, ya sea por evolución genética, ya por evolución cultural, o por ambas. Para poner un ejemplo sencillo, en climas cálidos, los lenguajes de todo el mundo han evolucionado para usar más vocales y menos consonantes, creando así combinaciones de sonidos más sonoras. La explicación de esta tendencia puede ser una simple cuestión de eficiencia acústica. Los sonidos sonoros llegan a mayores distancias, de acuerdo con la tendencia de los pueblos de climas cálidos de pasar más tiempo al aire libre y mantener mayores distancias entre sí.

Otro factor en la generación de la diversidad del lenguaje puede ser genético. Existe una correlación en patrones geográficos entre el uso del tono de voz para transmitir gramática y significado de las palabras, por un lado, y la frecuencia de los genes que técnicamente se denominan *ASPM* y *Microcephalin*, que afectan al desarrollo del tono de voz.

Las propiedades clave de la mente que guían la evolución del lenguaje aparecieron casi con toda seguridad antes del origen del propio lenguaje. Se cree que sus veneros se hallan en la arquitectura de la cognición más antigua y más fundamental. La flexibilidad en el desarrollo de la sintaxis se ha documentado en la variabilidad del orden de las palabras en los lenguajes de creación reciente: lenguas criollas, lenguas francas y lenguas de signos que son abundantemente utilizadas en todos los continentes. Concediendo que la sintaxis pueda verse falseada por un contacto temprano con idiomas convencionales, estas influencias sesgadas pueden descontarse al menos en un caso, la lengua de signos de los beduinos al-Sayyid. Todos los miembros de este grupo viven en la región del Néguev de Israel, y todos son sordos congénitamente. El grupo fue fundado hace dos siglos por 150 individuos, y sus miembros son descendientes de dos de los cinco hijos del fundador. Todos padecían una profunda pérdida prelingual del oído en todas las frecuencias, causada por un gen recesivo en el cromosoma 13q12. Como resultado de la endogamia desde aquella época, los 3.500 al-Sayyid contemporáneos comparten ahora esta condición. La comunidad utiliza una lengua de signos desarrollada muy pronto en su historia, que emplea órdenes de palabras derivados de manera independiente. Estas estructuras difieren de las que se encuentran tanto en los lenguajes hablados en la región en que viven y en los alrededores como en otros lenguajes de signos empleados en comunidades cercanas.

La variabilidad natural de la gramática se ha ilustrado además por investigaciones en las que se comparaba la secuencia de actividades que realizaban personas dedicadas a determinadas tareas con el orden de las palabras que usaban para describir la secuencia. En un estudio, a hablantes de cuatro idiomas (inglés, turco, español y chino) se les pidió que hablaran y también, separadamente, que reconstruyeran el acontecimiento mediante el uso de imágenes. Resultó que todos los sujetos empleaban el mismo orden de comunicación no verbal (actor-paciente-acto, que es análogo al orden sujeto-complemento-verbo en el habla). Esta, más o menos, es la manera en que las personas piensan realmente a través de un escenario de acción. Pero resultó ser menos que totalmente consistente a través de los lenguajes que usaban al hablar. El orden actor-paciente-acto era el mismo que se encuentra en muchos lenguajes del mundo (y, de manera más significativa, en los lenguajes de gestos desarrollados recientemente). De manera que sí que parece existir una regla genética sesgada para el orden de las palabras integrada en nuestra estructura cognitiva profunda, pero sus productos finales en la gramática son muy flexibles y aprendidos. De modo que parece que tanto Skinner como Chomsky tenían razón en parte, pero Skinner más.

La multiplicidad de rutas en la evolución de la sintaxis elemental sugiere que hay pocas reglas genéticas, si es que hay alguna, que guíen el aprendizaje del lenguaje por parte de los seres humanos individuales. La razón probable se ha revelado en modelos matemáticos recientes de evolución gen-cultura construidos por Nick Chater y sus colegas científicos cognitivos. Es simplemente que el ambiente rápidamente cambiante del habla no proporciona un ambiente estable para la selección natural. El lenguaje varía de manera demasiado rápida a través de las generaciones, y de una cultura a otra, para que tenga lugar dicha evolución. En consecuencia, hay pocas razones para esperar que las propiedades arbitrarias del lenguaje, entre ellas los principios sintácticos abstractos de las estructuras de las frases y el marcado de los genes, hayan sido integradas en un «módulo del lenguaje» especial del cerebro mediante evolución. «La base genética de la adquisición del lenguaje humano —concluyen los investigadores— no coevolucionó con el lenguaje, sino que ante todo es previa a la aparición del lenguaje. Tal como sugirió Darwin, el encaje entre el lenguaje y sus mecanismos subyacentes surgió debido a que el lenguaje ha evolucionado para encajar en el cerebro humano, y no al revés.»

Creo que no es ir demasiado lejos añadir que el fracaso de la selección natural a la hora de crear una gramática universal independiente ha desempeñado un papel principal en la diversificación de la cultura y, a partir de dicha flexibilidad y capacidad inventiva potencial, el florecimiento del genio humano.

23

La evolución de la variación cultural

La coevolución gen-cultura, el impacto de los genes en la cultura y, recíprocamente, de la cultura en los genes, es un proceso de igual importancia para las ciencias naturales, las ciencias sociales y las humanidades. Su estudio proporciona una manera de conectar estas tres grandes ramas con una red de explicaciones causales.

Si esta afirmación parece demasiado atrevida, considere el lector la variación cultural entre sociedades. Se cree por lo general que si dos sociedades poseen diferentes rasgos culturales en la misma categoría (monogamia frente a poligamia, pongamos por caso, o costumbres belicosas frente a costumbres pacíficas), entonces la génesis cultural de los patrones de variación e incluso la misma categoría han de haber sido de naturaleza totalmente cultural, y que los genes no han tenido nada que ver con ello.

Esta precipitación en el juicio se debe a una comprensión incompleta de la relación entre genes y cultura. Lo que los genes prescriben o ayudan a prescribir no es un rasgo en oposición a otro, sino la frecuencia de rasgos y el patrón que forman cuando la innovación cultural los hizo disponibles. La expresión de los genes puede ser plástica, permitiendo que una sociedad elija uno o más rasgos de entre una multiplicidad de opciones. O bien puede *no* ser plástica, permitiendo que solo un rasgo sea elegido por todas las sociedades.

Consideremos este ejemplo familiar de plasticidad variable en los rasgos anatómicos. Los genes que prescriben el desarrollo general de las huellas dactilares son de expresión muy plástica, lo que permite un enorme número de variantes entre las personas. No hay dos personas en el mundo que posean huellas dactilares completamente idénticas. En cambio, los genes que prescriben el número de dedos de cada mano son bastante rígidos. El número es cinco, siempre cinco. Solo un accidente de desarrollo extremo o una mutación en los genes puede producir otro número.

El principio de la plasticidad variable puede aplicarse asimismo fácilmente a los rasgos culturales. La práctica general de la moda en el vestir, que va desde el taparrabo hasta la corbata blanca, tiene una base genética. Sin embargo, debido a la plasticidad extrema (pero ni mucho menos infinita) de los genes que la prescriben, y de las múltiples emociones que expresan de manera diversa, los individuos seleccionan de entre varias opciones (hasta cientos de ellas) a lo largo de su vida. En otro ejemplo, y en el extremo opuesto, el incesto es evitado de manera instintiva en todos los ambientes familiares normales debido al efecto Westermarck (los niños muy pequeños criados conjuntamente son psicológicamente incapaces de unirse sexualmente entre sí en la madurez).

Los biólogos que estudian el desarrollo han descubierto que el grado de plasticidad en la expresión de los genes, como la presencia o ausencia de los propios genes, está sujeto a evolución mediante selección natural. Es importante para el éxito de un individuo que siga la moda en el vestir de su grupo y que exhiba los distintivos correctos de su rango, ocupación y nivel social. Y esto todavía importaba más, hasta el punto de significar la vida o la muerte, en las sociedades más sencillas del tipo de las que se formaron durante la mayor parte de la evolución humana. En el caso del efecto Westermarck, ha sido también importante en todas partes y en todas las circunstancias, al proporcionar a la humanidad una defensa contra los efectos letales de la endogamia.

Todas las sociedades, y cada uno de sus individuos, juegan a juegos de eficiencia genética, cuyas reglas han sido modeladas a lo largo de innumerables generaciones mediante la coevolución gen-cultura. Cuando una regla es absoluta, como la destrucción mediante el incesto, solo hay una mano que jugar; en este caso, se denomina «exogamia». Cuando una parte del ambiente es impredecible, en cambio, la persona es juiciosa si usa una estrategia mixta, conseguida mediante plasticidad. Si un rasgo o respuesta no funciona, hay que cambiar a otra dentro del repertorio genético. El grado de plasticidad que existe dentro de una categoría o cultura no depende de ningún juicio explícito de lo que ocurrirá en el futuro, sino del grado de desafíos a los que la categoría de rasgos o comportamientos tuvo que responder en generaciones pasadas, cuando estaba ocurriendo la coevolución gen–cultura.

Desde la década de 1970, los biólogos han sido conscientes de los procesos genéticos mediante los cuales es más probable que se construya la evolución de la plasticidad. Probablemente, no sea mediante mutaciones de los genes que codifican proteínas, que prescriben un cambio básico en la composición de los aminoácidos de las proteínas. Es más probable que sea por cambios en los genes reguladores, que determinan la tasa y las condiciones bajo las que se producen las proteínas. No parece que los pequeños cambios en los genes reguladores sean muy importantes, pero pueden alterar profundamente las proporciones de estructuras anatómicas y de la actividad fisiológica. También pueden actuar con mayor precisión sobre determinadas partes del cuerpo y sobre procesos fisiológicos concretos. Además, pueden programar sensibilidad a estímulos selectos que tienen efecto sobre el organismo en desarrollo, con el resultado de que diferentes ambientes evocan la producción de variantes concretas, mejor adaptadas a vivir en ellos. Finalmente, las mutaciones de los genes reguladores, debido a que afectan a interacciones en el proceso de desarrollo, tienen menos probabilidades de ser deletéreas que las mutaciones en los genes que codifican proteínas. No producen una nueva proteína, y con ella una estructura o comportamiento establecidos con la proteína, un cambio que puede perturbar fácilmente el desarrollo en el resto del organismo. Lo que hacen es alterar la cantidad de una proteína ya existente, permitiendo así cambios sutiles en una estructura o comportamiento previos.

Las hormigas y otros insectos sociales ilustran en grado extremo la evolución de esta plasticidad adaptativa. Las obreras de hormigueros o termiteros difieren a veces tanto entre sí que fácilmente se puede pensar que pertenecen a especies distintas. Pero, en colonias con una única reina que se apareó con un único macho, todas las castas de un género están muy cerca de ser idénticas desde el punto de vista genético. Son distintas en anatomía y comportamiento porque como formas inmaduras recibieron más alimento que las demás, o menos, lo que llevó a adultos mayores o menores. Mientras eran inmaduras, sus tejidos crecieron también a ritmos distintos, de modo que los individuos mayores y menores poseían diferentes proporciones corporales. Los inmaduros fueron asimismo sensibles a las feromonas procedentes de los miembros adultos de la colonia, lo que alteró la dirección del desarrollo y el tamaño hasta el que crecieron antes de llegar a la madurez. Los investigadores han documentado todavía otros factores que dividen a los miembros de la colonia en castas. Cada casta se especializa en su propio papel laboral durante su vida. Una colonia, sin que tenga una variación genética significativa, puede consistir en reinas vírgenes; obreras *minor* pequeñas y tímidas, y soldados gigantescos con la cabeza y las mandíbulas agrandadas de manera grotesca.

En las hormigas en particular, la elaboración de castas de hormigas a partir de la plasticidad es solo una parte de un proceso complejo denominado «demografía adaptativa». Las castas no solo se dedican a tareas especializadas, sino que están programadas para ser creadas con una determinada frecuencia en función de su tasa de mortalidad natural, con el fin de producir proporciones de castas que sean óptimas para la colonia en su conjunto. Por ejemplo, los miembros de la casta grande *major* de hormigas tejedoras, que realizan la mayor parte del trabajo de la colonia fuera del nido, a la vez que defienden a la colonia contra los enemigos, tienen una tasa de mortalidad mayor que las obreras *minor*, que sirven como nodrizas en el interior del nido. Como consecuencia evidente, la colonia produce obreras *major* a una tasa per cápita superior a la de las *minor*, manteniendo así lo que parece ser un equilibrio óptimo en número entre las dos castas.

La variación cultural en los humanos está determinada principalmente por dos propiedades del comportamiento social, ambas su-

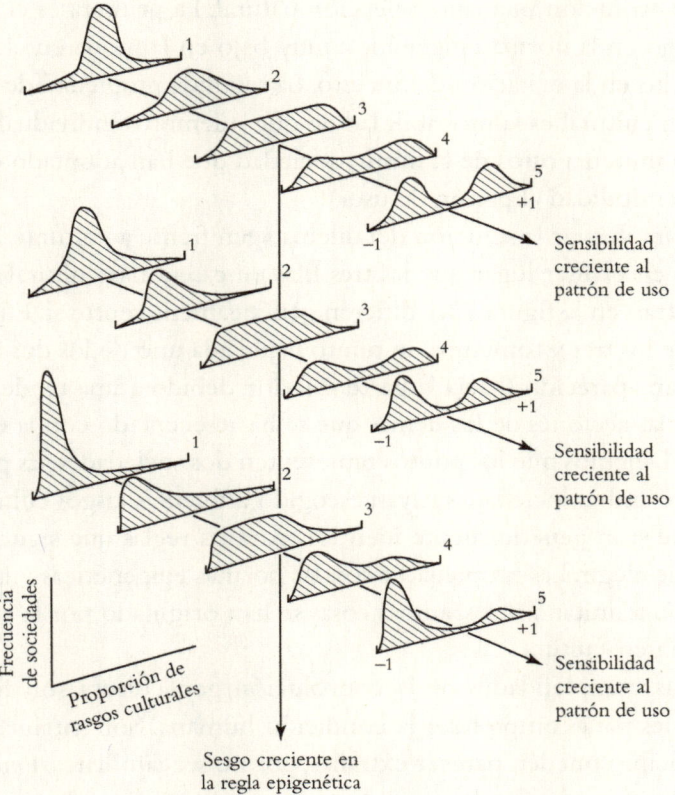

FIGURA 23.1. Evolución de la variación cultural, basada en el caso simple de dos rasgos en la misma categoría de la cultura (tales como evitación del incesto y moda en el vestir). La variación se mide como el número de sociedades que eligen uno de los dos rasgos en tres categorías de cultura (de arriba abajo). Se interpreta que la propensión a imitar a otros es la sensibilidad al uso por los demás. (Modificado de un modelo matemático de Charles J. Lumsden y Edward O. Wilson, «Translation of epigenetic rules of individual behavior into ethnographic patterns», *Proceedings of the National Academy of Sciences, U.S.A.*, 77, 7 [1980], pp. 4.382-4.386; véase también Charles J. Lumsden y Edward O. Wilson, *Genes, Mind, and Culture: The Coevolutionary Process*, Harvard University Press, Cambridge, MA, 1981, p. 130.)

jetas a evolución mediante selección natural. La primera es el grado de sesgo en la norma epigenética: muy bajo en la moda en el vestir, muy alto en la evitación del incesto. La segunda propiedad de la variación cultural es la probabilidad de que miembros individuales del grupo imiten a otros de la misma sociedad que han adoptado el rasgo («sensibilidad al patrón de uso»).

Para ilustrar la solución del dilema «gen frente a cultura», advirtamos en primer lugar que las tres filas de categorías culturales que se ilustran en la figura 23.1 difieren genéticamente entre sí. Elijamos uno de los tres y tomemos un punto bajo cada uno de los dos nodos que han aparecido (hacia la parte inferior, debido a una tendencia a imitar las acciones de los demás que se ha acrecentado con la evolución). Dejemos que los puntos representen dos sociedades. Es probable que ambas sociedades hayan escogido diferentes rasgos culturales, aunque sean genéticamente idénticas para las reglas que siguen a la hora de elegir. Las propiedades son las normas epigenéticas y la propensión a imitar a otros; ambas cosas se han originado por la coevolución gen-cultura.

Las complejidades de la coevolución gen-cultura son fundamentales para comprender la condición humana. Son intrincadas y al principio pueden parecer extrañas, por no ser familiares. Pero si la investigación emplea las medidas y los análisis adecuados, guiados por la teoría evolutiva, pueden ser diseccionadas hasta sus elementos esenciales.

24

Los orígenes de la moralidad y del honor

¿Son las personas buenas de manera innata, pero corruptibles por las fuerzas del mal? O, por el contrario, ¿son intrínsecamente malas, y redimibles solo por las fuerzas del bien? Las personas son ambas cosas. Y así será eternamente a menos que cambiemos nuestros genes, porque el dilema humano estaba predestinado en la manera en que nuestra especie evolucionó, y por lo tanto constituye una parte invariable de la naturaleza humana. Los seres humanos y sus órdenes sociales son intrínsecamente imperfectos, por suerte. En un mundo en constante cambio, necesitamos la flexibilidad que solo la imperfección proporciona.

El dilema de lo bueno y lo malo fue creado por la selección multinivel, en la que la selección individual y la selección de grupo actúan juntas sobre el mismo individuo pero en gran medida cada una opuesta a la otra. La selección individual es el resultado de la competencia para la supervivencia y la reproducción entre los miembros del mismo grupo. Modela en cada miembro instintos que son fundamentalmente egoístas en referencia a los demás miembros. Por el contrario, la selección de grupo consiste en competencia entre sociedades, tanto mediante conflicto directo como mediante competencia diferencial a la hora de explotar el ambiente. La selección de grupo modela instintos que tienden a hacer que los individuos sean mutuamente altruistas (pero no con respecto a los miembros de otros grupos). La selección individual es responsable de gran parte de lo que llamamos pecado, mientras que la selección de grupo es responsable de la mayor parte de la virtud. Juntas han creado el conflicto entre los peores y los mejores ángeles de nuestra naturaleza.

La selección individual, definida de manera precisa, es la longevidad y fertilidad diferencial de los individuos en competencia con otros miembros del grupo. La selección de grupo es la longevidad diferencial y la fertilidad a lo largo de la vida de aquellos genes que prescriben rasgos de interacción entre los miembros del grupo, y que han surgido durante la competencia con otros grupos.

Cómo considerar detenidamente y tratar el fermento eterno generado por la selección multinivel es el papel de las ciencias sociales y las humanidades. Cómo explicarlo es el papel de las ciencias naturales que, si tienen éxito, tendrían que hacer más fáciles de crear los caminos hacia la armonía entre las tres grandes ramas del saber. Las ciencias sociales y las humanidades se dedican a los fenómenos próximos, expresados exteriormente, de las sensaciones y el pensamiento humanos. De la misma manera que la historia natural descriptiva está relacionada con la biología, las ciencias sociales y las humanidades lo están con el conocimiento humano de sí mismo. Describen la manera en que los individuos sienten y actúan, y con la historia y el drama cuentan una fracción representativa de los infinitos relatos que las relaciones humanas pueden generar. Sin embargo, todo esto existe dentro de una caja. Está confinado allí porque las sensaciones y el pensamiento son regidos por la naturaleza humana, y la naturaleza humana se encuentra también dentro de una caja. Es solo una de un número enorme de naturalezas posibles que podrían haber evolucionado. La que tenemos es el resultado de la improbable ruta seguida a lo largo de millones de años por nuestros antepasados genéticos que finalmente nos produjo a nosotros. Ver a la naturaleza humana como el producto de esta trayectoria evolutiva es revelar las causas últimas de nuestras sensaciones y nuestros pensamientos. Poner juntas las causas próximas y últimas es la clave para el conocimiento de sí mismo, los medios para vernos como realmente somos y después explorar fuera de la caja.

En la búsqueda de las causas últimas de la condición humana, la distinción entre niveles de selección natural aplicados al comportamiento humano no es perfecta. El comportamiento egoísta, que quizá incluye la selección de grupo que genera nepotismo, puede promover de algún modo los intereses del grupo a través de la invención y el carácter emprendedor. Mientras los toques finales de la evolución cognitiva se iban añadiendo antes y después de la salida de África hace 60.000 años, es probable que vivieran los equivalentes de los Medici, los Carnegie y los Rockefeller, que progresaron, ellos y sus familias, de manera que también beneficiaran a sus sociedades. A su vez, la selección de grupo promovió los intereses genéticos de los individuos con privilegios y estatus social como recompensa por actuaciones notables en beneficio de la tribu.

No obstante, en la evolución social genética existe una regla de hierro, según la cual los individuos egoístas vencen a los individuos altruistas, mientras que los grupos de altruistas ganan a los grupos de individuos egoístas. La victoria nunca será completa; el equilibrio de las presiones de selección no puede desplazarse hasta ninguno de los dos extremos. Si tuviera que dominar la selección individual, las sociedades se disolverían. Si acabara dominando la selección de grupo, los grupos humanos acabarían pareciendo colonias de hormigas.

Cada miembro de una sociedad posee genes cuyos productos resultan afectados por la selección individual y genes que lo son por la selección de grupo. Cada individuo está conectado a una red de otros miembros del grupo. Su propia supervivencia y capacidad reproductora dependen en parte de su interacción con los demás del grupo. El parentesco influye sobre la estructura de la red, pero no es la clave de su dinámica evolutiva, como postula erróneamente la teoría de la eficiencia inclusiva. En cambio, lo que cuenta es la propensión hereditaria a formar la miríada de alianzas, favores, intercambios de información y engaños que constituyen la vida cotidiana en la red.

A lo largo de la prehistoria, mientras la humanidad desarrollaba mediante evolución su proeza cognitiva, la red de cada individuo era casi idéntica a la del grupo al que pertenecía. La gente vivía en cuadrillas dispersas de cien o menos individuos (treinta era probablemente un número común). Tenían conocimiento de otras partidas vecinas y, a juzgar por la vida de los cazadores-recolectores que so-

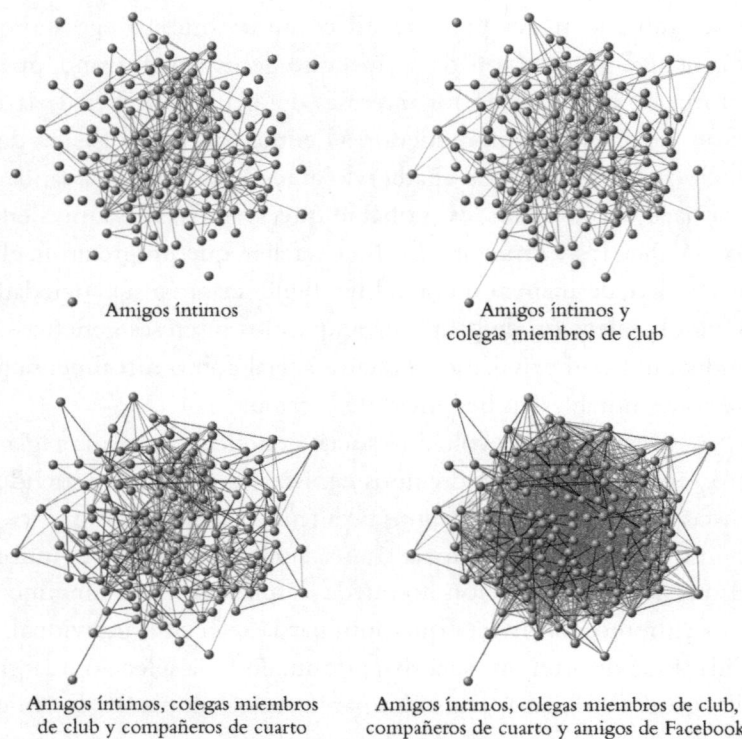

Amigos íntimos

Amigos íntimos y
colegas miembros de club

Amigos íntimos, colegas miembros
de club y compañeros de cuarto

Amigos íntimos, colegas miembros de club,
compañeros de cuarto y amigos de Facebook

FIGURA 24.1. En la sociedad moderna, las redes sociales como las que se ilustran aquí en parte para 140 estudiantes universitarios, han crecido mucho más y son mucho más discordantes que en tiempos prehistóricos y en los primeros tiempos históricos. La revolución de internet, que ha producido disposiciones tales como Facebook, ha catapultado recientemente las redes a un nuevo nivel. (De Nicholas Christakis y James M. Fowler, *Connected: The Surprising Power of Our Social Networks*, Little, Brown, Nueva York, 2009; hay trad. cast.: *Conectados. El sorprendente poder de las redes sociales y cómo nos afectan*, Taurus/Santillana, Madrid, 2010.)

breviven, los vecinos formaban alianzas en cierta medida. Participaban en el comercio y en intercambios de mujeres jóvenes, pero también en rivalidades e incursiones de venganza. Pero el núcleo de la existencia social de cada individuo era la cuadrilla, y la cohesión de la cuadrilla se mantenía compacta por la fuerza de unión de la red que componía.

Con la aparición de aldeas y después cacicazgos en el período Neolítico, hace unos 10.000 años, la naturaleza de las redes cambió de manera espectacular. Aumentaron de tamaño y se fragmentaron. Estos subgrupos se solaparon y a la vez se hicieron jerárquicos y porosos. El individuo vivía en un mosaico de miembros de la familia, correligionarios, compañeros de trabajo, amigos y extraños. Su existencia social se hizo mucho menos estable que el mundo de los cazadores-recolectores. En los países industrializados modernos, las redes han crecido hasta una complejidad que ha resultado abrumadora para la mente paleolítica que hemos heredado. Nuestros instintos desean todavía las minúsculas redes de bandas unidas que predominaron durante los cientos de milenios que precedieron al alba de la historia. Nuestros instintos siguen sin estar preparados para la civilización.

La tendencia ha vertido confusión en la unión de grupos, uno de los impulsos humanos más poderosos. Nos gobierna un impulso (mejor, una necesidad apremiante) que se inició en nuestro origen ancestral como primates. Cada persona es un buscador compulsivo de grupo, y por lo tanto un animal intensamente tribal. Satisface de diversas maneras su necesidad, en una familia extendida, una religión, ideología, grupo étnico o club deportivo organizados, por separado o en combinación. Las posibilidades son enormes. En cada uno de nuestros grupos encontramos competencia por el nivel jerárquico, pero también confianza y virtud, los productos característicos de la selección de grupo. Nos preocupamos. Nos preguntamos: ¿a quién, en este mundo de cambio global de innumerables grupos que se superponen, hemos de ofrecer nuestra lealtad?

En medio de todo esto, nuestros instintos siguen al mando y siguen confundidos, pero solo unos pocos, si los obedecemos sabiamente, pueden salvarnos. Por ejemplo, sentimos empatía. Nos contenemos. Muchas investigaciones recientes han hecho posible ver de qué modo los impulsos de la moralidad pueden operar dentro del cerebro. Se ha encontrado un comienzo prometedor en la explicación de la Regla Áurea, que es quizá el único precepto que se halla en todas las religiones organizadas. La regla es fundamental para todo razonamiento moral. Cuando al rabino Hillel, un gran teólogo y filósofo, se le retó a que explicara la Torá en el tiempo en que podía sostenerse sobre un pie, replicó: «No hagas a los demás lo que te repugne. Todo lo demás es comentario».

La respuesta podría haberse expresado igual de bien como «empatía coercitiva», que significa que, a menos que las personas sean psicópatas, sienten automáticamente el dolor de los demás. El cerebro, según argumenta el neurobiólogo Donald W. Pfaff en *The Neuroscience of Fair Play*, no es un órgano simplemente dividido en partes principales, sino dividido contra sí mismo. El miedo primario que desencadenan los estímulos estresantes o enfurecedores es una respuesta que ya se entiende bien a los niveles molecular y celular. Es contrarrestado por una suspensión automática del pensamiento que induce el miedo cuando el comportamiento altruista es apropiado. Cuando se desliza hacia el comportamiento hostil y violento en potencia, el individuo se «pierde» psicológicamente. En el choque de emociones, transfiere un poco de su propia identidad a la otra persona.

El cerebro de nuestra especie, que es como Jano, es un sistema absolutamente complejo de neuronas, hormonas y neurotransmisores que se entrecruzan. Crea procesos que, indistintamente, se refuerzan o se anulan entre sí, según el contexto.

El miedo es en parte un flujo de impulsos que atraviesan la amígdala, la estructura en forma de almendra del cerebro que contiene conexiones a circuitos neuronales que contribuyen, todos a la vez, al miedo, la memoria del miedo y la supresión del miedo. Las señales que viajan a través de esas conexiones se integran y después se desplazan a otras partes del cerebro anterior y del cerebro medio. Parece que mientras que las emociones del miedo proceden de la amígdala, pensamientos temerosos más complejos sobre una persona u objeto concretos que causan la emoción proceden de los centros de procesamiento de la información de la corteza cerebral.

Una segunda pista para la naturaleza automática de la supresión del miedo y la ira se ha encontrado en circuitos de la corteza cingulada anterior y de la ínsula, que contribuyen mediante la respuesta emocional a la sensación de dolor. Los circuitos afectan no solo a la respuesta del dolor propio, sino también a la percepción del dolor de otra persona.

Pfaff es un científico distinguido que se muestra cauteloso a la hora de ensartar juntos estos fragmentos procedentes de investigaciones recientes sobre el cerebro para crear una visión general, pero también ha visto el valor de crear al menos una teoría operativa plausible acerca de un fenómeno de importancia tan evidente para comprender el comportamiento humano. El proceso de confusión integrado en el sistema de circuitos y conexiones del cerebro, ya se desencadene debido al miedo, al estrés mental o a otras emociones, puede explicar un repertorio casi infinito de elecciones de comportamiento éticamente aceptables. Pfaff proporciona un ejemplo imaginario para ilustrar el proceso:

> La teoría tiene cuatro fases. En la *primera* fase, una persona considera emprender una determinada acción con respecto a otra; por ejemplo, la Sra. Abbott considera apuñalar al Sr. Besser en el estómago. Antes de que la acción tenga lugar, se representa en el cerebro del actor en perspectiva, como tiene que serlo todo acto. Dicho acto tendrá consecuencias para el otro individuo que el actor en potencia puede comprender, prever y recordar. *Segundo*, la Sra. Abbott imagina el objetivo de esta acción, el Sr. Besser. La *tercera* es la fase crucial: la Sra. Abbott *borra* la diferencia entre la otra persona y ella. En lugar de ver las consecuencias de su acto para el Sr. Besser, con efectos horrorosos para sus tripas y sangre, la Sra. Abbott pierde *la diferencia mental y emocional* entre la sangre y las entrañas del Sr. Besser y las suyas. La *cuarta* fase es la decisión. Ahora es menos probable que la Sra. Abbott ataque al Sr. Besser, porque comparte su miedo (o, de manera más precisa, comparte el miedo que él experimentaría si supiera qué es lo que ella está tramando).

> Para el neurocientífico, esta explicación de una decisión ética por parte del acuchillador en potencia tiene una característica muy atractiva: implica únicamente la pérdida de información, no su adquisición o almacenamiento, repletos de esfuerzo. El aprendizaje de información compleja y su almacenamiento en la memoria son procesos deliberados y concienzudos, pero la *pérdida* de información parece tener

lugar sin ningún problema en absoluto. Amortiguar cualquiera de los muchos mecanismos implicados en la memoria puede explicar la confusión de identidad que esta teoría requiere. En el ejemplo de la Sra. Abbott y el Sr. Besser, como resultado de una confusión de identidad (una pérdida de individualidad), la atacante se pone temporalmente en el lugar de la otra persona. Evita un acto poco ético debido al miedo compartido.

Si esta explicación de la toma de decisiones éticas se sostiene, encontrará resonancia en la interpretación de la selección de grupo que hace la teoría evolutiva. Los seres humanos propenden a ser morales (hacer las cosas correctas, retenerse, ayudar a los demás, a veces incluso con riesgo personal) debido a que la selección natural ha favorecido aquellas interacciones de los miembros del grupo que benefician al grupo como un todo.

Además de para el origen de la empatía instintiva, se puede invocar al menos en parte a la selección de grupo para explicar la cooperación, un rasgo todavía más importante de la naturaleza humana. En 2002, Ernst Fehr y Simon Gächter plantearon claramente el problema científico como sigue:

> La cooperación humana es un enigma evolutivo. A diferencia de otros animales, las personas cooperan con frecuencia con extraños no emparentados genéticamente, a menudo en grupos grandes, con personas que no volverán a encontrar nunca, y cuando los beneficios reproductivos son pequeños o nulos. Estos patrones de cooperación no pueden explicarse mediante la teoría evolutiva de la selección de parentesco y los motivos egoístas asociados con la teoría de las señales o la teoría del altruismo recíproco.

La selección de parentesco, como ya he señalado, no puede ser la solución de la paradoja. Puede pensarse que funcionó en las partidas de los primeros cazadores-recolectores, donde debido al número reducido de miembros el parentesco entre estos era cercano. Pero los análisis matemáticos han revelado que la selección de parentesco por sí sola es impracticable como fuerza evolutiva dinámica. Cuando individuos estrechamente emparentados se reúnen, de modo que los cooperadores tengan más probabilidad de encontrarse con otros cooperadores genéticos, el resultado no promoverá por sí mismo el origen de la cooperación. Solo la selección de grupo, con grupos que contengan más cooperadores opuestos a grupos con menos cooperadores, producirá un cambio al nivel de la especie hacia una cooperación instintiva mayor y más generalizada.

Durante la primera década de este siglo, biólogos y antropólogos se han centrado profundamente en la evolución de la cooperación. La conclusión a la que han llegado es que el fenómeno se consiguió en la prehistoria humana mediante una mezcla de respuestas innatas. Dichas respuestas incluyen la búsqueda de estatus social por parte de los individuos, la igualación del estatus elevado de los individuos por parte del grupo y el impulso a ofrecer castigos y recompensas a los que se desvían demasiado de las normas del grupo. Cada uno de los comportamientos contiene elementos a la vez de egoísmo y de altruismo. Todos están interconectados en causa y efecto, y se originaron mediante selección de grupo.

La maraña de impulsos creados en el cerebro consciente ha sido catalogada primorosamente por Steven Pinker en su libro *La tabla rasa* (2002):

> Las emociones de condena al otro (desprecio, ira y aversión) incitan a uno a castigar a los tramposos. Las emociones de encomio del otro (gratitud y una emoción que puede denominarse elevación, admiración moral o sentirse emocionado) hacen que uno recompense a los altruistas. Las emociones de sufrimiento del otro (simpatía, compasión y empatía) incitan a uno a ayudar a un beneficiario necesitado. Y las emociones de consciencia de uno mismo (culpa, vergüenza y turbación) lo mueven a uno a evitar engañar o a reparar los efectos del engaño.

La ambivalencia y ambigüedad inflexibles son los frutos de la extraña herencia de primates que rige la mente humana. Ser humano es también igualar a los demás, en especial los que parecen recibir más de lo que merecen. Incluso dentro de las filas de la élite, se juegan juegos delicados para conseguir estatus cada vez más elevados al tiempo que se navega a través de las filas sucesivas de rivales celosos. Ser modesto en tu proceder, siempre modesto, es la estratagema necesaria. Se trata de un asunto delicado. Como observó el ensayista del siglo XVII François de La Rochefoucauld, «la modestia se debe a un temor a incurrir en la envidia y desprecio bien merecidos que persigue a los que se ven embriagados por la buena fortuna. Es una exhibición inútil de la fuerza de la mente; y la modestia de los que alcanzan la mayor eminencia se debe a un deseo de aparecer más elevados todavía que su posición».

También ayuda a mejorar la reputación mediante lo que los investigadores han denominado reciprocidad indirecta, por la que una reputación de altruismo y de cooperatividad se acumulan en un individuo, aunque las acciones que la forjaron no sean más que ordinarias. Un dicho en alemán ejemplifica la táctica: *Tue Gutes und rede darüber.* Haz el bien y cuéntalo. Entonces las puertas se abren, y las oportunidades de amistades y alianzas aumentan.

Puesto que todos conocen el juego, la gente está siempre deseosa de contrarrestarlo si pueden hacerlo sin riesgo. Son muy sensibles a la hipocresía y están dispuestos siempre a derribar a los que suben si sus credenciales son algo menos que impecables. Todos los igualadores, lo que significa prácticamente todo el mundo, tienen un armamento formidable a su disposición. Mofas, chistes, parodias y risa burlona son remedios para debilitar a los presuntuosos y claramente ambiciosos. La humillación es un arte basado en el ingenio, la sal en la comida de la conversación, como se le ha llamado, en el que se atesora la excelencia. Una de las más conocidas, y seguramente la más ilustre de todas las épocas, es la respuesta de Samuel Foote a John Montagu, cuarto conde de Sandwich, cuando este le advirtió que moriría de una enfermedad venérea o por la soga del verdugo. Foote respondió: «Señor, eso dependerá de si abrazo a la amante de su señoría o los principios éticos de su señoría».

Desde luego, hay mucho más en el carácter cooperativo humano que su eficiencia y su protección mediante el desmantelamiento de la presunción. Todas las personas normales son capaces de verdadero altruismo. Somos únicos entre los animales por la manera en que cuidamos de los enfermos y los heridos, ayudamos a los pobres, consolamos a los acongojados e incluso arriesgamos voluntariamente nuestra propia vida para salvar a extraños. Muchos, después de haber ayudado a otros en una emergencia, se van sin identificarse. O, si se quedan, restan importancia a su heroísmo con una negación que no es en absoluto obligada: «Era lo que tenía que hacer», o «Solo hice lo que esperaría que otros hicieran por mí».

El altruismo verdadero existe, como Samuel Bowles y otros investigadores han afirmado. Mejora la fuerza y la competitividad de los grupos, y ha sido favorecido durante la evolución humana por la selección natural al nivel del grupo.

Hay estudios adicionales que sugieren (pero que no han demostrado de manera concluyente) que la igualación es beneficiosa incluso para las sociedades modernas más avanzadas. Las que mejor lo hacen para sus ciudadanos en calidad de vida, desde la educación y la asistencia sanitaria hasta el control de la criminalidad y la autoestima colectiva, tienen también el diferencial más bajo de ingresos entre los ciudadanos más ricos y más pobres. Entre los veintitrés países más ricos del mundo y estados concretos de Estados Unidos, según un análisis realizado en 2009 por Richard Wilkinson y Kate Pickett, Japón, los países nórdicos y el estado norteamericano de New Hampshire poseen a la vez el diferencial menor y la calidad de vida promedio más alta. Los últimos de la lista son el Reino Unido, Portugal y el resto de estados de Estados Unidos.

Las personas consiguen placer visceral en más cosas que simplemente igualar y cooperar. También disfrutan viendo repartir castigos a los que no cooperan (gorrones, criminales) e incluso a los que no contribuyen con niveles conmensurados con su situación social (los ricos ociosos). El impulso para derribar a los inicuos se ve servido perfectamente mediante las revelaciones en los medios sensacionalistas y los relatos de crímenes reales. Resulta que las personas no solo desean de manera apasionada ver castigados a los vagos y maleantes: también quieren participar en la administración de justicia, incluso si supone un coste para ellas. Increpar a un conductor que se salta el semáforo en rojo, tirar de la manta a propósito de los negocios sucios del jefe, informar a la policía de un delito que se está produciendo... muchas personas realizarán estos servicios incluso si no conocen personalmente a los bribones y arriesgándose a pagar un coste por su buen comportamiento cívico, por lo menos en pérdida de tiempo.

En el cerebro, la administración de este «castigo altruista» activa la ínsula bilateral anterior, un centro del cerebro que también se activa en caso de dolor, ira y repugnancia. Su recompensa es un mayor orden para la sociedad y un consumo de recursos menos egoísta de los bienes comunales. No procede de un cálculo racional por parte del altruista. Este puede incluir al principio en sus reflexiones el impacto último en él y en su familia. El altruismo auténtico se basa en un instinto biológico para el bien común de la tribu, que la selección de grupo ha puesto en su lugar, por el que los grupos de altruistas en tiempos prehistóricos prevalecían sobre los grupos de individuos en desorden egoísta. Nuestra especie no es *Homo oeconomicus*. Al final del día, resulta ser algo más complicado e interesante. Somos *Homo sapiens*, seres imperfectos, que seguimos adelante, con impulsos en conflicto, en un mundo impredecible, implacable y amenazador, y que hacemos lo mejor que podemos con lo que tenemos.

Y más allá de los instintos ordinarios de altruismo, hay algo más, delicado y efímero por su carácter pero que, cuando se experimenta, es transformador. Es el *honor*, un sentimiento surgido de la empatía y de la capacidad de cooperación innatos. Es la reserva final de altruismo que quizá pueda salvar todavía a nuestra raza.

El honor, desde luego, es una espada de doble filo. Una cara de la hoja es la devoción y el sacrificio en la guerra. Estas respuestas surgen del instinto primario del grupo de enfrentarse a un enemigo que se considera una amenaza para el grupo, y defender a este. El talante que se genera lo captó a la perfección el joven poeta inglés Rupert Brooke en 1914, antes de que la Primera Guerra Mundial se desplegara completamente en su tragedia inenarrable y que él muriera:

¡Sonad, sonad, trompetas! Nos traen, para nuestra carestía,
Beatitud, que hace tanto tiempo que nos falta, y amor, y dolor.
El honor ha vuelto, como un rey, a la tierra,
Y ha pagado a sus súbditos con un salario real;
Y la hidalguía anda de nuevo por nuestros caminos;
*Y hemos recibido nuestra herencia.**

El otro filo de la espada es el honor del individuo enfrentado a la muchedumbre, y a veces a un precepto moral general o incluso a una religión. El filósofo Kwame Anthony Appiah lo ha expresado de manera elegante en *The Honor Code: How Moral Revolutions Happen* (2010) en la siguiente descripción de la resistencia de los individuos y de los grupos minoritarios de resistencia frente a la injusticia organizada:

> Podríamos preguntarnos qué es lo que el honor hace en estos relatos que no haga la moralidad por sí misma. Una comprensión de la moralidad impedirá que los soldados abusen de la dignidad humana de sus prisioneros. Los hará censurar los actos de los que lo hagan. Y permitirá saber a las mujeres que han sido sometidas a abusos abominables que sus maltratadores merecen castigo. Pero hace falta un sentido del honor para impulsar a un soldado más allá de hacer lo que está bien y condenar lo que está mal, a insistir en que se haga algo cuando otros de su bando cometen malas acciones. Hace falta un sentido del honor para sentirse implicado por los actos de los demás.
>
> Y hace falta un sentido de la propia dignidad para insistir, contra una fuerza superior, en nuestro derecho a la justicia en una sociedad que raramente la ofrece a mujeres como tú; y un sentido de la dignidad de todas las mujeres para responder a tu propia violación brutal no solo con indignación y un deseo de venganza, sino con una determinación a rehacer tu país, de manera que sus mujeres sean tratadas con el respeto que sabes que merecen. Tomar estas opciones es vivir

---

* *Blow, bugles, blow! They brought us, for our dearth, / Holiness, lacked so long, and Love, and Pain. / Honour has come back, as a king, to earth, / And paid his subjects with a royal wage; / And Nobleness walks in our ways again; / And we have come into our heritage.*

una vida de dificultades; a veces, incluso de peligro. También es, y no incidentalmente, vivir una vida de honor.

La comprensión naturalista de la moralidad no lleva a preceptos absolutos y juicios seguros, sino que en cambio advierte en contra de basarlos ciegamente en dogmas religiosos e ideológicos. Cuando dichos preceptos se descarrían, que suele ser a menudo, por lo general se debe a que se basan en la ignorancia. Algún o algunos factores importantes se omitieron involuntariamente durante la formulación. Consideremos, por ejemplo, la prohibición papal de la contracepción artificial. La decisión la tomó (con buenas intenciones) una persona, Pablo VI, en su encíclica de 1968 *Humanae vitae*. La razón que dio parece en principio totalmente razonable. Dios, postulaba, pretende que las relaciones sexuales se limiten al propósito de concebir niños. Pero la lógica de la *Humanae vitae* es errónea. Deja fuera un hecho fundamental. Abundantes pruebas procedentes de la psicología y de la biología reproductiva, gran parte de ellas obtenidas desde la década de 1960, han revelado que las relaciones sexuales tienen otro propósito adicional. Las hembras humanas tienen los genitales externos ocultos y así no anuncian el estro, con lo que difieren de otras especies de primates. Tanto hombres como mujeres, cuando están unidos, insisten en las relaciones sexuales continuas y frecuentes. La práctica es adaptativa desde el punto de vista genético: asegura que la mujer y su hijo tengan la ayuda del padre. Para la mujer, el compromiso que aseguran las relaciones sexuales placenteras es importante, incluso vital en muchas circunstancias. Los niños humanos, para adquirir un cerebro organizado y grande y una inteligencia elevada, han de pasar por un período insólitamente largo de desamparo durante su desarrollo. La madre no puede contar con el mismo nivel de respaldo procedente de la comunidad, incluso en sociedades de cazadores-recolectores fuertemente cohesionadas, que el que obtiene de una pareja con la que está vinculada sexual y emocionalmente.

Un segundo ejemplo de ética dogmática envilecida por falta de conocimiento es la homofobia. El razonamiento de base es en gran parte el mismo de la oposición a la contracepción artificial: el sexo que no está dirigido a la reproducción ha de ser una aberración y un pecado. Pero hay abundantes pruebas que indican lo contrario. La homosexualidad comprometida, de la que la preferencia aparece en la infancia, es heredable. Esto significa que el rasgo no siempre está fijado, pero parte de la mayor probabilidad de que una persona se desarrolle para devenir homosexual está prescrita por genes que difieren de los que conducen a la heterosexualidad. Además, se ha visto que la homosexualidad influida por la herencia existe en poblaciones de todo el mundo con demasiada frecuencia para ser debida únicamente a mutaciones. Los genetistas de poblaciones emplean una regla empírica para explicar la abundancia a este nivel: si un rasgo no puede deberse únicamente a mutaciones aleatorias, y aun así reduce o elimina la reproducción en los que lo presentan, entonces dicho rasgo ha de ser favorecido por la selección natural que opera sobre un objetivo de algún otro tipo. Por ejemplo, una dosis baja de genes que tienden a la homosexualidad puede conferir ventajas competitivas a un heterosexual practicante. O bien la homosexualidad puede conferir ventajas al grupo mediante talentos especiales, cualidades de personalidad insólitas y los papeles y profesiones especializados que genera. Existen abundantes pruebas de que tal es el caso, tanto en las sociedades prealfabetizadas como en las modernas. Sea como sea, las sociedades se equivocan al censurar la sexualidad porque los gays tienen preferencias sexuales diferentes y se reproducen menos. Por el contrario, su presencia debiera valorarse por aquello que aportan de forma constructiva a la diversidad humana. Una sociedad que condena la homosexualidad se daña a sí misma.

Hay un principio que aprender cuando se estudian los orígenes biológicos del razonamiento moral. Y es que fuera de los preceptos éticos más claros, como la condena de la esclavitud, el maltrato infantil y el genocidio, a los que todos estaremos de acuerdo en que hay que oponerse en todas partes y sin excepción, hay un amplio ámbito gris por el que es intrínsecamente difícil moverse. La declaración de preceptos y juicios éticos que se hace a partir de ellos requiere saber muy bien por qué nos preocupa el asunto, de una u otra manera, y ello incluye la historia biológica de las emociones implicadas. Esta investigación todavía no se ha hecho. En realidad, apenas se ha imaginado siquiera.

Con un mayor conocimiento de nosotros mismos, ¿cómo nos sentiremos con respecto a la moralidad y al honor? No me cabe ninguna duda de que en muchos casos, quizá en la gran mayoría, los preceptos que hoy en día comparten la mayoría de las sociedades resistirán la prueba del realismo basado en la biología. Otros, como la prohibición de la concepción artificial, la condena de la orientación homosexual y los matrimonios obligados de muchachas adolescentes, no la resistirán. Sea cual sea el resultado, parece claro que la filosofía ética se beneficiará de una reconstrucción de sus preceptos sobre la base tanto de la ciencia como de la cultura. Si esta mayor comprensión equivale al «relativismo moral» que con tanto fervor desprecian los doctrinalmente virtuosos, que así sea.

25

Los orígenes de la religión

El Armagedón en el conflicto entre la ciencia y la religión (si se me puede permitir una metáfora tan fuerte) empezó en serio a finales del siglo XX. Se trata del intento de los científicos de explicar la religión desde sus cimientos: no como una realidad independiente dentro de la cual la humanidad lucha por encontrar su lugar, ni como obediencia a una Presencia divina, sino como producto de la evolución mediante la selección natural. En su origen, la lucha no es entre personas, sino entre concepciones del mundo. Las personas no son desechables, pero las concepciones del mundo sí.

El hombre, ¿fue hecho a la imagen de Dios, o fue hecho Dios a la imagen del hombre? Aquí radica la diferencia entre la religión y el laicismo basado en la ciencia. La alternativa que se seleccione tiene una importancia profunda para el conocimiento de sí mismos que tienen los humanos y para la manera en que las personas se tratan mutuamente. Si Dios hizo al hombre a su imagen, una creencia que sugieren los relatos creacionistas y las iconografías de la mayoría de las religiones, es razonable suponer que Él está personalmente a cargo de los seres humanos. Si, en cambio, Dios no creó a la humanidad a su imagen, entonces existe una elevada probabilidad de que el sistema solar no sea especial dentro de las otras decenas de millares de trillones, aproximadamente, de sistemas solares del universo. Si esta última alternativa se sospechara de manera generalizada, la devoción a las religiones organizadas se reduciría de manera importante.

Llegamos entonces a la pregunta última, que me parece que los teólogos a lo largo de los siglos siempre han complicado innecesariamente. ¿Existe Dios? Si existe, ¿es un Dios personal, al que podemos rezar a la espera de recibir una respuesta? Y si lo dicho hasta aquí es verdad, ¿podríamos esperar ser inmortales y vivir, pongamos por caso, durante los próximos cuatrillones de años (solo para empezar) en paz y armonía?

Sobre estas preguntas básicas, durante el siglo xx se ensanchó una brecha entre los creyentes religiosos y los científicos laicos. Una encuesta de 1910 realizada a los «mayores» científicos (presentados como estrellas) listados en *American Men of Science* reveló que todavía había un considerable 32 por ciento de ellos que creían en un Dios personal, y que un 37 por ciento creían en la inmortalidad. Cuando la encuesta se repitió en 1933, los que creían en Dios se habían reducido a un 13 por ciento y los que creían en la inmortalidad a un 15 por ciento. La tendencia continúa. En 1998, los miembros de la Academia Nacional de Ciencias de Estados Unidos, un grupo de élite auspiciado por el gobierno federal, se acercaban al ateísmo total. Sólo el 10 por ciento declaraban creer en Dios o en la inmortalidad. Entre ellos había un escaso 2 por ciento de los biólogos.

En las civilizaciones modernas, el pueblo llano en general no concede una importancia abrumadora a pertenecer a una religión organizada. Consideremos, por ejemplo, las grandes diferencias en religiosidad que hay entre la población de Estados Unidos y la de Europa occidental. Encuestas publicadas a finales de la década de 1990 indicaban que más del 95 por ciento de los norteamericanos creían en Dios o en algún tipo de fuerza vital universal, frente al 61 por ciento de los británicos. El 84 por ciento de los norteamericanos creían que Jesús era Dios o el hijo de Dios, pero solo lo creían el 46 por ciento de los británicos. En una encuesta realizada en 1979, el 70 por ciento de los norteamericanos creían en la vida después de la muerte, frente a un 46 por ciento de los italianos, un 43 por ciento de los franceses y un 35 por ciento de los escandinavos. Hoy en día, cerca del 45 por ciento de los norteamericanos asisten a la iglesia más de una vez por semana, en comparación con el 13 por ciento de los británicos, el 10 por ciento de los franceses, el 3 por ciento de los daneses y el 2 por ciento de los islandeses.

A menudo se me pregunta la razón de estas disparidades intercontinentales, dado que la mayoría de los norteamericanos son originarios de Europa occidental. También existe una considerable perplejidad acerca del extendido literalismo bíblico y de la negación, por parte de la mitad de la población de Estados Unidos, de la evolución biológica. Habiendo sido criado como baptista sureño, una denominación evangélica que incluye un gran porcentaje de los cristianos fundamentalistas norteamericanos, conozco muy bien el poder de la Biblia del rey Jacobo, la calidez y generosidad de aquellos a los que une, y el acoso que sienten en una cultura que consideran que se torna cada vez más impía. La Biblia, incorruptible e indisputable, es el instrumento de todas las necesidades espirituales. Sus versículos venerables son un pozo sin fondo de significado. En los momentos de soledad los creyentes encuentran compañía, consuelo en la aflicción, y esperan redención en la tendencia a errar moralmente. «¡Qué amigo tenemos en Jesús! —entona un himno memorable—. ¡Cargar con todos nuestros pecados y penas! ¡Qué privilegio comunicarle todo a Dios en la plegaria!» Hay razones históricas por las que los protestantes fundamentalistas suponen un porcentaje tan grande de los norteamericanos, cuya explicación dejaré a los historiadores. Pero a los que creen que su cultura puede ser truncada por el ridículo y la razón, les diré: pensadlo otra vez. Hay circunstancias en las cuales las personas inteligentes y bien educadas asimilan su identidad y el significado de su vida a su religión, y esta es una de ellas.

Si un Dios personal, o dioses, o espíritus inmateriales no se aceptan al menos en cierto grado, ¿qué pasa con la fuerza divina que creó el universo? ¿No podríamos adorar todos a este Creador, aunque no tenga un interés especial en nosotros? Este es el razonamiento del deísmo: que la existencia material fue iniciada con un propósito por algo o por alguien. Si es así, la razón del universo sigue sin sernos revelada hasta el día de hoy, 13.700 millones de años después del big bang. Algunos científicos serios han argumentado que al menos tiene que existir un Dios creador. El fondo de su razonamiento es el principio antrópico, que sostiene que las leyes de la física y sus parámetros tenían que estar sutilmente ajustados con el fin de que por evolución se produjeran sistemas de estrellas y que con ellas evolucionara la vida basada en el carbono. Este es el universo esencial de Ricitos de Oro que nos rodea en sus entidades y fuerzas físicas: no demasiado poco de esto, no demasiado de aquello. Por ejemplo, si el gran estallido hubiera sido un poco más potente, la materia habría salido disparada demasiado deprisa para que se formaran las estrellas y los planetas. Debe admitirse que el principio antrópico es intrigante. Sin embargo, tal como el historiador Thomas Dixon expresa su dificultad,

> ¿cómo sabemos si sorprendernos o no por una determinada configuración de las constantes físicas? ¿Es seguro que cualquier combinación es casi infinitamente improbable? En cualquier caso, ¿cómo sabemos que estas constantes tienen la libertad de variar de la manera en que estos razonamientos suponen que lo hacen, y que simplemente no están fijadas por la naturaleza o conectadas entre sí de una manera que no comprendemos? ¿Y acaso la existencia real de billones de otros universos, en oposición a su existencia meramente posible, hace realmente que nos sorprendamos menos acerca de la existencia y de la constitución física del nuestro (suponiendo que, para empezar, nos hubiéramos sorprendido, algo que honestamente no me ocurrió)?

Este contraargumento refleja la intuición del Philo de Hume: «Al haber encontrado en tantos otros temas mucho más familiares las imperfecciones e incluso las contradicciones de la razón humana, nunca esperaría ningún éxito de sus débiles conjeturas, en un asunto tan sublime, y tan remoto de la esfera de nuestra observación».

Supongamos que, contraviniendo este razonamiento y por algunos medios, decidimos interpretar las leyes físicas del universo como prueba de la existencia de un ser sobrenatural y supremo. Supondría entonces un enorme acto de fe atribuir la historia biológica que se desarrolló sobre este planeta a alguna intervención divina. Si las pruebas procedentes de la biología y la antropología significan algo, sería otro error de igual magnitud considerar, a la manera de Platón y Kant, preceptos éticos universales que existen separados de las idiosincrasias de la existencia humana, y de ahí la moral dada por Dios que de manera tan elocuente postulan C. S. Lewis y otros apologistas cristianos. En cambio, existen toda clase de razones para explicar el origen de la religión y la moralidad como acontecimientos especiales en la historia evolutiva de la humanidad, impulsados por la selección natural.

Las pruebas que tenemos ante nosotros en gran abundancia señalan que la religión organizada es una expresión del tribalismo. Cada religión enseña a sus seguidores que son una comunidad especial y que su relato creacionista, sus preceptos morales y privilegio del poder divino son superiores a los que se afirman en otras religiones. Su caridad y otros actos de altruismo se concentran en sus correligionarios; cuando se extienden a extraños suele ser para ganar prosélitos y, por lo tanto, robustecer el tamaño de la tribu y de sus aliados. No hay ningún líder religioso que anime nunca a la gente a considerar las religiones rivales y a elegir la que consideren mejor para su persona y su sociedad. El conflicto entre religiones suele ser un catalizador, si no una causa directa, de la guerra. Los creyentes devotos valoran su fe por encima de todo lo demás y son prestos a encolerizarse si esta se pone en entredicho. El poder de las religiones organizadas se basa en su contribución al orden social y a la seguridad personal, no a la búsqueda de la verdad. El objetivo de las religiones es la sumisión a la voluntad y al bien común de la tribu.

Lo que hay de ilógico en las religiones no es una debilidad para ellas, sino su fuerza esencial. La aceptación de los extravagantes mitos creacionistas une a los miembros. Entre las diversas creencias prominentes cristianas, encontramos la convicción de que los que han entregado su voluntad a Jesús pronto ascenderán corporalmente al cielo, y que los que se queden atrás padecerán durante mil años, después de los cuales el mundo se acabará. Una fe rival no está de acuerdo, pero recomienda la comunión con Cristo en la Tierra al comer su carne y beber su sangre, ambas cosas literalmente convertidas por el acto de la transubstanciación. El hecho de que los extraños duden abiertamente de estos dogmas se considera una invasión de la intimidad y un insulto personal. El hecho de que los miembros planteen dudas es una herejía punible.

Un instinto tan profundamente tribal solo pudo surgir, en el mundo real, mediante selección de grupo, al competir una tribu contra otra tribu. Las cualidades peculiares de la fe religiosa son la consecuencia lógica del dinamismo en este nivel superior de organización biológica.

La esencia de las religiones organizadas tradicionales son sus mitos creacionistas. ¿De qué manera, en la historia del mundo real, se originaron? Algunos se extrajeron en parte de recuerdos populares de acontecimientos trascendentales: de emigración a nuevas tierras, de guerras ganadas o perdidas, de grandes inundaciones y erupciones volcánicas. Cada uno de ellos fue reformulado y ritualizado a lo largo de las generaciones. La llegada percibida de seres divinos a la escena se hace posible por los procesos de pensamiento personales de profetas y creyentes. Esperan que los dioses tengan las mismas emociones, razonamientos y motivos que los suyos propios. En el Antiguo Testamento, por ejemplo, Yahvé era, en diferentes momentos, afectuoso, celoso, colérico y vengativo de la misma manera que sus súbditos mortales.

Las personas proyectan asimismo su humanidad en animales, máquinas, lugares e incluso seres ficticios. En dicha transferencia ha sido relativamente fácil dar el paso desde los gobernantes humanos a los seres divinos invisibles. Por ejemplo, en las tres religiones abrahámicas (judaísmo, cristianismo e islamismo) Dios es un patriarca muy parecido a los de los reinos de los desiertos en que estas religiones surgieron.

Incluso los elementos más fantasmagóricos de los mitos creacionistas (la aparición de demonios y ángeles, las voces de seres invisibles, la resurrección de muertos y la detención del Sol en su órbita) son fáciles de comprender no por leyes físicas, sino a la luz de la fisiología y la medicina modernas. Los jefes de los clanes y los chamanes siempre son propensos a hablar con los dioses y espíritus durante sueños, alucinaciones inducidas por drogas y accesos de enfermedad mental. Especialmente vívidos son los episodios de parálisis nocturna, durante los cuales personas que normalmente están sanas penetran en un mundo alternativo de monstruos amenazadores y temor aniquilador. Un sujeto estudiado por el psicólogo J. Allan Cheyne describe «una sombra de una figura en movimiento, con los brazos extendidos, que [él] estaba absolutamente seguro de que era sobrenatural y malvado». Otro estaba igualmente seguro de que se despertó para encontrar la realidad de «un ser medio serpiente, medio humano, que le gritaba un galimatías al oído». Las imágenes convincentes de la parálisis del sueño son muy similares a las de las abducciones por extraterrestres, asociadas al menos en algunos casos a hiperactividad en la región parietal del cerebro. Otras experiencias de las que se informa durante la parálisis del sueño incluyen volar o caer, o abandonar el propio cuerpo. La emoción primaria es el miedo, pero a veces este cambia a excitación, alborozo y éxtasis.

Más importantes todavía en la creación de mitos del génesis son las drogas alucinógenas, que transforman las ilusiones en relatos, de duración mayor, repletos de símbolos, y cargados de lo que el soñador percibe como significado místico. Los chamanes y sus seguidores en las sociedades primitivas los usan para conectar con el mundo de los espíritus. Una de estas sustancias que ha sido especialmente bien estudiada es la ayahuasca, un alucinógeno que toman las tribus indígenas de la cuenca del Amazonas. Caer bajo el hechizo de la ayahuasca es experimentar visiones vívidamente realistas, que al principio son embarulladas, pero que después se desarrollan en una especie de relato. Aparecen, de manera variada, dibujos geométricos extraños, jaguares, serpientes y otros animales, y la propia muerte de uno y el viaje a otro mundo. Sirva el siguiente ejemplo de un indio siona, de Colombia, que consumió *yagé*, que es el nombre local para la ayahuasca:

> Y después vino una mujer anciana que me arropó en una gran tela, me dio el pecho para que mamara, y después salí volando, muy lejos, y de pronto me encontré en un lugar completamente iluminado, muy claro, donde todo era plácido y sereno. Allí, donde vive la gente yagé, como nosotros, pero mejor, es donde uno termina.

Esto podría interpretarse como una entrada al cielo. A continuación se da una visión del infierno, tal como la experimentó una drogadicta chilena de origen europeo. (Con tigres se refiere a jaguares, los grandes felinos indígenas de Sudamérica.)

> Al principio, muchas caras de tigres. [...] Después *el* tigre. El mayor y más fuerte de todos. Sé (porque leo su pensamiento) que he de seguirlo. Veo la meseta. Él anda con resolución en línea recta. Yo sigo, pero al llegar al borde y percibir la luminosidad no puedo seguirlo.

Después ella ve un pozo circular de fuego líquido, en el que hay gente que nada.

> El tigre quiere que yo vaya allí. No sé cómo bajar. Agarro la cola del tigre y él salta. Debido a su musculatura, el salto es elegante y lento. El tigre nada en el fuego líquido mientras yo me siento sobre su dorso. [...] Salgo a la costa sobre el tigre. [...] Hay un cráter. Esperamos algún tiempo y entonces da comienzo una enorme erupción. El tigre me dice que debo lanzarme al cráter. [...]

Estas visiones toscas no son más extrañas que las que las principales religiones del mundo proponen como verdades fundacionales. Aprendemos mucho de esto en el testimonio de san Juan el Divino, en el capítulo final del Nuevo Testamento, el Libro del Apocalipsis. El año es el primer siglo, probablemente el 96 d.C., y el lugar la isla griega de Patmos. En la visión de san Juan, Jesús retorna a la Tierra desde su trono en el cielo a la diestra de Dios y habla a través de los ángeles. A Juan le sobresalta una voz extraña.

> Me volví para ver al que hablaba conmigo; y vuelto, vi siete candeleros de oro, y en medio de los candeleros a uno semejante a un hijo de hombre, vestido de una túnica talar y ceñidos los pechos con un cinturón de oro. Su cabeza y sus cabellos *eran* blancos, como la lana blanca, como la nieve; sus ojos *eran* como llamas de fuego; sus pies, semejantes al azófar incandescente en el horno, y su voz como la voz de muchas aguas. Tenía en su diestra siete estrellas, y de su boca salía una espada aguda, de dos filos, y su aspecto *era* como el sol cuando resplandece en toda su fuerza.

Jesús, en esta Segunda Venida (no la otra, catastrófica, que está a punto de prometer a Juan), está lleno de cólera. Tiene sentimientos encontrados acerca de las siete ciudades representadas por las candelas, y está dispuesto a derribar en ellas a los ciudadanos que se han apartado de su devoción hacia Él. Se identifica como el alfa y la omega, que tiene «las llaves de la muerte y del infierno». Jesús odia especialmente los actos de los nicolaítas. Y a los miembros díscolos de la iglesia de Patmos les dirige una advertencia feroz: «Arrepiéntete, pues; si no, vendré a ti pronto y pelearé contra ellos con la espada en mi boca». Jesús, en el testimonio de san Juan, pasa en medio de ángeles para profetizar el éxtasis, la tribulación y la guerra entre las fuerzas de Dios y las de Satanás, que termina con la victoria final de Dios.

San Juan el Divino pudo haber experimentado una visita divina real tal como la describió. Sin embargo, es mucho más probable que tuviera sueños por tomar drogas alucinógenas, que en su tiempo todavía era una práctica ampliamente seguida en el sudeste de Europa y Oriente Próximo. La más potente que se usaba se hacía a partir de la belladona (*Atropa belladonna*), el estramonio (especies de *Datura*), el cornezuelo de centeno (*Claviceps purpurea*, un hongo que crece sobre hierbas y juncias, y que es el principal componente del LSD) y el cáñamo (*Cannabis sativa*).

Asimismo, Juan podía padecer esquizofrenia, que produce alucinaciones semejantes a las visiones de Juan: voces, otros sonidos como conversaciones y órdenes, a veces experimentados como pensamientos muy enérgicos e importantes, a menudo tranquilizadores, pero otras veces amenazadores. Las ilusiones también se expanden en relatos más largos, y pueden conglutinarse en una visión del mundo basada en fantasías.

El caso de san Juan el Divino tiene una importancia superior a la ordinaria, porque el Libro del Apocalipsis, el clímax y conclusión del Nuevo Testamento, sirve como guía para los protestantes evangélicos conservadores. Los sueños de Juan han ejercido un efecto profundo sobre la manera en que millones de personas perfectamente cuerdas y responsables consideran el mundo y, de manera variable, ordenan su vida. Puede pensarse que sus declaraciones son ciertas,

FIGURA 25.1. Mantener a los muertos en casa así como en el mundo de los espíritus. En una aldea kukukuku de Nueva Guinea, un anciano muerto, momificado por el humo del hogar, está rodeado de su familia. (De Vernon Reynolds y Ralph Tanner, *The Biology of Religion*, Longman, Nueva York, 1983.)

pero en mi juicio sereno, la imagen de un Jesús ominoso que amenaza con asestar a los disidentes mandobles con una espada del siglo I está tan alejado del resto del Nuevo Testamento que hace que una simple explicación biológica sea preferible.

En cualquier caso, los historiadores y otros estudiosos con una perspectiva evolutiva y no disuadidos por las suposiciones sobrenaturales de la teología tradicional, han empezado a ensamblar los pasos que condujeron a las estructuras jerárquicas y dogmáticas de las religiones modernas. En algún momento del Paleolítico Tardío, los individuos empezaron a reflexionar sobre su propia mortalidad. Los lugares de enterramiento conocidos con alguna señal de ritual tienen 95.000 años de antigüedad. En aquella época, o antes, los vivos debieron de preguntarse: ¿adónde va toda esta gente muerta? La res-

Figura 25.2. Tratando de conseguir visiones mediante la tortura autoinfligida. En los indios mandan, los más valientes buscaban visiones haciéndose clavar garfios en la carne y después dejándose girar hasta que se desmayaban. (De Vernon Reynolds y Ralph Tanner, *The Biology of Religion*, Longman, Nueva York, 1983.)

puesta habría sido evidente de inmediato para ellos. Los que se marchaban todavía vivían, y volvían regularmente a reunirse con los vivos… en sueños. Era en el mundo espiritual de los sueños, y de manera todavía más vívida en las alucinaciones inducidas por las drogas, donde moraban sus parientes muertos, junto con sus amigos, enemigos, dioses, ángeles, demonios y monstruos. Visiones similares, como descubrieron sociedades posteriores, podían también inducirse mediante el ayuno, el agotamiento y la tortura autoinfligida. Hoy en día, como entonces, la mente consciente de toda persona viva abandona su cuerpo en el sueño y penetra en el mundo de los espíritus creado por impulsos neuronales de su cerebro.

Pronto en algún momento aparecieron los chamanes y tomaron a su cargo la interpretación de las visiones, en particular las suyas propias, que consideraban de especial importancia. Afirmaban que las apariciones controlaban el destino de la tribu. Se suponía que los seres sobrenaturales tenían las mismas emociones que las personas

FIGURA 25.3. Jefe de la Sociedad del Toro de Búfalo de los mandan. (De Joseph Campbell, con Bill Moyers, *The Power of Myth*, Doubleday, Nueva York, 1988; hay trad. cast.: *El poder del mito*, Emecé, Barcelona,1991. Pintura de Karl Bodmer, 1834.)

vivas, y por esta razón tenían que ser honrados y aplacados con ceremonias. Tenían que ser invocados para que bendijeran a la pequeña comunidad durante los ritos de iniciación: la entrada en la edad adulta, el matrimonio y la muerte. Con la revolución del Neolítico, y en especial durante el surgimiento de los estados, cuando se establecían alianzas para el comercio y la guerra, y diferentes tribus luchaban por la supremacía religiosa, a veces se compartían los dioses.

A medida que aumentaba la complejidad social, también lo hacía la responsabilidad de los dioses para mantener la estabilidad social, que sus sustitutos humanos, los sacerdotes, conseguían mediante el control político de arriba abajo. Cuando los líderes políticos, militares y religiosos colaboraban para conseguir estos fines, el dogma era a la vez

FIGURA 25.4. Bailarines prehistóricos e históricos primitivos con disfraz místico compuesto por una cabeza de animal. A) Pintura mural paleolítica de Trois Frères, Francia. B) Pintura prehistórica bosquimana de Afvallingskop, Sudáfrica. C, D) Pinturas de los sioux de las Llanuras americanas. (De R. Dale Guthrie, *The Nature of Paleolithic Art*, University of Chicago Press, Chicago, 2005.)

tradicional y firme. Cuando se producían revoluciones políticas que triunfaban, los líderes religiosos encontraban por lo general una manera de ajustarse a las circunstancias, normalmente tomando partido por los insurgentes y suavizando los antiguos dogmas establecidos.

Durante la formación israelita temprana de lo que iba a convertirse en las poderosas religiones abrahámicas, todavía había múltiples dioses que presidían sobre el pueblo elegido. En Salmos 86:8, el escriba entona: «No hay, Señor, en los dioses semejante a ti, y nada hay que iguale tus obras». Con el tiempo, Yahvé consiguió el poder absoluto sobre los israelitas. A partir de entonces, Él tendía a ordenar tolerancia hacia los dioses de los reinos vecinos cuando los tiempos eran buenos, y fuerte opresión cuando los tiempos eran difíciles.

En la actualidad, los creyentes religiosos, como en épocas antiguas, no están por regla general muy interesados por la teología, y nada en absoluto por los pasos evolutivos que condujeron a las religiones mundiales de hoy en día. Les preocupa, en cambio, la fe religiosa y los beneficios que proporciona. Los mitos creacionistas explican todo lo que necesitan saber de la historia profunda con el fin de mantener la unidad tribal. En tiempos de cambio y peligro, su fe personal les promete estabilidad y paz. Cuando se enfrentan a la amenaza y a la competencia de grupos extraños, los mitos aseguran a los creyentes que ellos son importantísimos a los ojos de Dios. La fe religiosa ofrece la seguridad psicológica que procede de manera singular de la pertenencia a un grupo, y que además está bendecida por la divinidad. Al menos dentro de las grandes muchedumbres de fieles abrahámicos de todo el mundo, promete vida eterna después de la muerte, y en el cielo, no en el infierno... en especial si elegimos la creencia correcta de entre las muchas disponibles, y prometemos practicar fielmente sus rituales.

Todos los estímulos de admiración reverente y de maravilla, cuya capacidad se invierte en la mente humana, han sido apropiados por las creencias religiosas a lo largo de los siglos, en obras de arte de la literatura, las artes visuales, la música y la arquitectura. Tres mil años de Yahvé han forjado un poder estético en estas artes creativas que no tiene parangón. En mi experiencia, no hay nada más emotivo que el *Lucernarium* de la Iglesia católica, cuando la *lumen Christi* (la luz de Cristo) es difundida por los cirios pascuales en una catedral a oscuras; o los himnos corales de los fieles en pie y de la procesión que se acerca durante una exhortación de los pastores protestantes evangélicos a los devotos.

Estos beneficios requieren la sumisión a Dios, o a su Hijo el Redentor, o a ambos, o a Su portavoz elegido final, Mahoma. Esto es demasiado fácil. Solo es necesario someterse, inclinarse, repetir los sagrados juramentos. Pero permítasenos preguntar francamente: ¿a quién se dirige en realidad esta obediencia? ¿A una entidad que puede no tener ningún significado que la mente humana pueda comprender, o que quizá ni siquiera existe? Sí, quizá realmente es a Dios. Pero quizá no se trate de otra cosa que de una tribu unida por un mito creacionista. Si es esto último, la fe religiosa se interpreta mejor como una trampa invisible e inevitable durante la historia biológica de nuestra especie. Y si esto es correcto, a buen seguro existen maneras de encontrar la satisfacción sin rendirse ni esclavizarse. La humanidad merece algo mejor.

26

Los orígenes de las artes creativas

Aunque las artes creativas son aparentemente ricas y carecen de límites, cada una de ellas es filtrada a través de los estrechos canales biológicos de la cognición humana. Nuestro mundo sensorial, lo que podemos aprender sin ayuda acerca de la realidad externa a nuestro cuerpo, es lamentablemente pequeño. Nuestra visión se halla limitada a un minúsculo segmento del espectro electromagnético, en el que las frecuencias de onda en toda su plenitud van desde la radiación gamma en el extremo superior hasta la frecuencia ultrabaja empleada en algunas formas especializadas de comunicación. Solo vemos un minúsculo segmento en la parte central del conjunto, al que denominamos «espectro visual». Nuestro aparato óptico divide este fragmento accesible en las divisiones borrosas que denominamos colores. Inmediatamente después del azul en la frecuencia se encuentra el ultravioleta, que los insectos pueden ver pero nosotros no. De las frecuencias sonoras que nos rodean solo oímos unas pocas. Los murciélagos se orientan mediante los ecos de los ultrasonidos, a una frecuencia que es demasiado elevada para nuestros oídos, y los elefantes se comunican mediante gruñidos a frecuencias demasiado bajas.

Los peces mormíridos tropicales emplean pulsos eléctricos para orientarse y comunicarse en aguas lóbregas y opacas, y han desarrollado una modalidad sensorial muy eficiente de la que carecen totalmente los humanos. Asimismo, sin que lo notemos, existe el campo magnético de la Tierra, que algunas aves migratorias emplean para su orientación. Tampoco podemos ver la polarización de la luz solar del cielo que las abejas melíferas emplean en los días nublados para guiarse desde sus colmenas a los campos de flores, y a la vuelta.

Sin embargo, nuestra mayor debilidad son nuestros sentidos lamentablemente reducidos del gusto y el tacto. Alrededor del 99 por ciento de todas las especies vivas, desde los microorganismos a los animales, se basan en sentidos químicos para encontrar su camino a través del ambiente. También han perfeccionado su capacidad de comunicarse entre sí con sustancias químicas especiales denominadas feromonas. En contraste, los seres humanos, junto con los monos, los simios y las aves, se cuentan entre los pocos seres vivos que son ante todo audiovisuales, y en consecuencia deficientes en el gusto y el olfato. Comparados con las serpientes de cascabel y los sabuesos, somos idiotas. Nuestra reducida capacidad para el olfato y el gusto se refleja en el reducido tamaño de nuestros vocabularios quimiosensoriales, que nos obligan en su mayor parte a caer en los símiles y otras formas de metáfora. Decimos que un vino tiene un buqué delicado, con un sabor pleno y algo afrutado. Un aroma es como el de una rosa, o de un pino, o de lluvia recién caída.

Nos vemos obligados a movernos tropezando a través de nuestra vida puesta continua y químicamente en tela de juicio por una biosfera quimiosensorial, basándonos en el sonido y la visión, que evolucionaron primariamente para la vida en los árboles. Solo mediante la ciencia y la tecnología ha penetrado la humanidad en los inmensos mundos sensoriales del resto de la biosfera. Con instrumentación somos capaces de traducir los mundos sensoriales del resto de la vida al nuestro. Y, en el proceso, hemos aprendido a ver casi hasta el fin del universo, y hemos estimado el tiempo de su comienzo. Nunca nos orientaremos sintiendo el campo magnético de la Tierra, ni cantaremos en respuesta a feromonas, pero podemos trasladar toda esta información existente a nuestro pequeño ámbito sensorial.

Utilizando esta capacidad adicional en el examen de la historia humana podemos conseguir información sobre el origen y la naturaleza del criterio estético. Por ejemplo, el seguimiento neurobiológico, en particular la medición de la amortiguación de las ondas alfa

FIGURA 26.1. Atracción óptica en el diseño visual. De las tres figuras generadas por ordenador, la del centro, con una cantidad intermedia de complejidad, es automáticamente la más estimulante. (Basado en Gerda Smets, *Aesthetic Judgment and Arousal: An Experimental Contribution to Psycho-Aesthetics*, Leuven University Press, Lovaina, Bélgica, 1973.)

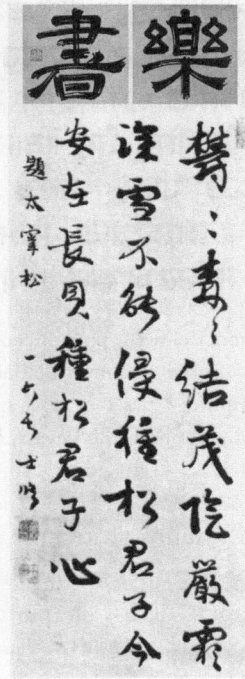

FIGURA 26.2. La atracción natural por la complejidad de los pictogramas japoneses se ve incrementada por el talante que se expresa a través de la caligrafía. Los dos de arriba son ejemplos de escritura *reisho*, conspicua, lineal y simple, utilizada en titulares de periódico y en grabados en piedra. Los de abajo son en escritura *wayo*, suave y elegante, utilizada ampliamente hasta principios del siglo XX. (De Yūjirō Nakata, *The Art of Japanese Calligraphy*, Weatherhill, Nueva York, 1973.)

ਜੇ ਘਰਿ ਕੀਰਤਿ ਆਖੀਐ
ਕਰਤੇ ਕਾ ਹੋਇ ਬੀਚਾਰੋ ॥ ਤਿਤੁ
ਘਰਿ ਗਾਵਹੁ ਸੋਹਿਲਾ ਸਿਵਰਿਹੁ
ਸਿਰਜਨਹਾਰੋ॥੧॥ ਤੁਮ ਗਾਵਹੁ ਮੇਰੇ
ਨਿਰਭਉ ਕਾ ਸੋਹਿਲਾ ॥ ਹਉਵਾਰੀ
ਜਿਤੁ ਸੋਹਿਲੈ ਸਦਾ ਸੁਖੁ ਹੋਇ ॥੧॥
ਰਹਾਉ ॥ਨਿਤ ਨਿਤ ਜੀਅੜੇ ਸਮਾ-
ਲੀਅਨਿ ਦੇਖੈਗਾ ਦੇਵਣਹਾਰੁ ॥
ਤੇਰੇ ਦਾਨੈ ਕੀਮਤਿ ਨਾ ਪਵੈ ਤਿਸੁ
ਦਾਤੇਕਵਣੁਸੁਮਾਰੁ॥੨॥ਸੰਬਤਿਸਾਹਾ
ਲਿਖਿਆ ਮਿਲਿ ਕਰਿ ਪਾਵਹੁ ਤੇਲ
॥ ਦੇਹੁ ਸਜਣ ਅਸੀਸੜੀਆ ਜਿਉ
ਹੋਵੈ ਸਾਹਿਬ ਸਿਉ ਮੇਲੁ ॥੩॥ ਘਰਿ
ਘਰਿ ਏਹੋ ਪਾਹੁਚਾ ਸਦੜੇ ਨਿਤ
ਪਵੰਨਿ ॥ ਸਦਣਹਾਰਾ ਸਿਮਰੀਐ
ਨਾਨਕ ਸੇ ਦਿਹ ਆਵੰਨਿ ॥੪॥੧॥

FIGURA 26.3. La belleza intrínseca del texto punjabi, como el de muchos lenguajes, aumenta por la cercanía de los símbolos al nivel de máxima atracción automática. (De *Adi Granth*, el primer cómputo de las escrituras sij, en Kenneth Katzner, *The Languages of the World*, nueva ed., Routledge, Nueva York, 1995.)

durante la percepción de diseños abstractos, ha demostrado que el cerebro es más atraído por patrones en los que hay alrededor de un 20 por ciento de redundancia de los elementos o, dicho de manera más simple, la cantidad de complejidad que se encuentra en un laberinto sencillo, o dos vueltas de una espiral logarítmica, o una cruz asimétrica. Puede ser coincidencia (aunque yo no lo creo) que aproximadamente la misma cantidad de complejidad la comparte una gran parte del arte de los frisos, enrejados, colofones, logogramas y diseños de banderas. Aflora de nuevo en los glifos del Oriente Próximo y Mesoamérica antiguos y en las letras de los lenguajes asiáticos

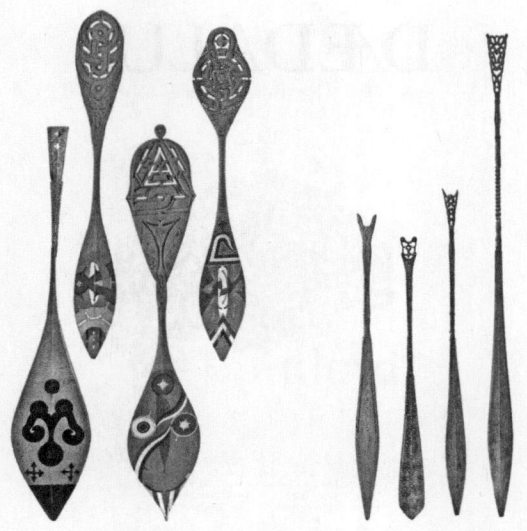

Canaletes de cimarrones orientales   Canaletes de saramakas

FIGURA 26.4. La complejidad del arte «primitivo» se encuentra habitualmente cerca de la de la máxima atracción. Los canaletes son obra de aldeanos de Surinam. (De Sally y Richard Price, *Afro-American Arts of the Suriname Rain Forest*, University of California Press, Berkeley, 1980.)

modernos. El mismo nivel de complejidad caracteriza parte de lo que se considera atractivo en el arte primitivo y en el arte y el diseño abstractos modernos. El origen del principio puede ser que esta cantidad de complejidad es la máxima que el cerebro puede procesar de una simple ojeada, del mismo modo que siete es el mayor número de objetos que pueden contarse de un solo vistazo. Cuando una imagen es más compleja, el ojo capta su contenido mediante movimientos rápidos o por desplazamientos reflejos y conscientes de un sector al siguiente. Una cualidad del gran arte es su capacidad de guiar la atención de una de sus partes a otra de una manera que agrada, informa y provoca.

En otra esfera de las artes visuales está la biofilia, la afiliación innata que las personas buscan con otros organismos, y especialmente con el mundo natural vivo. Los estudios han demostrado que si se

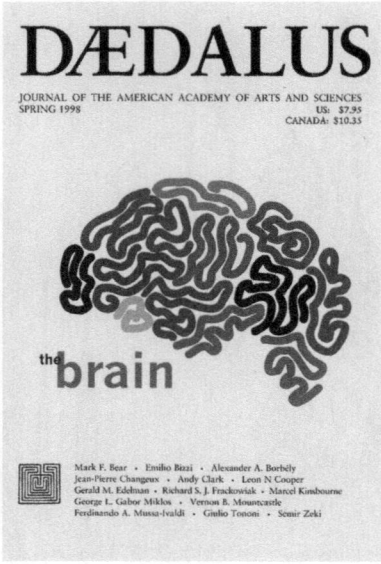

FIGURA 26.5. Gran parte del arte gráfico está compuesto de diseños cercanos al nivel de máxima atracción automática, como queda ilustrado por las palabras, la figura central del cerebro y, abajo a la izquierda, por el símbolo de la editorial académica. (Reproducido con permiso de la Academia Americana de las Artes y las Ciencias.)

les da libertad para elegir el entorno de su casa o su despacho, la gente de todas las culturas tienden hacia un ambiente que combina tres características, que intuitivamente han comprendido los arquitectos del paisaje y los promotores de bienes raíces. Desean encontrarse en un punto alto con vistas hacia abajo, prefieren terreno abierto como el de la sabana con árboles y sotos dispersos, y quieren hallarse junto a una masa de agua, como un río, un lago o el océano. Incluso si todos estos elementos son puramente estéticos y no funcionales, la gente que adquiere una casa pagará cualquier precio que pueda permitirse para tener una vista de este tipo.

En otras palabras, la gente prefiere vivir en aquellos ambientes en los que nuestra especie evolucionó durante millones de años en África. Instintivamente, tienden hacia la sabana arbolada (jardines y parques) y el bosque de transición, situados a una distancia segura de

FIGURA 26.6. La residencia que la gente prefiere de manera innata ha tenido un impacto importante en la arquitectura del paisaje. Esta predilección, que muchos investigadores creen que se originó durante la evolución prehumana en la sabana arbolada africana, incluye habitar en una altura que se encuentre cerca de una masa de agua y con vistas a un terreno arbolado y feraz (con animales grandes a la vista, incluso si solo están representados por esculturas). Este ejemplo es de la sede de la compañía Deere en Moline, Illinois. (De *Modern Landscape Architecture: Redefining the Garden*, Abbeville Press, Nueva York, 1991. Fotografía de Felice Frankel, texto de Jory Johnson.)

fuentes fiables de comida y agua. Esta no es en absoluto una conexión rara, si se considera como un fenómeno biológico. Todas las especies animales móviles son guiadas por instintos que las llevan a hábitats en los que tienen una probabilidad máxima de supervivencia y reproducción. No debería ser ninguna sorpresa que durante el período relativamente corto desde el inicio del Neolítico, la especie humana sienta todavía un residuo de aquella antigua necesidad.

Si alguna vez ha habido una razón para acercar más las humanidades y la ciencia, esta es la necesidad de comprender la verdadera naturaleza del mundo sensorial humano, en contraste con la que ve el resto de la vida. Pero hay otra razón, más importante todavía, para avanzar hacia la consiliencia* entre las grandes ramas del saber. Existen en la actualidad pruebas sustanciales de que el comportamiento social humano surgió genéticamente por evolución multinivel. Si esta interpretación es correcta, y un número creciente de biólogos evolutivos y antropólogos así lo cree, cabe esperar un conflicto continuo entre los componentes del comportamiento favorecidos por la selección individual y los favorecidos por la selección de grupo. La selección a nivel del individuo tiende a crear competitividad y comportamientos egoístas entre los miembros del grupo (en estatus social, la formación de pareja y la obtención de recursos). Por el contrario, la selección de grupo tiende a crear un comportamiento abnegado, expresado en una generosidad y altruismo mayores, que a su vez promueven una cohesión más fuerte del grupo en su conjunto.

Un resultado inevitable de las fuerzas que se equilibran mutuamente de la selección multinivel es la permanente ambigüedad en la mente humana individual, que lleva a numerosas situaciones hipotéticas entre la gente en la manera en que se relacionan, se aman, se afilian, traicionan, comparten, sacrifican, roban, engañan, redimen, castigan, atraen y adjudican. La lucha endémica del cerebro de cada persona, que tiene su reflejo en la vasta superestructura de la evolución cultural, es el venero de las humanidades. Un Shakespeare en el mundo de las hormigas, no molestado por ninguna de estas guerras entre el honor y la traición, y encadenado por las rígidas órdenes del instinto a un minúsculo repertorio de sentimientos, solo podría escribir un drama triunfal y otro trágico. En cambio, la gente ordinaria puede inventar una variedad infinita de relatos, y componer una sinfonía infinita de ambiente y talante.

¿Qué son, pues, exactamente, las humanidades? Un esfuerzo sincero para definirlas puede encontrarse en el estatuto del Congre-

---

* En el sentido que definió el propio autor (1998): «... consiliencia [es], literalmente un "saltar juntos" del conocimiento mediante la relación de sucesos y de teorías basadas en hechos de varias disciplinas para crear un terreno común de explicación». *(N. del T.)*

so de Estados Unidos de 1965, que estableció la Dotación Nacional para las Humanidades y la Dotación Nacional para las Artes:

> El término «humanidades» incluye el estudio de lo que sigue, pero no está limitado por ello: idiomas, tanto modernos como clásicos; lingüística; literatura; historia; jurisprudencia; filosofía; arqueología; religión comparada; ética; historia, crítica y teoría de las artes; aquellos aspectos de las ciencias sociales que tienen contenido humanístico y emplean métodos humanísticos, y el estudio y aplicación de las humanidades al ambiente humano, con particular atención a reflejar nuestro diverso patrimonio, tradiciones e historia y a destacar la importancia de las humanidades para las condiciones actuales de la vida nacional.

Tal puede ser el campo de acción de las humanidades, pero no se hace ninguna alusión a la comprensión de los procesos cognitivos que las unen a todas, ni a su relación con la naturaleza hereditaria humana, ni a su origen en la prehistoria. A buen seguro que nunca veremos una verdadera madurez de las humanidades hasta que se le añadan estas dimensiones.

Desde que la Ilustración original se desvaneció a finales del siglo XVIII y principios del XIX, ha existido un atolladero pertinaz en la consiliencia de las humanidades y las ciencias sociales. Una manera de romperlo es confrontar el proceso creativo y los estilos de escritura de la literatura y de la investigación científica. Esto puede no resultar tan difícil como parece a primera vista. Los innovadores en ambos ámbitos son básicamente soñadores y narradores. En las primeras fases de la creación, tanto en el arte como en la ciencia, todo lo que hay en la mente es un relato. Hay un desenlace imaginado, y quizá un comienzo, y una selección de fragmentos diversos que pueden encajar en medio. Tanto en obras de literatura como de ciencia, cada parte puede cambiarse, lo que causa un reverbero en las demás partes, algunas de las cuales se descartan y se añaden otras nuevas. Los fragmentos que sobreviven se unen y se separan de maneras distintas, y se desplazan de un lado a otro a medida que el relato se forma. Aparece una situación hipotética, y luego otra. Las situaciones hipotéticas, ya sean de naturaleza literaria o científica, rivalizan. Se prueban palabras y frases (o ecuaciones o experimentos). Muy pronto se concibe un fin a todas las imaginaciones. Parece un desenlace (o un descubrimiento científico) maravilloso. Pero ¿es el mejor, es verdadero? El objetivo de la mente creativa es demostrar el final de forma concluyente. Sea cual sea este, se halle donde se halle, se exprese como se exprese, empieza como un fantasma que, hasta el último momento, pudiera desvanecerse y ser sustituido. A lo largo de los márgenes revolotean pensamientos inexpresables. A medida que los mejores fragmentos se solidifican, son colocados en su lugar y son desplazados, y el relato crece y alcanza su final inspirado. Flannery O'Connor preguntó, correctamente para todos nosotros, autores literarios y científicos: «¿Cómo puedo saber lo que quiero decir hasta que veo lo que digo?». El novelista dice: «¿Funciona esto?», y el científico dice: «¿Podría esto ser cierto?».

El científico de éxito piensa como un poeta pero trabaja como un contable. Escribe para ser revisado por iguales, con la esperanza de que los científicos «de talla», aquellos que han conseguido logros y reputación por sí mismos, acepten sus descubrimientos. La ciencia crece de una manera que los no científicos no aprecian bien: está guiada tanto por la aprobación de los iguales como por la veracidad de sus afirmaciones técnicas. La reputación es la piedra de toque de las carreras científicas. Los científicos podrían decir, como hizo James Cagney al recibir un premio de la Academia por toda una vida dedicada al arte: «En este negocio uno es tan bueno como tus colegas creen que eres».

Pero a la larga, una reputación científica perdurará o se hundirá en función del crédito por descubrimientos verdaderos. Las conclusiones serán comprobadas repetidamente, y tienen que demostrarse ciertas. Los datos no pueden ser cuestionables, o las teorías se desmoronan. Los errores descubiertos por otros pueden hacer que una reputación se agoste. El castigo por fraude es nada menos que la muerte (de la reputación, y de la posibilidad de seguir adelante con la carrera). El crimen capital en literatura es el plagio. ¡Pero no el fraude! En la ficción, como en las otras artes creativas, se espera un libre juego de la imaginación. Y en la medida que resulta estéticamente agradable, o bien evocador, es alabado.

La diferencia esencial entre el estilo literario y el científico es el uso de metáforas. En los informes científicos, la metáfora es permisible, siempre que sea casta, quizá con solo un toque de ironía y de desaprobación hacia uno mismo. Por ejemplo, en la introducción o en la discusión de un informe técnico se permitiría lo siguiente: «Este resultado, si se confirma, creemos que abrirá la puerta a una serie de ulteriores investigaciones fructíferas». Lo que no se permite es: «Consideramos que este resultado, que fue extraordinariamente difícil de obtener, será una cuenca potencial de la que con seguridad fluirán muchos ríos de nueva investigación».

Lo que cuenta en ciencia es la importancia del descubrimiento. Lo que importa en literatura es la originalidad y el poder de la metáfora. Los informes científicos añaden un fragmento verificado a nuestro conocimiento del mundo material. En cambio, la expresión lírica en literatura es un artificio para comunicar sentimiento emocional directamente desde la mente del escritor a la mente del lector. No hay tal objetivo en los informes científicos, en los que el propósito del autor es persuadir al lector, mediante pruebas y razonamiento, de la validez e importancia del descubrimiento. En ficción, cuanto más fuerte es el deseo de compartir la emoción, más lírico ha de ser el lenguaje. En su extremo, la afirmación puede ser evidentemente falsa, porque autor y lector así lo quieren. Para el poeta, el Sol sale por el este y se pone por el oeste, y describe nuestros ciclos diarios de actividad, que simbolizan el nacimiento, el mediodía de la vida, la muerte y el renacimiento… aunque el Sol no haga tal movimiento. Es solo la manera en que nuestros distantes antepasados visualizaron la bóveda celeste y el cielo estrellado. Vincularon sus misterios, que eran muchos, a los de su propia vida, y los plasmaron en las sagradas escrituras y en la poesía a través de los tiempos. Habría de pasar mucho tiempo antes de que una venerabilidad parecida en la literatura la adquiriera el sistema solar real, en el que la Tierra es un planeta que gira mientras orbita alrededor de una estrella menor.

En beneficio de esta otra verdad, la verdad especial que se busca en la literatura, E. L. Doctorow pregunta:

> ¿Quién dejaría de lado la *Ilíada* por el registro histórico «real»? Desde luego, el escritor tiene una responsabilidad, ya sea como intérprete solemne o como satírico, de hacer una composición que sirva a una verdad revelada. Pero esto se lo pedimos a todos los artistas creativos, de cualquier medio. Además de eso, un lector de ficción que encuentra, en una novela, una figura pública familiar diciendo y haciendo cosas de las que no se ha informado en otro lugar, sabe que está leyendo ficción. Sabe que el novelista espera abrirse camino mintiendo hasta una verdad mayor que la que es posible con el reportaje factual. La novela es una versión estética que pretende retratar interpretativamente una figura pública, de manera no distinta al retrato que hay en un caballete de pintor. La novela no se lee como se lee un periódico; se lee como se ha escrito, en el espíritu de la libertad.

Picasso expresó la misma idea de manera resumida: «El arte es la mentira que nos ayuda a ver la verdad».

Las artes creativas resultaron posibles como progreso evolutivo cuando los humanos desarrollaron la capacidad de pensamiento abstracto. Entonces la mente humana podía formar un molde de una forma, o de una clase de objeto, o de una acción, y transmitir una representación concreta del concepto a otra mente. Así nació por primera vez el lenguaje verdadero, productivo, construido a partir de palabras y símbolos arbitrarios. El lenguaje fue seguido por el arte visual, la música, la danza y las ceremonias y rituales de la religión.

Se desconoce la fecha exacta en que se produjo el proceso que condujo a las artes creativas auténticas. Hace 1,7 millones de años, antepasados de los humanos modernos, muy probablemente *Homo erectus*, elaboraban utensilios líticos toscos, en forma de lágrima. Sostenidos en la mano, probablemente se utilizaban para tajar plantas y carne. Se desconoce si también existían en la mente como una abstracción mental, o si bien simplemente habían sido creados por imitación entre los miembros del grupo.

Hace 500.000 años, en la época de *Homo heidelbergensis*, una especie de cerebro mayor e intermedia entre *Homo erectus* y *Homo sapiens*, las hachas de mano eran más elaboradas, y a ellas se habían añadido cuchillos de piedra y puntas de proyectiles, de construcción esmerada. Pasados otros 100.000 años, los individuos usaban lanzas de madera, cuya construcción debió de llevar varios días y múltiples pasos. En ese período, la Edad de Piedra Media, los antepasados humanos empezaron a desarrollar una tecnología basada en una verdadera cultura, fundada en la abstracción.

Vinieron después conchas de caracoles perforadas, que se cree que se usaron como collares, junto con utensilios más refinados, entre ellos puntas de hueso bien diseñadas. Resultan muy intrigantes unos fragmentos de ocre grabados. Un dibujo, que tiene 77.000 años de antigüedad, consiste en tres líneas garabateadas que conectan una fila de nueve marcas en forma de X. El significado, si es que tiene alguno, se desconoce, pero la naturaleza abstracta del patrón parece clara.

Los enterramientos empezaron al menos hace 95.000 años, tal como lo demuestran treinta individuos excavados en la cueva Qafzeh, en Israel. Uno de los muertos, un niño de nueve años de edad, estaba colocado con las piernas dobladas y con un asta de ciervo en los brazos. Esta disposición por sí sola sugiere no solo una consciencia abstracta de la muerte, sino alguna forma de angustia existencial. Entre los cazadores-recolectores de hoy en día, la muerte es un acontecimiento que se gestiona con ceremonia y arte.

Los inicios de las artes creativas tal como se practican en la actualidad pueden quedar ocultos para siempre. Pero ya estaban lo bastante establecidas por la evolución cultural y genética para la «explosión creativa» que empezó hace aproximadamente 35.000 años en Europa. Desde esta época en adelante, hasta el período Paleolítico Tardío, 20.000 años después, floreció el arte rupestre. Se han encontrado miles de figuras, la mayoría de grandes animales de caza, en más de doscientas cuevas distribuidas por el sudoeste de Francia y el nordeste de España, a ambos lados de los Pirineos. Junto con los dibujos conservados al pie de acantilados en otras partes del mundo, presentan una instantánea asombrosa de la vida justo antes del alba de la civilización.

El Louvre de las galerías de arte del Paleolítico se encuentra en la *grotte* Chauvet, en la región de Ardèche, en el sur de Francia. La obra de arte entre las diversas pinturas, creada por un único artista con ocre rojo, carbón de leña y grabado, es un rebaño de cuatro caballos (una especie salvaje nativa de Europa en aquellos tiempos) que corren juntos. Cada uno de los animales está representado únicamente por la cabeza, pero cada uno es individual en su carácter. El rebaño es compacto y está ordenado oblicuamente, como si se viera ligeramente desde arriba y a la izquierda. Los bordes de los hocicos fueron esculpidos en bajorrelieve para proporcionarles una mayor prominencia. Los análisis exactos de estas figuras han encontrado que múltiples artistas pintaron primero un par de rinocerontes macho enzarzados en combate cabeza contra cabeza, después dos uros (toros salvajes) que miran en otra dirección. Los dos grupos se dibujaron de manera que dejaran un espacio en el centro. En este espacio se situó el mismo artista para crear su pequeño rebaño de caballos.

Los rinocerontes y los toros se han datado en 32.000-30.000 años antes del presente, y se supone que los caballos tienen también la misma antigüedad. Pero la elegancia y la tecnología evidente en los caballos han llevado a algunos expertos a estimar que su proveniencia se remonta al período Magdaleniense, que se extendió de hace 17.000 a hace 12.000 años. Esto haría coincidir su origen con las grandes obras parietales de Lascaux en Francia y Altamira en España.

Aparte de la fecha exacta de la antigüedad del rebaño de Chauvet, sigue sin saberse la importante función del arte rupestre. No hay razón para suponer que las cuevas sirvieron de protoiglesias, en las que las cuadrillas se reunían para rezar a los dioses. El suelo de las cuevas está cubierto de restos de hogares, huesos de animales y otros indicios de ocupación doméstica prolongada. Los primeros *Homo sapiens* penetraron en Europa central y oriental hace unos 45.000 años. Es evidente que las cuevas en aquel período servían como refugios que permitían que los individuos resistieran los severos inviernos de la estepa de los mamuts, el gran espacio de praderas que se extendía bajo el casquete de hielo continental que cubría toda Eurasia y llegaba al Nuevo Mundo.

Quizá, han argumentado algunos autores, las pinturas rupestres se hicieron para invocar magia benévola y aumentar el éxito de los cazadores en el campo. Esta suposición viene respaldada por el hecho de que una gran mayoría de los sujetos son animales grandes. Además, el 15 por ciento de estas pinturas de animales presentan animales que han sido heridos por lanzas o flechas.

Otros indicios sobre un contenido ritual en el arte rupestre europeo los han proporcionado el descubrimiento de una pintura de lo que con toda probabilidad es un chamán con un tocado de ciervo, o posiblemente una cabeza verdadera de ciervo. También se conservan esculturas de tres «hombres-leones», con cuerpo humano y cabeza de león, precursores de las quimeras mitad animales mitad dioses que habrían de hacer su aparición más tarde en la historia temprana de Oriente Próximo. Hay que reconocer, sin embargo, que no tenemos ninguna idea comprobable de lo que hacía el chamán ni de lo que representaban los hombres-leones.

El biólogo naturalista R. Dale Guthrie, cuya obra maestra *The Nature of Paleolithic Art* es el tratado más completo sobre el tema que se haya publicado nunca, ha propuesto una hipótesis contraria sobre el papel del arte rupestre. Casi todo el arte, aduce Guthrie, puede explicarse como las representaciones cotidianas de la vida en el Auriñaciense y el Magdaleniense. Los animales que se representaban pertenecen a especies que los moradores de las cuevas cazaban regularmente (excepto algunos, como los leones, que pudieron haber dado caza a las personas), de modo que, naturalmente, este habría sido un tema habitual de conversación y de comunicación visual. También había más figuras de humanos, o al menos partes de la anatomía humana, y que por lo general no se mencionan en los trabajos de arte rupestre por ser más prosaicas. Los habitantes de las cuevas hacían a menudo impresiones de las manos, manteniéndolas sobre las paredes y escupiendo polvo de ocre, lo que dejaba el perfil de la mano con los dedos extendidos. El tamaño de las manos indica que eran sobre todo niños los que se dedicaban a esta actividad. Hay también muchísimos grafitos; son comunes entre ellos los garabatos sin sentido y representaciones toscas de genitales masculinos y femeninos. Se presentan asimismo esculturas de mujeres obesas y grotescas que bien pudieron haber sido ofrendas a los espíritus o dioses para aumentar la fertilidad; las pequeñas cuadrillas necesitaban todos los miembros que podían generar. Por otro lado, las esculturas pudieron haber sido también fácilmente una representación exagerada de la gordura en las mujeres, deseada durante los frecuentes inviernos rigurosos de la estepa de los mamuts.

La teoría utilitaria del arte rupestre, es decir, que las pinturas y raspaduras ilustran la vida ordinaria, es casi con certeza parcialmente correcta, pero no lo es del todo. Pocos expertos han considerado que también tuvo lugar, en un ámbito completamente diferente, el origen y el uso de la música. Este acontecimiento proporciona pruebas independientes de que al menos algunas de las pinturas y esculturas sí que tenían un contenido mágico en la vida de los moradores de las cuevas. Algunos autores han argumentado que la música no tenía significado darwiniano, que surgió del lenguaje como una «quesadilla auditiva», como lo describió una vez uno de estos autores. Es cierto que existen escasas pruebas del contenido de la propia música (de la misma manera, notablemente, en que no tenemos partituras y por lo tanto tampoco registros de la música griega y romana, solo los instrumentos). Pero desde un período temprano de la explosión creativa existían también instrumentos musicales. Se han encontrado «flautas», que técnicamente es mejor clasificar como caramillos, hechas a partir de huesos de aves y que datan de 30.000 o más años antes del presente. En Isturitz, en Francia, y en otras localidades se han clasificado unos 225 caramillos, algunos de los cuales son auténticos. Los mejores de ellos tienen agujeros para los dedos dispuestos en una alineación oblicua y girados en el sentido de las agujas del reloj, de manera que en apariencia se pretendía que se alinearan con los dedos de una mano humana. Los agujeros están asimismo biselados de una manera que permite que la punta de los dedos los ocluya. Un flautista moderno, Graeme Lawson, ha tocado una réplica hecha a partir de una de estas flautas, aunque desde luego sin disponer de ninguna partitura paleolítica.

Se han encontrado otros artefactos que pueden interpretarse plausiblemente como instrumentos musicales. Incluyen delgadas láminas de pedernal que, cuando penden juntas y se golpean, producen sonidos agradables como los de los carillones de viento. Además, aunque esto quizá no sea más que una coincidencia, las secciones de las paredes en las que se hicieron las pinturas rupestres tienden a emitir ecos impresionantes de los sonidos producidos en sus inmediaciones.

¿Era darwiniana la música? ¿Tenía valor de supervivencia para las tribus del Paleolítico que la practicaban? Si se examinan las costumbres de las culturas de los cazadores-recolectores contemporáneos de todo el mundo, apenas se puede llegar a otra conclusión. Las canciones, por lo general acompañadas de bailes, son prácticamente universales. Y puesto que los aborígenes australianos han permanecido aislados desde la llegada de sus antepasados hace unos 45.000 años, y sus canciones y bailes son parecidos en género a los de otras culturas de cazadores-recolectores, es razonable suponer que se parecen a las que practicaban sus ancestros del Paleolítico.

Los antropólogos han prestado relativamente poca atención a la música de los cazadores-recolectores contemporáneos, relegando su estudio a los especialistas en música, como también suelen hacer para la lingüística y la etnobotánica (el estudio de las plantas usadas por las tribus). No obstante, canciones y bailes son elementos principales de todas las sociedades de cazadores-recolectores. Además, normalmente son comunales, y tratan de un conjunto impresionante de cuestiones vitales. Las canciones de los grupos bien estudiados, inuit, pigmeos de Gabón y aborígenes de la Tierra de Arnhem, se acercan a un grado de detalle y refinamiento comparables a los de las civilizaciones avanzadas modernas. La música de los cazadores-recolectores modernos sirve básicamente como instrumentos que vigorizan su vida. Los temas dentro de los repertorios incluyen historias y mitologías de la tribu, así como conocimientos prácticos sobre la tierra, las plantas y los animales.

De especial importancia para el significado de los animales de caza en el arte rupestre del Paleolítico europeo, las canciones y los bailes de las tribus modernas tratan sobre todo de la caza. Hablan de las diferentes presas; confieren potencia a las armas de caza, incluidos los perros; apaciguan a los animales a los que han matado o que van a matar; y rinden homenaje a la tierra en la que cazan. Recuerdan y celebran cazas del pasado que fueron exitosas. Honran a los muertos y piden el favor de los espíritus que gobiernan su destino.

Es perfectamente evidente que las canciones y los bailes de los pueblos cazadores-recolectores contemporáneos les sirven a la vez al nivel individual y al de grupo. Reúnen a los miembros del grupo, creando un conocimiento y objetivo comunes. Estimulan la pasión para la acción. Son mnemónicas, al remover y añadir los recuerdos de la información que sirve a los propósitos de la tribu. Y, lo que no es poco, el conocimiento de canciones y bailes confiere poder a los miembros de la tribu que mejor los conocen.

Crear y ejecutar música es un instinto humano. Es una de las pocas características universales de nuestra especie. Por poner un ejemplo extremo, el neurocientífico Aniruddh D. Patel señala a los pirahas, una pequeña tribu en la Amazonia brasileña: «Los miembros de esta cultura hablan un idioma que carece de números o del concepto de contar. Su lenguaje no tiene términos fijos para los colores. No tienen mitos creacionistas, y no dibujan, aparte de unos palotes simples. Pero tienen música en abundancia, en forma de canciones».

Patel se ha referido a la música como «tecnología transformadora». En el mismo grado que la literatura y el propio lenguaje, ha cambiado la manera como la gente ve el mundo. Aprender a tocar un instrumento musical altera incluso la estructura del cerebro, desde circuitos subcorticales que codifican patrones sonoros hasta fibras neurales que conectan los dos hemisferios cerebrales y los patrones de densidad de materia gris en determinadas regiones de la corteza cerebral. La música es poderosa en su impacto sobre los sentimientos humanos y la interpretación de los acontecimientos. Es extraordinariamente compleja en los circuitos neurales que emplea, y parece que evoca emociones en al menos seis mecanismos cerebrales diferentes.

La música está estrechamente vinculada al lenguaje en el desarrollo mental, y en algunos aspectos parece que deriva del lenguaje. Los patrones discriminatorios de las fluctuaciones melódicas son similares. Pero mientras que la adquisición del lenguaje en los niños es rápida y en gran parte autónoma, la música se adquiere más lentamente y depende de la enseñanza y la práctica. Además, hay un período crítico y concreto para aprender el lenguaje, durante el cual las habilidades se captan rápidamente y con facilidad, mientras que todavía no se conoce que exista un período similar para la música. Aun así, tanto el lenguaje como la música son sintácticos, al estar dispuestos como elementos discretos (palabras, notas y acordes). Entre las personas con defectos congénitos en la percepción de la música (que suponen del 2 al 4 por ciento de la población), un 30 por ciento padecen asimismo incapacidad en el contorno entonativo, una propiedad compartida de forma paralela con el habla.

En su conjunto, hay razones para creer que la música es una recién llegada en la evolución humana. Bien pudiera haber surgido como una derivación del habla. Pero suponer esto no significa llegar a la conclusión de que la música es simplemente una elaboración cultural del habla. Tiene al menos una característica que no comparte con el habla: el ritmo, que además puede sincronizarse de la canción al baile.

Es tentador pensar que el procesamiento neural del lenguaje sirvió como una preadaptación a la música, y que una vez que la música se originó resultó lo suficientemente ventajosa como para adquirir su propia predisposición genética. Es esta una cuestión que recompensará mucho una investigación adicional y en profundidad, incluida la síntesis de elementos procedentes de la antropología, la psicología, la neurociencia y la biología evolutiva.

VI

¿Adónde vamos?

27

Una nueva Ilustración

El conocimiento científico y la tecnología se duplican cada una o dos décadas, dependiendo de la disciplina en que se mida la información. Este crecimiento exponencial hace que el futuro sea imposible de predecir más allá de una década, y no digamos ya de siglos o milenios. Por ello, los futuristas propenden a centrarse en aquellas direcciones en las que, en su opinión, la humanidad debería ir. Pero dada nuestra triste carencia de conocimientos de nosotros mismos como especie, el mejor objetivo en este momento puede ser elegir adónde *no* ir. ¿Qué es, entonces, lo que debiéramos tener cuidado en evitar? Al pensar en este tema estamos siempre destinados a dar una vuelta completa y volver a las cuestiones existenciales: ¿de dónde venimos? ¿Qué somos? ¿Adónde vamos?

Los seres humanos somos actores de un relato. Somos el punto culminante de una epopeya que no ha terminado. La respuesta a las preguntas existenciales debe residir en la historia, y este es, desde luego, el enfoque que adoptan las humanidades. Pero la historia convencional por sí misma es truncada, tanto en su línea de acontecimientos como en su percepción del organismo humano. La historia no tiene sentido sin la prehistoria, y la prehistoria no tiene sentido sin la biología.

La humanidad es una especie biológica en un mundo biológico. En todas las funciones de nuestro cuerpo y nuestra mente, y a todos los niveles, estamos exquisitamente bien adaptados para vivir en este planeta concreto. Pertenecemos a la biosfera de nuestro nacimiento. Aunque exaltada de muchas maneras, la nuestra sigue siendo una especie animal de la fauna global. Nuestra vida está limitada por las dos leyes de la biología: todas las entidades y procesos de la vida obedecen a las leyes de la física y de la química, y todas las entidades y procesos de la vida han surgido por evolución mediante selección natural.

Cuanto más descubrimos acerca de nuestra existencia física, más evidente resulta que incluso las formas más complejas de comportamiento humano son, en último término, biológicas. Muestran las especializaciones que nuestros antepasados primates consiguieron mediante evolución a lo largo de millones de años. El sello indeleble de la evolución es claro en la manera idiosincrásica en que los canales sensoriales humanos reducen nuestra percepción no asistida de la realidad. Resulta confirmado por la manera en que programas preparados y contrapreparados hereditariamente guían el desarrollo de la mente.

Aun así, no podemos eludir la cuestión del libre albedrío, que algunos filósofos todavía aducen que nos sitúa aparte. Es un producto del centro de toma de decisiones subconscientes del cerebro que proporciona a la corteza cerebral la ilusión de una acción independiente. Cuanto más ha definido la investigación científica los procesos físicos de la consciencia, menos se ha dejado para cualquier fenómeno que pueda calificarse intuitivamente como libre albedrío. Somos libres como seres independientes, pero nuestras decisiones no están libres de todos los procesos orgánicos que crearon nuestro cerebro y nuestra mente personales. Por lo tanto, parece que el libre albedrío es, en último término, biológico.

Aun así, y según cualquier patrón concebible, la humanidad es, decididamente, el mayor logro de la vida. Somos la mente de la biosfera, del sistema solar y (¿quién puede decirlo?) quizá de la galaxia. Si consideramos nuestra situación, hemos aprendido a traducir a nuestros sistemas audiovisuales limitados las modalidades sensoriales de otros organismos. Sabemos mucho de la base físico-química de nuestra propia biología. Pronto crearemos en el laboratorio organismos sencillos. Hemos descubierto la historia del universo y nos hemos asomado casi hasta sus límites.

Nuestros antepasados eran uno de solo dos docenas aproximadamente de linajes animales que desarrollaron la eusocialidad, el siguiente nivel principal de organización biológica por encima del organísmico. En él, miembros del grupo de dos o más generaciones permanecen juntos, cooperan, cuidan de las crías y dividen el trabajo de una manera que favorece la reproducción de unos individuos sobre la de otros. Los prehumanos eran mucho mayores en tamaño físico que ninguno de los insectos y otros invertebrados sociales. Desde el inicio estuvieron dotados de un cerebro mucho mayor. Con el tiempo, descubrieron el lenguaje basado en los signos, y la alfabetización, y la tecnología basada en la ciencia que nos proporciona la ventaja sobre el resto de la vida. Ahora, excepto porque nos comportamos como simios la mayor parte del tiempo y padecemos una duración de la vida limitada genéticamente, somos como dioses.

¿Qué fuerza dinámica nos aupó a este estado elevado? Esta es una pregunta de vital importancia para el conocimiento de nosotros mismos. La respuesta aparente es la selección natural multinivel. En el más elevado de los dos niveles relevantes de organización biológica, los grupos compiten con grupos, lo que favorece los rasgos sociales cooperativos entre los miembros del mismo grupo. En el nivel inferior, los miembros del mismo grupo compiten entre sí de una manera que conduce al comportamiento egoísta. La oposición entre los dos niveles de selección natural ha dado como resultado un genotipo quimérico en cada persona. Hace que cada uno de nosotros sea en parte santo, en parte pecador.

La interpretación de las fuerzas de selección humanas que he presentado en *La conquista social de la Tierra*, sobre la base de investigaciones recientes, se opone a la teoría de la eficiencia inclusiva y la sustituye por modelos estándar de genética de poblaciones aplicados a niveles múltiples de la selección natural. La eficiencia inclusiva se basa en la selección de parentesco, en la que los individuos tienden a cooperar mutuamente, o no, en función de lo cercanos que estén desde el punto de vista genealógico. Se creía que este modo de selección, si se definía de manera suficientemente amplia, explicaba todas las formas de comportamiento social, incluida la organización

335

social avanzada. La explicación opuesta, que incluye una crítica matemática de la eficiencia inclusiva, se desarrolló completamente entre 2004 y 2010.

Dada la complejidad técnica y la importancia del tema, cabe esperar que la controversia engendrada por el nuevo enfoque continúe durante años, quizá mucho después de que finalice mi propia capacidad para reunir nuevos datos. Sin embargo, en el caso de que la teoría de la eficiencia inclusiva continúe siendo ampliamente usada, esto debería tener poco efecto sobre la percepción de la selección de grupo como la fuerza motriz de dónde hemos estado y hacia dónde vamos. Los mismos teóricos de la eficiencia inclusiva han argumentado que la selección de parentesco puede traducirse en selección de grupo, aunque ahora esta idea se ha refutado matemáticamente. Lo que es más importante es que la selección de grupo es sin duda el proceso responsable del comportamiento social avanzado. Posee asimismo los dos elementos necesarios para la evolución. Primero, se ha observado que hay rasgos a nivel de grupo, que incluyen la capacidad de cooperar, la empatía y patrones de organización en redes, que son heredables en los humanos; es decir, varían genéticamente en cierto grado de una persona a otra. Y segundo, la cooperación y la unidad afectan de modo manifiesto a la supervivencia de grupos que compiten.

Es el caso, además, que la percepción de la selección de grupo como principal fuerza motriz de la evolución encaja bien con una gran parte de lo que es más típico (y desconcertante) de la naturaleza humana. Encuentra resonancia, asimismo en pruebas procedentes de los campos, por otra parte dispares, de la psicología social, la arqueología y la biología evolutiva, de que los seres humanos son por naturaleza profundamente tribalistas. Un elemento básico de la naturaleza humana es que la gente se siente obligada a pertenecer a grupos y, cuando se ha unido a ellos, los considera superiores a los grupos competidores.

La selección multinivel (la selección de grupo e individual combinadas) explica también la naturaleza en conflicto de las motivaciones. Toda persona normal siente el tirón de la conciencia, del heroísmo frente a la cobardía, de la verdad frente al engaño, del compromiso frente a la retirada. Nuestro destino es sentirnos atormentados por dilemas grandes y pequeños mientras diariamente nos abrimos camino a través del mundo arriesgado y cambiante que nos vio nacer. Tenemos sentimientos contrapuestos. No estamos seguros de esta o aquella forma de proceder. Comprendemos demasiado bien que nadie es tan sabio ni tan grande que no pueda cometer un error catastrófico, o que ninguna organización es tan noble que esté libre de corrupción. Nosotros, todos nosotros, vivimos nuestra vida en conflicto y disensión.

Las luchas nacidas de la selección natural multinivel son también el campo de acción de las humanidades y las ciencias sociales. A los seres humanos les fascinan otros seres humanos, de la misma manera que a todos los demás primates les cautivan los de su propia especie. Nos complace observar y analizar indefinidamente a nuestros parientes, amigos y enemigos. El chismorreo ha sido siempre la ocupación favorita, en toda sociedad, desde los grupos de cazadores-recolectores hasta las cortes reales. Sopesar tan exactamente como sea posible las intenciones y la integridad de aquellos que afectan a nuestra propia vida personal es muy humano y, a la vez, muy adaptativo. También es adaptativo juzgar el impacto del comportamiento de otros en el bienestar del grupo en su conjunto. Somos genios a la hora de leer las intenciones de otros, mientras ellos también luchan a todas horas con sus propios ángeles y demonios. El derecho civil es el instrumento con el que moderamos el daño de nuestros fallos inevitables.

La confusión se complica por el hecho de que la humanidad vive en un mundo que en gran parte es mítico y está obsesionado por los espíritus. Esto lo debemos a nuestra historia temprana. Cuando nuestros antepasados remotos adquirieron un reconocimiento completo de su mortalidad personal, hace probablemente entre 100.000 y 75.000 años, buscaron una explicación de quiénes eran y del significado del mundo que cada uno de ellos estaba destinado a abandonar pronto. Tuvieron que haberse preguntado: ¿adónde van los muertos? Al mundo de los espíritus, creyeron muchos. ¿Y cómo podemos volverlos a ver? Esto era posible hacerlo en cualquier momento mediante sueños, o drogas, o magia, o mediante privaciones o torturas autoinfligidas.

Los humanos primitivos no tenían conocimiento de la Tierra más allá del alcance de su territorio y de sus redes comerciales. No sabían nada del cielo más allá de la esfera celeste sobre cuya superficie interior se desplazaban el Sol, la Luna y las estrellas. Para explicar los misterios de su existencia creían en los seres superiores, que por otra parte eran como ellos, los seres divinos que habían construido no solo utensilios de piedra y refugios, sino todo el universo. Cuando evolucionaron los cacicazgos y después los estados políticos, la gente imaginó que debían de existir mandatarios sobrenaturales además de los mandatarios terrenales de los que eran seguidores.

Los humanos primitivos necesitaban un relato de todo lo importante que les ocurría, porque la mente consciente no puede funcionar sin relatos y explicaciones de su propio significado. La mejor manera, la *única* en que nuestros ancestros podían conseguir explicar su propia existencia era a través de un mito creacionista. Y todo mito creacionista, sin excepción, afirmaba la superioridad de la tribu que lo inventó sobre todas las demás tribus. Habiendo asumido esto, cada creyente religioso se veía a sí mismo como una persona elegida.

Las religiones organizadas y sus dioses, aunque concebidas en la ignorancia de la mayor parte del mundo real, por suerte fueron grabadas en piedra en la historia temprana. Como en el principio, son todavía y en todas partes una expresión del tribalismo por el que los miembros establecen su propia identidad y su especial relación con el mundo sobrenatural. Sus dogmas codifican normas de comportamiento que los devotos pueden aceptar absolutamente sin titubear. Cuestionar los mitos sagrados es cuestionar la identidad y el valor de los que creen en ellos. Esta es la razón por la que los escépticos, incluidos los que están comprometidos con mitos distintos e igualmente absurdos, son considerados con tanta antipatía. En algunos países se arriesgan a ingresar en prisión o a morir.

Pero las mismas circunstancias biológicas e históricas que nos han conducido a los lodazales de la ignorancia han servido bien a la humanidad de otras maneras. Las religiones organizadas dirigen los ritos de iniciación, desde el nacimiento a la edad adulta, desde el matrimonio a la muerte. Ofrecen lo mejor que una tribu tiene para ofrecer: una comunidad comprometida que proporciona respaldo emotivo y sincero, y da la bienvenida y perdona. Las creencias en dioses, ya sean únicos o múltiples, sacralizan las acciones comunales, entre las que se incluyen la elección de líderes, la obediencia a las leyes y las declaraciones de guerra. Las creencias en la inmortalidad y en la suma justicia divina proporcionan un consuelo inestimable, y fortalecen la resolución y la valentía en épocas difíciles. Durante milenios, las religiones organizadas han sido el origen de gran parte de lo mejor de las artes creativas.

Entonces, ¿por qué razón es prudente poner abiertamente en tela de juicio los mitos y los dioses de las religiones organizadas? Porque son idiotizantes y divisivos. Porque cada uno de ellos es solo una versión de una multitud de situaciones hipotéticas en competencia que posiblemente pueden ser ciertas. Porque fomentan la ignorancia, distraen a la gente de reconocer los problemas del mundo real y con frecuencia los conducen en direcciones equivocadas que provocan acciones desastrosas. Fieles a sus orígenes biológicos, fomentan de manera apasionada el altruismo entre sus miembros, y sistemáticamente lo extienden a los extraños, aunque por lo general con el objetivo adicional del proselitismo. El sometimiento a una fe concreta es, por definición, fanatismo religioso. Ningún misionero protestante aconseja nunca a su grey que consideren el catolicismo romano o el islamismo como una alternativa tal vez superior. Por implicación, ha de declararlos inferiores.

Pero es disparatado pensar que las religiones organizadas podrán ser arrancadas pronto de sus raíces profundas y ser sustituidas por una pasión racionalista por la moralidad. Es más probable que esto ocurra gradualmente, como está pasando en Europa, impulsado por varias tendencias en marcha. La más potente de estas tendencias es la reconstrucción científica, cada vez más detallada, de la creencia religiosa como un producto de la evolución biológica. Cuando se contrapone a los mitos creacionistas y sus excesos teológicos, la reconstrucción es cada vez más persuasiva para cualquier mente, aunque solo sea mínimamente abierta. Otra tendencia contra la desgracia de la devoción sectaria es el crecimiento de internet y la globalización de las instituciones y las personas que lo usan. Un análisis reciente ha demostrado que la interconexión creciente de las personas en todo el mundo refuerza sus actitudes cosmopolitas. Y lo hace debilitando la importancia de la etnicidad, la localidad y la nacionalidad como fuentes de identificación. Y refuerza una segunda tendencia, la homogeneización de la humanidad en raza y etnicidad mediante el matrimonio entre miembros de distintas razas. Inevitablemente, esto debilitará la confianza en los mitos creacionistas y en los dogmas sectarios.

Un primer paso adecuado hacia la liberación de la humanidad de las formas opresivas del tribalismo sería repudiar, respetuosamente, las afirmaciones de los que están en el poder y dicen que hablan en nombre de Dios, que son un representante especial de Dios o que tienen un conocimiento exclusivo de la voluntad divina de Dios. Incluidos entre estos proveedores del narcisismo teológico están los supuestos profetas, los fundadores de cultos religiosos, los ministros evangélicos apasionados, los ayatolás, los imanes de las grandes mezquitas, los rabinos supremos, los *rosh yeshivas*,* el Dalai Lama y el Papa de Roma. Lo mismo cabe decir de las ideologías políticas dogmáticas basadas en preceptos indisputables, de izquierda o de derecha, y especialmente si están justificados por los dogmas de las religiones organizadas. Puede que contengan sabiduría intuitiva que valga la pena oír. Puede que sus líderes sean bienintencionados. Pero la humanidad ha sufrido demasiado por la historia excesivamente inexacta contada por profetas equivocados.

Recuerdo una historia que me contó hace mucho tiempo un entomólogo clínico sobre la transmisión de la fiebre recurrente por las garrapatas *Ornithodorus* en África occidental. Cuando la fiebre se hizo grave, me dijo, la práctica de la gente era desplazar la aldea has-

---

* Director de una academia talmúdica. *(N. del T.)*

ta una nueva localidad. Un día, mientras una emigración de este tipo se estaba realizando, vio que un anciano recogía del suelo de tierra de una de las viviendas algunos de los parientes lejanos y feos de las arañas, y los colocaba cuidadosamente en una cajita. Cuando se le preguntó por qué lo hacía, el hombre dijo que los transportaba a la nueva localidad, porque «sus espíritus nos protegen de la fiebre».

Otro argumento para una nueva Ilustración es que estamos solos en este planeta con todas las razones y conocimientos que podamos reunir, y por lo tanto somos los únicos responsables de nuestras acciones como especie. El planeta que hemos conquistado no es solo un alto a lo largo del camino hacia un mundo mejor que está ahí afuera, en alguna otra dimensión. A buen seguro, un precepto moral sobre el que podemos ponernos de acuerdo es dejar de destruir nuestro lugar de nacimiento, el único hogar que la humanidad tendrá nunca. Las pruebas del calentamiento climático, cuya causa principal es la contaminación industrial, son ahora abrumadoras. También evidente ante una inspección siquiera casual es la desaparición rápida de las selvas y praderas tropicales y otros hábitats en los que existe la mayor parte de la diversidad de la vida. Si los cambios globales causados por HIPPO (destrucción del hábitat, especies invasoras, contaminación, superpoblación y sobreexplotación, en este orden de importancia)* no disminuyen, la mitad de las especies de plantas y animales podrían haberse extinguido o al menos figurar entre los «muertos vivientes» (al borde de la extinción) a finales de este siglo. Estamos transformando, sin necesidad alguna, el oro que heredamos de nuestros antepasados en paja,** y por ello nuestros descendientes nos despreciarán.

---

* *Habitat destruction, Invasive species, Pollution, overPopulation and Overharvesting.* El acrónimo en español sería DECSS, pero se mantiene HIPPO porque uno de los primeros ejemplos que se documentó tenía al hipopótamo africano como protagonista principal. Véase E. O. Wilson, *The Future of Life* (Alfred A. Knopf, Nueva York, 2002) (hay trad. cast.: *El futuro de la vida*, Galaxia Gutenberg, Barcelona, 2002). *(N. del T.)*

** Referencia al cuento de los hermanos Grimm «El enano saltarín» (*Rumpelstiltskin*), duende que podía transformar la paja en oro. *(N. del T.)*

La eliminación de la biodiversidad en el mundo vivo ha recibido mucha menos atención que los cambios climáticos, el agotamiento de recursos insustituibles y otras transformaciones del ambiente físico. Sería juicioso observar el siguiente principio: si salvamos el mundo vivo, salvaremos automáticamente el mundo físico, porque para conseguir lo primero hemos de conseguir también lo segundo. Pero si solo salvamos el mundo físico, que parece que es nuestra inclinación actual, en último término los perderemos a ambos. Hasta hace muy poco existían muchas especies de aves a las que ya no volveremos a ver volar. Han desaparecido las ranas cuyos cantos no volveremos a oír en las noches cálidas y lluviosas. Han desaparecido los peces que emitían destellos de plata de nuestros lagos y ríos empobrecidos.

Será útil dirigir una segunda mirada a la ciencia y a la religión para comprender la verdadera naturaleza de la búsqueda de la verdad objetiva. La ciencia no es simplemente otra empresa como la medicina o la ingeniería o la teología. Es el manantial de todo el saber que tenemos del mundo real, que puede comprobarse y encajarse con el saber preexistente. Es el arsenal de tecnologías y de matemática de inferencia necesarios para distinguir lo verdadero de lo falso. Formula los principios y las fórmulas que enlazan juntos todos estos conocimientos. La ciencia nos pertenece a todos. Sus partes constituyentes pueden ponerse en tela de juicio por cualquier persona en el mundo que tenga la suficiente información para hacerlo. No es solo «otra manera de conocer», como a menudo se afirma, equiparándola con la fe religiosa. El conflicto entre el saber científico y las enseñanzas de las religiones organizadas es irreconciliable. El abismo continuará ensanchándose y provocando problemas sin fin mientras los líderes religiosos sigan haciendo declaraciones insostenibles acerca de las causas sobrenaturales de la realidad.

Otro principio que creo que puede justificarse por las pruebas científicas que tenemos hasta hoy es que nadie emigrará de este planeta nunca. A una escala local (el sistema solar), tiene poco sentido continuar la exploración enviando astronautas vivos a la Luna, y mucho menos a Marte y más allá, donde podrían buscarse razonablemente formas de vida extraterrestre: en Europa, la luna de Júpiter recubierta de hielo, y en el ardiente Encélado, un satélite de Saturno. Será mucho más barato, y no supondrá riesgos para la vida humana, explorar el espacio con robots. La tecnología ya está muy avanzada, en propulsión de cohetes, robótica, análisis remoto y transmisión de información, para enviar robots que pueden hacer más que cualquier visitante humano, incluidas decisiones tomadas sobre el terreno, y transmitir a la Tierra imágenes y datos de la mayor calidad. Es verdad que nuestro espíritu se eleva al pensar que un ser humano (uno de *nosotros*) puede caminar sobre un cuerpo celeste, como los exploradores lo hacían en tiempos pretéritos sobre continentes no cartografiados. Pero lo realmente emocionante será descubrir con todo lujo de detalles lo que hay ahí fuera, y ver el aspecto que tiene, con gran precisión, virtualmente a nuestros pies, a dos metros de distancia, tomando muestras de suelo y quizá organismos con nuestras manos virtuales y analizándolos. Podremos conseguir todo esto, y pronto. Enviar a personas en lugar de robots será enormemente caro, arriesgado para la vida humana e ineficaz: todo ello, simplemente un número de circo.

La misma miopía cósmica existe en la actualidad, y con más razón, en los sueños de colonizar otros sistemas estelares. Es un engaño especialmente peligroso si vemos la emigración al espacio como una solución cuando hayamos agotado este planeta. Ya es hora de preguntar seriamente por qué, durante los 3.500 millones de años de historia de la biosfera, nuestro planeta no ha sido visitado nunca por extraterrestres. (Excepto, quizá, en las borrosas luces de los OVNI en el cielo y en los visitantes del dormitorio cuando despertamos de una pesadilla.) ¿Y por qué razón el SETI, después de escudriñar la galaxia durante años, nunca ha recibido un mensaje del espacio exterior? La posibilidad teórica de un contacto existe, y debe continuarse. Pero imagine el lector que en una de los miles de millones de estrellas de la parte habitable de la galaxia hubiera surgido una civilización avanzada que hubiese decidido conquistar otros sistemas solares con el fin de expandir su espacio vital galáctico. Un acontecimiento así bien pudiera haber ocurrido mil millones de años antes del presente. Si inició un ciclo de conquista que le llevó un millón de años en llegar a otro planeta utilizable y, después de una exploración prolongada, otro millón de años para enviar flotas de colonizadores a otros varios planetas utilizables, la raza de extraterrestres conquistadores ya habría ocupado hace mucho tiempo todo el segmento habitable de la galaxia, incluido nuestro propio sistema solar.

Desde luego, un escenario que explica la ausencia de extraterrestres es que somos únicos en toda la galaxia y lo hemos sido durante todos estos miles de millones de años; y que solo nosotros hemos sido capaces de organizar viajes espaciales, de manera que ahora la Vía Láctea aguarda nuestra conquista. Esta situación hipotética es altamente improbable.

Prefiero otra posibilidad. Quizá los extraterrestres simplemente crecieron. Quizá descubrieron que los inmensos problemas de sus civilizaciones en evolución no podían resolverse mediante competencia entre credos religiosos, o ideologías, o naciones en guerra. Descubrieron que los grandes problemas exigen grandes soluciones, a las que se llega racionalmente mediante cooperación entre cualesquiera facciones que los dividían. Si consiguieron todo esto, se habrían dado cuenta de que no había necesidad de colonizar otros sistemas solares. Sería suficiente echar raíces y explorar las posibilidades ilimitadas de realización en el planeta natal.

De modo que ahora confesaré mi fe ciega. La Tierra, en el siglo XXII, puede transformarse, si así lo queremos, en un paraíso permanente para los seres humanos, o por lo menos en los firmes cimientos de uno. En el camino nos haremos todavía mucho daño a nosotros mismos y al resto de la vida, pero mediante una ética de simple decencia de los unos para con los otros, de aplicación inflexible de la razón, y de aceptación de lo que realmente somos, nuestros sueños al fin se harán realidad.

Y, en cuanto a ti, Paul Gauguin, ¿por qué escribiste estas líneas en tu cuadro? Desde luego, supongo que la respuesta inmediata es que querías dejar muy clara la simbolización de la amplia gama de actividades humanas ilus-

tradas en tu paisaje tahitiano, no fuera que a alguien le pasara por alto. Pero presiento que hubo algo más. Quizá planteaste las tres preguntas de tal manera que implícitamente decías que no había respuestas, ni en el mundo civilizado que rechazaste y dejaste atrás ni en el mundo primitivo que adoptaste con el fin de encontrar la paz. O, de nuevo, quizá querías decir que el arte no podía ir más allá de lo que habías hecho, y que todo lo que te quedaba por hacer personalmente era expresar por escrito las inquietantes preguntas. Permíteme que te sugiera todavía otra razón para el misterio que nos dejaste, una que no está necesariamente en conflicto con esas otras conjeturas. Creo que lo que escribiste es una exclamación de triunfo. Habías vivido tu pasión de viajar lejos, de descubrir y adoptar nuevos estilos de arte visual, de plantear las preguntas de una manera nueva, y a partir de todo esto crear una obra auténticamente original. En este sentido, tu carrera es para la eternidad; no se extinguió en vano. En nuestra propia época, uniendo el análisis racional y el arte, y asociando la ciencia y las humanidades, nos hemos acercado más a las respuestas que buscabas.

Agradecimientos

Al escribir este libro he tenido la fortuna de recibir consejo y aliento de un gran editor, Robert Weil, los años de inspirado respaldo de mi agente, John Taylor Williams, y la pericia en la investigación y la preparación del original de Kathleen M. Horton.

D'où Venons Nous / *Que Sommes Nous* / *Où Allons Nous* (*De dónde venimos* / *Qué somos* / *Adónde vamos*) de Paul Gauguin (1848-1903), óleo sobre tela, Museo de Bellas Artes de Boston, Massachusetts; fotografía © SuperStock.

Referencias

PRÓLOGO

Vida y arte de Paul Gauguin. La obra definitiva, de Belinda Thomson, ed., con Tamar Garb y diversos autores, es *Gauguin: Maker of Myth*, Tate Publishing, National Gallery of Art, Washington, DC, 2010.

2. LOS DOS CAMINOS A LA CONQUISTA

Origenes geológicos de los grupos de insectos eusociales. Termes: Jessica L. Ware, David A. Grimaldi y Michael S. Engel, «The effects of fossil placement and calibration on divergence times and rates: An example from the termites (Insecta: Isoptera)», *Arthropod Structure and Development* 39 (2010), pp. 204-219. Hormigas: resumen de estimaciones por Edward O. Wilson y Bert Hölldobler, «The rise of the ants: A phylogenetic and ecological explanation», *Proceedings of the National Academy of Sciences, U.S.A.*, 102, 21 (2005), pp. 7.411-7.414. Abejas: Michael Ohl y Michael S. Engel, «Die Fossilgeschichte der Bienen und ihrer nächsten Verwandten (Hymenoptera: Apoidea)», *Denisia* 20 (2007), pp. 687-700.

Evolución temprana de los primates del Viejo Mundo. Iyad S. Zalmout *et al.*, «New Oligocene primate from Saudi Arabia and the divergence of apes and Old World monkeys», *Nature* 466 (2010), pp. 360-364.

3. LA APROXIMACIÓN

Número de individuos en todo el linaje de *Homo sapiens*. El razonamiento que elegí tiene 10^8 años como la duración geológica total, y 10 años como la longevidad media de un animal reproductor en el linaje que conduce hasta *Homo sapiens*, de ahí que se obtengan 10^7 generaciones en el período geológico, frente a 10^4 individuos en cada generación.

Andar sobre los nudillos frente a andar erguido. Tracy L. Kivell y Daniel Schmitt, «Independent evolution of knuckle-walking in African apes shows that humans did not evolve from a knuckle-walking ancestor», *Proceedings of the National Academy of Sciences, U.S.A.*, 106, 34 (2009), pp. 14.241-14.246.

Caza de persistencia. Louis Liebenberg, «Persistence hunting by modern hunter-gatherers», *Current Anthropology* 47, 6 (2006), pp. 1.017-1.025.

Sobre la carrera de persistencia de Shawn Found. Bernd Heinrich, *Racing the Antelope: What Animals Can Teach Us about Running and Life*, HarperCollins, Nueva York, 2001.

La capacidad de lanzar objetos como una preadaptación. Paul M. Bingham, «Human uniqueness: A general theory», *Quarterly Review of Biology* 74, 2 (1999), pp. 133-169.

Tasas de extinción en mamíferos pequeños y grandes. Lee Hsiang Liow *et al.*, «Higher origination and extinction rates in larger mammals», *Proceedings of the National Academy of Sciences, U.S.A.*, 105, 16 (2008), pp. 6.097-6.102.

Fragmentación de poblaciones sociales. Guy L. Bush *et al.*, «Rapid speciation and chromosomal evolution in mammals», *Proceedings of the National Academy of Sciences, U.S.A.*, 74, 9 (1977), pp. 3.942-3.946; Don Jay Melnick, «The genetic consequences of primate social organization», *Genetica* 73 (1987), pp. 117-135.

4. LA LLEGADA

Sobre *Homo habilis*. Winfried Henke, «Human biological evolution», en Franz M. Wuketits y Francisco Ayala, eds., *Handbook of Evolution*, vol. 2: *The Evolution of Living Systems (Including Humans)*, Wiley-VCH, Weinheim, 2005, pp. 117-222.

Cambio climático y evolución de los homínidos primitivos. Elisabeth S. Vrba *et al.*, eds., *Paleoclimate and Evolution, with Emphasis on Human Origins*, Yale University Press, New Haven, 1995.

Utensilios de excavación de los chimpancés. R. Adriana Hernández-Aguilar, Jim Moore y Travis Rayne Pickering, «Savanna chimpanzees use tools to harvest the underground storage organs of plants», *Proceedings of the National Academy of Sciences, U.S.A.*, 104, 49 (2007), pp. 19.210-19.213.

Inteligencia en aves grandes. Daniel Sol *et al.*, «Big brains, enhanced cognition, and response of birds to novel environments», *Proceedings of the National Academy of Sciences, U.S.A.*, 102, 15 (2005), pp. 5.460-5.465.

Tamaño cerebral y organización social en carnívoros. John A. Finarelli y John J. Flynn, «Brain-size evolution and sociality in Carnivora», *Proceedings of the National Academy of Sciences, U.S.A.*, 106, 23 (2009), pp. 9.345-9.349.

Utensilios antiguos. J. Shreeve, «Evolutionary road», *National Geographic* 218 (julio de 2010), pp. 34-67 (hay trad. cast.: «El camino de la evolución», *National Geographic España* 27, 1 [julio de 2010], pp. 2-35).

El cambio evolutivo al consumo de carne. David R. Braun *et al.*, «Early hominin diet included diverse terrestrial and aquatic animals 1.95 Ma in East Turkana, Kenya», *Proceedings of the National Academy of Sciences, U.S.A.*, 107, 22 (2010), pp. 10.002-10.007; Teresa E. Steele, «A unique hominin menu dated to 1.95 million years ago», *Proceedings of the National Academy of Sciences, U.S.A.*, 107, 24 (2010), pp. 10.771-10.772.

Depredación por bonobos. Martin Surbeck y Gottfried Hohmann, «Primate hunting by bonobos at LuiKotale, Salonga National Park», *Current Biology* 18, 19 (2008), R906-R907.

Los neandertales como cazadores de caza mayor. Michael P. Richards y Erik Trinkaus, «Isotopic evidence for the diets of European Neanderthals and early modern humans», *Proceedings of the National Academy of Sciences, U.S.A.*, 106, 38 (2009), pp. 16.034-16.039. Los neandertales consumían asimismo diversos alimentos vegetales cuando disponían de ellos: Amanda G. Henry, Alison S. Brooks y Dolores R. Piperno, «Microfossils in calculus demonstrate consumption of plants and cooked foods in Neanderthal diets (Shanidar III, Iraq, Spy I and II, Belgium)», *Proceedings of the National Academy of Sciences, U.S.A.*, 108, 2 (2011), pp. 486-491.

6. LAS FUERZAS CREATIVAS

Selección de parentesco en la evolución humana. En la década de 1970, yo fui uno de los científicos que propugnaban que la selección de parentesco era fundamental en el origen de la eusocialidad y de la evolución humana en *Sociobiology: The New Synthesis*, Belknap Press of Harvard University Press, Cambridge, MA, 1975 (hay trad. cast.: *Sociobiología. La nueva síntesis*, Omega, Barcelona, 1980), y *On Human Nature*, Harvard University Press, Cambridge, MA, 1978 (hay trad. cast.: *Sobre la naturaleza humana*, Círculo de Lectores, Barcelona, 1997). Ahora creo que, en la gran importancia que le di, estaba equivocado. Véanse Edward O. Wilson, «One giant leap: How insects achieved altruism and colonial life», *BioScience* 58, 1 (2008), pp. 17-25; Martin A. Nowak, Corina E. Tarnita y Edward O. Wilson, «The evolution of eusociality», *Nature* 466 (2010), pp. 1.057-1.062.

Una nueva teoría de la evolución eusocial, que incluye la selección de reina a reina en los insectos sociales. Martin A. Nowak, Corina E. Tarnita y Edward O. Wilson, «The evolution of eusociality», *Nature* 466 (2010), pp. 1.057-1.062.

7. EL TRIBALISMO ES UN RASGO HUMANO FUNDAMENTAL

Alegría por una victoria atlética. Roger Brown, *Social Psychology*, Free Press, Nueva York, 1965; 2.ª ed. 1985), p. 553 (hay trad. cast.: *Psicología social*, Siglo XXI, Madrid, 1974).

Formación intergrupal como instinto. Roger Brown, *Social Psychology*, Free Press, Nueva York, 1965; 2ª ed. 1985, p. 553; Edward O. Wilson, *Consilience: The Unity of Knowledge*, Knopf, Nueva York, 1998 (hay trad. cast.: *Consilience. La unidad del conocimiento*, Galaxia Gutenberg, Barcelona, 1999).

La preferencia por el idioma nativo en la formación de grupos. Katherine D. Kinzler, Emmanuel Dupoux y Elizabeth S. Spelke, «The native language of social cognition», *Proceedings of the National Academy of Sciences, U.S.A.*, 104, 30 (2007), pp. 12.577-12.580.

Activación cerebral y control del miedo. Jeffrey Kluger, «Race and the brain», *Time* (20 de octubre de 2008), p. 59.

8. La guerra es la maldición hereditaria de la humanidad

William James sobre la guerra. William James, «The moral equivalent of war», *Popular Science Monthly*, 77 (1910), pp. 400-410.

Guerra y genocidio por la Unión Soviética y la Alemania nazi. Timothy Snyder, «Holocaust: The ignored reality», *New York Review of Books* 56, 12 (16 de julio de 2009).

Martín Lutero sobre el uso de la guerra que hace Dios. Martín Lutero en *Whether Soldiers, Too, Can Be Saved* (1526), trad. de J. M. Porter, *Luther: Selected Political Writings*, University Press of America, Lanham, MD, 1988, p. 103 (hay trad. cast.: *Escritos políticos*, Altaya, Barcelona, 1995).

Los atenienses conquistan Milo. William James, «The moral equivalent of war», *Popular Science Monthly* 77 (1910), pp. 400-410; Tucídides, *The Peloponnesian War*, trad. de Walter Banco, W. W. Norton, Nueva York, 1998 (hay trad. cast.: *Historia de la guerra del Peloponeso*, RBA, Barcelona, 2007). La frase que se cita aquí procede de la traducción que usó William James.

Pruebas de guerras en la prehistoria. Steven A. LeBlanc y Katherine E. Register, *Constant Battles: The Myth of the Peaceful, Noble Savage*, St. Martin's Press, Nueva York, 2003.

Budismo y guerra. Bernard Faure, «Buddhism and violence», *International Review of Culture & Society* 9 (primavera de 2002); Michael Zimmermann, ed., *Buddhism and Violence*, Lumbini International Research Institute, Bhairahana, Nepal, 2006.

Persistencia de la guerra. Steven A. LeBlanc and Katherine E. Register, *Constant Battles: The Myth of the Peaceful, Noble Savage*, St. Martin's Press, Nueva York, 2003.

Primeros modelos de selección de grupo. Richard Levins, «The theory of fitness in a heterogeneous environment, IV: The adaptive significance of gene flow», *Evolution* 18, 4 (1965), pp. 635-638; Richard Levins, *Evolution in Changing Environments: Some Theoretical Explorations*, Princeton University Press, Princeton, NJ, 1968; Scott A. Boorman y Paul R. Levitt, «Group selection on the boundary of a stable population», *Theoretical Population Biology* 4, 1 (1973), pp. 85-128; Scott A. Boorman y P. R. Levitt, «A frequency-dependent natural selection model for the evolution of social cooperation networks», *Proceedings of the National Academy of Sciences, U.S.A.*, 70, 1 (1973), pp. 187-189. Los artículos anteriores fueron comentados por Edward O. Wilson, *Sociobiology: The New Synthesis*, Belknap Press of Harvard University Press, Cambridge, MA. 1975, pp. 110-117 (hay trad. cast.: *Sociobiología. La nueva síntesis*, Omega, Barcelona, 1980).

Violencia y muerte en humanos y chimpancés. Richard W. Wrangham, Michael L. Wilson y Martin N. Muller, «Comparative rates of violence in chimpanzees and humans», *Primates* 47 (2006), pp. 14-26.

Comparación de la agresión en humanos y chimpancés. Richard W. Wrangham y Michael L. Wilson, «Collective violence: Comparison between youths and chimpanzees», *Annals of the New York Academy of Science* 1036 (2004), pp. 233-256.

Guerra en los chimpancés. John C. Mitani, David P. Watts y Sylvia J. Amsler, «Lethal intergroup aggression leads to territorial expansion in wild chimpanzees», *Current Biology* 20, 12 (2010), R507-R508. Hay un informe y comentario excelentes en Nicholas Wade, «Chimps that wage war and annex rival territory», *New York Times*, D4 (22 de junio de 2010).

Control de la población. El concepto del *factor limitante-mínimo* fue introducido por Carl Sprengel en 1828 para la agricultura y formalizado posteriormente por Justús von Liebig; de ahí que a veces a esta norma se la denomine ley del mínimo de Liebig. En su formulación original, decía que el crecimiento de las plantas no está determinado por la cantidad total de nutrientes, sino por la del más escaso de los mismos.

Choques demográficos y formación de alianzas. E. A. Hammel, «Demographics and kinship in anthropological populations», *Proceedings of the National Academy of Sciences, U.S.A.*, 102, 6 (2005), pp. 2.248-2.253.

Tamaño de la población humana, límites regionales. R. Hopfenberg, «Human carrying capacity is determined by food availability», *Population and Environment* 25 (2003), pp. 109-117.

9. La salida

Huellas de *Homo erectus*. Informe en «World Roundup: Archaeological assemblages: Kenya», *Archaeology* (mayo-junio de 2009), p. 11.

Aparición del *Homo sapiens* moderno. G. Philip Rightmire, «Middle and later Pleistocene hominins in Africa and Southwest Asia», *Proceedings of the National Academy of Sciences, U.S.A.*, 106, 38 (2009), pp. 16.046-16.050.

Genomas de africanos. Stephan C. Schuster *et al.*, «Complete Khoisan and Bantu genomes from southern Africa», *Nature* 463 (2010), pp. 943-947.

Efecto fundador en serie en la emigración humana. Sohini Ramachandran *et al.*, «Support from the relationship of genetic and geographic distance in human populations for a serial founder effect originating in Africa», *Proceedings of the National Academy of Sciences, U.S.A.*, 102, 44 (2005), pp. 15.942-15.947.

Expansión genética de los emigrantes Nilo arriba. Henry Harpending y Alan Rogers, «Genetic perspectives on human origins and differentiation», *Annual Review of Genomics and Human Genetics* 1 (2000), pp. 361-385.

Cambios climáticos y la dispersión fuera de África. Andrew S. Cohen *et al.*, «Ecological consequences of early Late Pleistocene megadroughts in tropical Africa», *Proceedings of the National Academy of Sciences, U.S.A.*, 104, 42 (2007), pp. 16.428-16.427.

Homo sapiens penetra en Europa y los neandertales desaparecen. John F. Hoffecker, «The spread of modern humans in Europe», *Proceedings of the National Academy of Sciences, U.S.A.*, 106, 38 (2009), pp. 16.040-16.045; J. J. Hublin, «The origin of Neandertals», *Proceedings of the National Academy of Sciences, U.S.A.*, 106, 38 (2009), pp. 16.022-16.027.

Descubrimiento de un nuevo hominino, los «denisovanos». David Reich *et al.*, «Genetic history of an archaic hominin group from Denisova Cave in Siberia», *Nature* 468 (2010), pp. 1.053-1.060.

Expansión de *Homo sapiens* en el Viejo Mundo. Peter Foster y S. Matsumura, «Did early humans go north or south?», *Science* 308 (2005), pp. 965-966; Cristopher N. Johnson, «The remaking of Australia's ecology», *Science* 309, pp. 255-256; Gifford H. Miller *et al.*, «Ecosystem collapse in Pleistocene Australia and a human role in megafaunal extinction», *Science* 309 (2005), pp. 287-290.

Invasión humana del Nuevo Mundo. Ted Goebel, Michael R. Waters y Dennis H. O'Rourke, «The Late Pleistocene dispersal of modern humans in the Americas», *Science* 319 (2008), pp. 1.497-1.502; Andrew Curry, «Ancient excrement», *Archaeology* (julio-agosto de 2008), pp. 42-45.

10. LA EXPLOSIÓN CREATIVA

Discontinuidades en la innovación cultural. Francesco d'Errico *et al.*, «Additional evidence on the use of personal ornaments in the Middle Paleolithic of North Africa», *Proceedings of the National Academy of Sciences, U.S.A.*, 106, 38 (2009), pp. 16.051-16.056.

La tasa de evolución aumenta con la expansión de la humanidad. John Hawks *et al.*, «Recent acceleration of human adaptive evolution», *Proceedings of the National Academy of Sciences, U.S.A.*, 104, 52 (2007), pp. 20.753-20.758.

Evolución adaptativa en la evolución humana reciente. Jun Gojobori *et al.*, «Adaptive evolution in humans revealed by the negative correlation between the polymorphism and fixation phases of evolution», *Proceedings of the National Academy of Sciences, U.S.A.*, 104, 10 (2007), pp. 3.907-3.912.

Cambios en la frecuencia de los genes mutantes. Jun Gojobori *et al.*, «Adaptive evolution in humans revealed by the negative correlation between the polymorphism and fixation phases of evolution», *Proceedings of the National Academy of Sciences, U.S.A.*, 104, 10 (2007), pp. 3.907-3.912.

Genes en la evolución de la cognición humana. Ralph Haygood *et al.*, «Contrasts between adaptive coding and noncoding changes during human evolution», *Proceedings of the National Academy of Sciences, U.S.A.*, 107, 17 (2010), pp. 7.853-7.857.

Herencia genética de rasgos mentales. B. Devlin, Michael Daniels y Kathryn Roeder, «The heritability of IQ», *Nature* 388 (1997), pp. 468-471. Diversas estimaciones para el IQ se sitúan entre 0,4 y 0,7, más probablemente hacia el valor inferior.

Primera ley de Turkheimer. E. Turkheimer, «Three laws of behavior genetics and what they mean», *Current Directions in Psychological Science* 9, 5 (2000), pp. 160-164.

Factores genéticos en la creación de redes. James Fowler, Christopher T. Dawes y Nicholas A. Christakis, «Model of genetic variation in human social networks», *Proceedings of the National Academy of Sciences, U.S.A.*, 106, 6 (2009), pp. 1.720-1.724.

Conceptos inventados durante o antes del período Neolítico. Dwight Read y Sander van der Leeuw, «Biology is only part of the story», *Philosophical Transactions of the Royal Society* B 363 (2008), pp. 1.959-1.968.

Origen de las plantas domésticas. Colin E. Hughes *et al.*, «Serendipitous backyard hybridization and the origin of crops», *Proceedings of the National Academy of Sciences, U.S.A.*, 104, 36 (2007), pp. 14.389-14.394.

Selección natural en humanos contemporáneos. Steve Olson, «Seeking the signs of selection», *Science* 298 (2002), pp. 1.324-1.325; Michael Balter, «Are humans still evolving?», *Science* 309 (2005), pp. 234-237; Cynthia M. Beall *et al.*, «Natural selection on *EPAS1 (H1F2α)* associated with low hemoglobin concentration in Tibetan highlanders», *Proceedings of the National Academy of Sciences, U.S.A.*, 107, 25 (2010), pp. 11.459-11.464; Oksana Hlodan, «Evolution in extreme environments», *BioScience* 60, 6 (2010), pp. 414-418.

11. La carrera a la civilización

La carrera a la civilización desde las cuadrillas a los estados. Kent V. Flannery, «The cultural evolution of civilizations», *Annual Review of Ecology and Systematics* 3 (1972), pp. 399-426; H. T. Wright, «Recent research on the origin of the state», *Annual Review of Anthropology* 6 (1977), pp. 379-397; Charles S. Spencer, «Territorial expression and primary state formation», *Proceedings of the National Academy of Sciences, U.S.A.*, 107 (2010), pp. 7.119-7.126.

Principio de las jerarquías de Simon. Herbert A. Simon, «The architecture of complexity», *Proceedings of the American Philosophical Society* 106 (1962), pp. 467-482.

Variación de la personalidad en Burkina Faso. Richard W. Robins, «The nature of personality: genes, culture, and national character», *Science* 310 (2005), pp. 62-63.

Variación de la personalidad dentro de las culturas y entre ellas. A. Terraciano *et al.*, «National character does not reflect mean personality trait levels in 49 cultures», *Science* 310 (2005), pp. 96-100.

Épocas de origen de las civilizaciones basadas en el estado. Charles S. Spencer, «Territorial expansion and primary state formation», *Proceedings of the National Academy of Sciences, U.S.A.*, 107, 16 (2010), pp. 7.119-7.126.

Fechas del origen de los estados primarios. Charles S. Spencer, «Territorial expansion and primary state formation», *Proceedings of the National Academy of Sciences, U.S.A.*, 107, 16 (2010), pp. 7.119-7.126.

Origen rápido de un estado primario en Hawai. Patrick V. Kirch y Warren D. Sharp, «Coral [230]Th dating of the imposition of a ritual control hierarchy in precontact Hawaii», *Science* 307 (2005), pp. 102-104.

Contenedores de cáscara de huevo grabados. Pierre-Jean Texier *et al.*, «A Howiesons Poort tradition of engraving ostrich eggshell containers dated to 60,000 years ago at Diepkloof Rock Shelter, South Africa», *Proceedings of the National Academy of Sciences, U.S.A.*, 107, 14 (2010), pp. 6.180-6.185.

Arte y armas africanas primitivos. Constance Holden, «Oldest beads suggest early symbolic behavior», *Science* 304 (2004), p. 369; Christopher Henshilwood *et al.*, «Middle Stone Age shell beads from South Africa», *Science* 304 (2004), p. 404.

Templo antiguo en Göbekli Tepe. Andrew Curry, «Seeking the roots of ritual», *Science* 319 (2008), pp. 278-280.

Origen de la escritura. Andrew Lawler, «Writing gets a rewrite», *Science* 292 (2001), pp. 2.418-2.420; John Noble Wilford, «Stone said to contain earliest writing in Western Hemisphere», *New York Times*, A12 (15 de septiembre de 2006).

Significado de la escritura antigua. Barry B. Powell, *Writing: Theory and History of the Technology of Civilization*, Wiley-Blackwell, Malden, MA, 2009.

Evolución cultural y el origen del período Neolítico. Jared Diamond, *Guns, Germs, and Steel: The Fates of Human Societies*, W. W. Norton, Nueva York, 1997 (hay trad. cast.: *Armas, gérmenes y acero: la sociedad humana y sus destinos*, Debate, Barcelona, 1998); Douglas A. Hibbs Jr. y Ola Olsson, «Geography, biogeography, and why some countries are rich and others are poor», *Proceedings of the National Academy of Sciences, U.S.A.*, 101, 10 (2004), pp. 3.715-3.720.

12. La invención de la eusocialidad

Dominancia de los insectos sociales en la selva amazónica. H. J. Fittkau y H. Klinge, «On biomass and trophic structure of the central Amazonian rainforest ecosystem», *Biotropica* 5 (1973), pp. 2-14.

13. Invenciones que hicieron progresar a los insectos sociales

Hormigas migratorias y rebaños de chupadores de savia. U. Maschwitz, M. D. Dill y J. Williams, «Herdsmen ants and their mealybug partners», *Abhandlungen der Senckenbergischen Naturforschenden Gesellschaft Frankfurt am Main* 557 (2002), pp. 1-373.

14. El dilema científico de la rareza

El origen evolutivo de la eusocialidad. Edward O. Wilson y Bert Hölldobler, «Eusociality: Origin and consequences», *Proceedings of the National Academy of Sciences, U.S.A.*, 102, 38 (2005), pp. 13.367-13.371; Charles D. Michener, *The Bees of the World*, Johns Hopkins University Press, Baltimore, 2007; Bryan N. Danforth, «Evolution of sociality in a primitively eusocial lineage of bees», *Proceedings of the National Academy of Sciences, U.S.A.*, 99, 1 (2002), pp. 286-290; Bert Hölldobler y Edward O. Wilson, *The Superorganism: The Beauty, Elegance, and Strangeness of Insect Societies*, W. W. Norton, Nueva York, 2009.

Eusocialidad en camarones. J. Emmett Duffy, C. L. Morrison y R. Ríos, «Multiple origins of eusociality among sponge-dwelling shrimps (*Synalpheus*)», *Evolution* 54, 2 (2000), pp. 503-516.

Acontecimientos evolutivos únicos. Geerat J. Vermeij, «Historical contingency and the purported uniqueness of evolutionary innovations», *Proceedings of the National Academy of Sciences, U.S.A.*, 103, 6 (2006), pp. 1.804-1.809.

Asistentes en el nido en las aves. B. J. Hatchwell y J. Komdeur, «Ecological constraints, life history traits and the evolution of cooperative breeding», *Animal Behaviour* 59, 6 (2000), pp. 1.079-1.086.

15. Explicación del altruismo y la eusocialidad de los insectos

Orígenes de las sociedades de insectos. William Morton Wheeler, *Colony Founding among Ants, with an Account of Some Primitive Australian Species*, Harvard University Press, Cambridge, MA, 1933; Charles D. Michener, «The evolution of social behavior in bees», *Proceedings of the Tenth*

International Congress in Entomology, Montreal 2 (1956), pp. 441-447; Howard E. Evans, «The evolution of social life in wasps», *Proceedings of the Tenth International Congress in Entomology, Montreal* 2 (1956), pp. 449-457.

Sustituir la selección de parentesco. Martin A. Nowak, Corina E. Tarnita y Edward O. Wilson, «The evolution of eusociality», *Nature* 466 (2010), pp. 1.057-1.062. Un estudio posterior es el de Martin A. Nowak y Roger Highfield en *SuperCooperators: Altruism, Evolution, and Why We Need Each Other to Succeed*, Free Press, Nueva York, 2011.

Los pasos hacia la eusocialidad en los insectos. Edward O. Wilson, «One giant leap: How insects achieved altruism and colonial life», *BioScience* 58 (2008), pp. 17-25.

Recursos naturales y eusocialdad temprana en insectos. Edward O. Wilson y Bert Hölldobler, «Eusociality: Origin and consequences», *Proceedings of the National Academy of Sciences, U.S.A.*, 102, 38 (2005), pp. 13.367-13.371.

Himenópteros solitarios. James T. Costa, *The Other Insect Societies*, Belknap Press of Harvard University Press, Cambridge, MA, 2006.

Escarabajos eusociales. D. S. Kent y J. A. Simpson, «Eusociality in the beetle *Austroplatypus incompertus* (Coleoptera: Curculionidae)», *Naturwissenschaften* 79 (1992), pp. 86-87.

Trips y áfidos eusociales. Bernard J. Crespi, «Eusociality in Australian gall thrips», *Nature* 359 (1992), pp. 724-726; David L. Stern y W. A. Foster, «The evolution of soldiers in aphids», *Biological Reviews of the Cambridge Philosophical Society* 71 (1996), pp. 27-79.

Camarón eusocial. J. Emmett Duffy, «Ecology and evolution of eusociality in sponge-dwelling shrimp», en J. Emmett Duffy y Martin Thiel, eds., *Evolutionary Ecology of Social and Sexual Systems: Crustaceans as Model Organisms*, Oxford University Press, Nueva York, 2007.

Colonias de abejas eusociales inducidas artificialmente. Shoichi F. Sakagami y Yasuo Maeta, «Sociality, induced and/or natural, in the basically solitary small carpenter bees (*Ceratina*)», en Yosiaki Itô, Jerram L. Brown y Jiro Kikkawa, eds., *Animal Societies: Theories and Facts*, Japan Scientific Societies Press, Tokio, 1987, pp. 1-16; William T. Wcislo, «Social interactions and behavioral context in a largely solitary bee, *Lasioglossum (Dialictus) figueresi* (Hymenoptera, Halictidae)», *Insectes Sociaux* 44

(1997), pp. 199-208; Raphael Jeanson, Penny F. Kukuk y Jennifer H. Fewell, «Emergence of division of labour in halictine bees: Contributions of social interactions and behavioural variance», *Animal Behaviour* 70 (2005), pp. 1.183-1.193.

Modelo de umbral fijado en la división del trabajo en los insectos. Gene E. Robinson y Robert E. Page Jr., «Genetic basis for division of labor in an insect society», en Michael D. Breed y Robert E. Page Jr., eds., *The Genetics of Social Evolution*, Westview Press, Boulder, CO, 1989, pp. 61-80; E. Bonabeau, G. Theraulaz y Jean-Luc Deneubourg, «Quantitative study of the fixed threshold model for the regulation of division of labour in insect societies», *Proceedings of the Royal Society* B 263 (1996), pp. 1.565-1.569; Samuel N. Beshers y Jennifer H. Fewell, «Models of division of labor in social insects», *Annual Review of Entomology* 46 (2001), pp. 413-440.

16. Los insectos dan el gran salto

El valor de la defensa del nido. J. Field y S. Brace, «Pre-social benefits of extended parental care», *Nature* 427 (2004), pp. 650-652.

Evolución social que avanza y retrocede en las abejas. Bryan N. Danforth, «Evolution of sociality in a primitively eusocial lineage of bees», *Proceedings of the National Academy of Sciences, U.S.A.*, 99,1 (2002), pp. 286-290.

El cambio estacional promueve el comportamiento social. James H. Hunt y Gro V. Amdam, «Bivoltinism as an antecedent to eusociality in the paper wasp genus *Polistes*», *Science* 308 (2005), pp. 264-267.

El origen de las obreras ápteras en las hormigas. Ehab Abouheif y G. A. Wray, «Evolution of the gene network underlying wing polyphenism in ants», *Science* 297 (002), pp. 249-252.

El origen de la poliginia en las hormigas de fuego. Kenneth G. Ross y Laurent Keller, «Genetic control of social organization in an ant», *Proceedings of the National Academy of Sciences, U.S.A.* 95, 24 (1998), pp. 14.232-14.237.

Genes y comportamiento eusocial en las hormigas de fuego. M. J. B. Krieger y Kenneth G. Ross, «Identification of a major gene regulating complex social behavior», *Science* 295 (2002), pp. 328-332.

Genética y desarrollo en las avispas sociales. James H. Hunt y Gro V. Amdam, «Bivoltinism as an antecedent to eusociality in the paper wasp genus *Polistes*», *Science* 308 (205), pp. 264-267.

Cooperación entre las abejas solitarias. Shoichi F. Sakagami y Yasuo Maeta, «Sociality, induced and/or natural, in the basically solitary small carpenter bees (*Ceratina*)», en Yosiaki Itô, Jerram L. Brown y Jiro Kikkawa, eds., *Animal Societies: Theories and Facts*, Japan Scientific Societies Press, Tokio, 1987, pp. 1-16.

Reinas que cooperan en abejas primitivamente eusociales. Miriam H. Richards, Eric J. von Wettberg y Amy C. Rutgers, «A novel social polymorphism in a primitively eusocial bee», *Proceedings of the National Academy of Sciences, U.S.A.*, 100, 12 (2003), pp. 7.175-7.180.

La inversión de la secuencia en el plan básico conduce a la eusocialidad. Gro V. Amdam *et al.*, «Complex social behaviour from maternal reproductive traits», *Nature* 439 (2006), pp. 76-78; Gro V. Amdam *et al.*, «Variation in endocrine signaling underlies variation in social life-history», *American Naturalist* 170 (2007), pp. 37-46.

El punto de no retorno en la evolución eusocial. Edward O. Wilson, *The Insect Societies*, Belknap Press of Harvard University Press, Cambridge, MA, 1971; Edward O. Wilson y Bert Hölldobler, «Eusociality: Origin and consequence», *Proceedings of the National Academy of Sciences, U.S.A.*, 102, 38 (2005), pp. 13.367-13.371.

17. DE QUÉ MANERA LA SELECCIÓN NATURAL CREA INSTINTOS SOCIALES

Darwin sobre los instintos como adaptaciones genéticas. Los grandes libros de Darwin: además de *The Expression of the Emotions in Man and Animals* (1873), los otros tres fueron *Voyage of the Beagle* (1838), *Origin of Species* (1859) y *The Descent of Man* (1872) (hay varias traducciones, entre ellas: *La expresión de las emociones*, Laetoli, Pamplona, 2009, *El origen de las especies por medio de la selección natural*, Alianza, Madrid, 2009, *Diario del viaje de un naturalista alrededor del mundo*, Espasa-Calpe, Madrid, 2008, y *El origen del hombre*, Crítica, Barcelona, 2009).

18. Las fuerzas de la evolución social

Hamilton sobre la selección de parentesco. William D. Hamilton, «The genetical evolution of social behaviour, I, II», *Journal of Theoretical Biology* 7 (1964), pp. 1-52.

Formulación de Haldane de la selección de parentesco. J. B. S. Haldane, «Population genetics», *New Biology* (Penguin Books) 18 (1955), pp. 34-51.

El fracaso de la hipótesis de la haplodiploidía. Edward O. Wilson, «One giant leap: How insects achieved altruism and colonial life», *BioScience* 58, 1 (2008), pp. 17-25.

Ventajas de la diversidad genética en las colonias de hormigas. Blaine Cole y Diane C. Wiernacz, «The selective advantage of low relatedness», *Science* 285 (1999), pp. 891-893; William O. H. Hughes y J. J. Boomsma, «Genetic diversity and disease resistance in leaf-cutting ant societies», *Evolution* 58 (2004), pp. 1.251-1.260.

Castas de hormigas genéticamente diversas. F. E. Rheindt, C. P. Strehl y Jürgen Gadau, «A genetic component in the determination of worker polymorphism in the Florida harvester ant *Pogonomyrmex badius*», *Insectes Sociaux* 52 (2005), pp. 163-168.

Control del clima en los nidos de los insectos sociales. J. C. Jones, M. R. Myerscough, S. Graham y Ben P. Oldroyd, «Honey bee nest thermoregulation: Diversity supports stability», *Science* 305 (2004), pp. 402-404.

Factores genéticos en la división del trabajo en las colonias de hormigas. T. Schwander, H. Rosset y M. Chapuisat, «Division of labour and worker size polymorphism in ant colonies: The impact of social and genetic factors», *Behavioral Ecology and Sociobiology* 59 (2005), pp. 215-221.

La teoría secuenciada y de multinivel debe su origen a muchas fuentes, pero el impulso principal de su desarrollo tuvo lugar mediante los siguientes artículos, en los que el autor de este libro participó. Edward O. Wilson, «Kin selection as the key to altruism: Its rise and fall», *Social Research* 72, 1 (2005), pp. 159-166; Edward O. Wilson y Bert Hölldobler, «Eusociality: Origin and consequences», *Proceedings of the National Academy of Sciences, U.S.A.*, 102, 38 (2005), pp. 13.367-13.371; David Sloan Wilson y Edward O. Wilson, «Rethinking the theoretical foundation of sociobiology», *Quarterly Review of Biology* 82, 4 (2007), pp. 327-348; Edward O. Wilson, «One giant leap: How insects achieved altruism and colonial life», *BioScience* 58, 1 (2008), pp. 17-25; David Sloan Wilson y Edward O. Wilson, «Evolution "for the good of the group"», *American Scientist* 96 (2008), pp. 380-389; y, final y definitivamente, Martin A. Nowak, Corina E. Tarnita y Edward O. Wilson, «The evolution of eusociality», *Nature* 466 (2010), pp. 1.057-1.062. El texto que aquí se presenta ha tomado muchas cosas del último de dichos artículos.

Inversiones en proporción sexual en los insectos sociales. Robert L. Trivers y Hope Hare, «Haplodiploidy and the evolution of the social insects», *Science* 191 (1976), pp. 249-263; Andrew F. G. Bourke y Nigel R. Franks, *Social Evolution in Ants*, Princeton University Press, Princeton, NJ, 1995.

Comportamiento de dominancia y control en los insectos sociales. Francis L. W. Ratnieks, Kevin R. Foster y Tom Wenseleers, «Conflict resolution in insect societies», *Annual Review of Entomology* 51 (2006), pp. 581-608.

Número de apareamientos por cada reina de los insectos sociales. William O. H. Hughes *et al.*, «Ancestral monogamy shows kin selection is key to the evolution of eusociality», *Science* 320 (2008), pp. 1.213-1.216.

Contribuciones de la teoría de la eficiencia inclusiva. Edward O. Wilson, «One giant leap: How insects achieved altruism and colonial life», *BioScience* 58 (2008), pp. 17-25; Bert Hölldobler y Edward O. Wilson, *The Superorganism: The Beauty, Elegance, and Strangeness of Insect Societies*, W. W. Norton, Nueva York, 2009.

El concepto de parentesco usado por la teoría de la eficiencia inclusiva. Esta sección y buena parte del resto del capítulo se ha modificado a partir de Martin A. Nowak, Corina E. Tarnita y Edward O. Wilson, «The evolution of eusociality», *Nature* 466 (2010), pp. 1.057-1.062.

Diversas definiciones de parentesco. Raghavendra Gadagkar, *The Social Biology of* Ropalidia marginata: *Toward Understanding the Evolution of Eusociality*, Harvard University Press, Cambridge, MA, 2001; Barbara L. Thorne, Nancy L. Breisch y Mario L. Muscedere, «Evolution of eusociality and the soldier caste in termites: Influence of accelerated inheritance», *Proceedings of the National Academy of Sciences, U.S.A.*, 100 (2003), pp. 12.808-12.813; Abderrahman Khila y Ehab Abouheif, «Evaluating the role of reproductive constraints in ant social evolution», *Philosophical Transactions of the Royal Society* B 365 (2010), pp. 617-630.

El fracaso de la desigualdad de Hamilton en la teoría social. Arne Traulsen, «Mathematics of kin-and group-selection: Formally equivalent?», *Evolution* 64 (2010), pp. 316-323.

Crítica de la teoría de la eficiencia inclusiva. Martin A. Nowak, Corina E. Tarnita y Edward O. Wilson, «The evolution of eusociality», *Nature* 466 (2010), pp. 1057-1062. Véase asimismo Martin A. Nowak y Roger Highfield, *SuperCooperators: Altruism, Evolution, and Why We Need Each Other to Succeed*, Free Press, Nueva York, 2011.

Selección débil en la evolución social. Martin A. Nowak, Corina E. Tarnita y Edward O. Wilson, «The evolution of eusociality», *Nature* 466 (2010), pp. 1.057-1.062.

Teorías alternativas de evolución social. Martin A. Nowak, Corina E. Tarnita y Edward O. Wilson, «The evolution of eusociality», *Nature* 466 (2010), pp. 1.057-1.062.

Selección de grupo en microorganismos. La fuerza motriz de la evolución en los microorganismos eusociales. Una revisión de la literatura con presentación de teorías contrapuestas la proporcionan David Sloan Wilson y Edward O. Wilson, «Rethinking the theoretical foundations of sociobiology», *Quarterly Review of Biology* 82, 4 (2007), pp. 327-348.

Monogamia y selección de parentesco. W. O. H. Hughes *et al.*, «Ancestral monogamy shows kin selection is key to the evolution of eusociality», *Science* 320 (2008), pp. 1.213-1.216.

Cópulas múltiples y colonias grandes en los insectos sociales. Bert Hölldobler y Edward O. Wilson, *The Superorganism: The Beauty, Elegance, and Strangeness of Insect Societies*, W. W. Norton, Nueva York, 2009.

Selección de parentesco propuesta para el control en los insectos sociales. Francis L. W. Ratnieks, Kevin R. Foster y Tom Wenseleers, «Conflict resolution in insect societies», *Annual Review of Entomology* 51 (2006), pp. 581-608.

Propuesta de inversión en proporción sexual en los insectos sociales. Robert L. Trivers y Hope Hare, «Haplodiploidy and the evolution of the social insects», *Science* 191 (1976), pp. 249-263.

Análisis de la inversión en proporción sexual. Andrew F. G. Bourke y Nigel R. Franks, *Social Evolution in Ants*, Princeton University Press, Princeton, NJ, 1995.

Arañas subsociales. J. M. Schneider y T. Bilde, «Benefits of cooperation with genetic kin in a subsocial spider», *Proceedings of the National Academy of Sciences, U.S.A.*, 105, 31 (2008), pp. 10.843-10.846.

Ayudantes en el nido: aves. Stuart A. West, A. S. Griffin y A. Gardner, «Evolutionary explanations for cooperation», *Current Biology* 17 (2007), R661-R672.

Historia natural de las aves ayudantes. B. J. Hatchwell y J. Komdeur, «Ecological constraints, life history traits and the evolution of cooperative breeding», *Animal Behaviour* 59, 6 (2000), pp. 1.079-1.086.

19. El surgimiento de una nueva teoría de la eusocialidad

La formación de grupos sociales elementales. J. W. Pepper y Barbara Smuts, «A mechanism for the evolution of altruism among non-kin: Positive assortment through environmental feedback», *American Naturalist* 160 (2002), pp. 205-213; J. A. Fletcher y M. Zwick, «Strong altruism can evolve in randomly formed groups», *Journal of Theoretical Biology* 228 (2004), pp. 303-313.

Organización social de los termes primitivos. Barbara L. Thorne, Nancy L. Breisch y Mario L. Muscedere, «Evolution of eusociality and the soldier caste in termites: Influence of accelerated inheritance», *Proceedings of the National Academy of Sciences, U.S.A.*, 100 (2003), pp. 12.808-12.813.

Hormigas obreras como robots. Martin A. Nowak, Corina E. Tarnita y Edward O. Wilson, «The evolution of eusociality», *Nature* 466 (2010), pp. 1.057-1.062.

Selección de grupo y el superorganismo. Bert Hölldobler y Edward O. Wilson, *The Superorganism: The Beauty, Elegance, and Strangeness of Insect Societies*, W. W. Norton, Nueva York, 2009.

20. ¿Qué es la naturaleza humana?

Introducción de la teoría de la coevolución gen-cultura. Charles J. Lumsden y Edward O. Wilson, «Translation of epigenetic rules of individual behavior into ethnographic patterns», *Proceedings of the National Acade-*

my of Sciences, U.S.A., 77, 7 (1980), pp. 4.382-4.386; «Gene-culture translation in the avoidance of sibling incest», *Proceedings of the National Academy of Sciences, U.S.A.*, 77, 10 (1980), pp. 6.248-6.250; *Genes, Mind, and Culture: The Coevolutionary Process*, Harvard University Press, Cambridge, MA, 1981; Edward O. Wilson, *Biophilia*, Harvard University Press, Cambridge, MA, 1984.

Extensiones de la teoría gen-cultura. Charles J. Lumsden y Edward O. Wilson, *Promethean Fire: Reflection on the Origin of the Mind*, Harvard University Press, Cambridge, MA, 1983 (hay trad. cast.: *El fuego de Prometeo. Reflexiones sobre el origen de la mente*, Fondo de Cultura Económica, México, 1985).

Genes y cultura. Luigi Luca Cavalli-Sforza y Marcus W. Feldman, *Cultural Transmission and Evolution: A Quantitative Approach*, Princeton University Press, Princeton, NJ, 1981; Robert Boyd y Peter J. Richerson, *Culture and the Evolutionary Process*, University of Chicago Press, Chicago, 1985. En 1976, Marcus W. Feldman y Luigi L. Cavalli-Sforza publicaron un análisis, «Cultural and biological evolutionary processes, selection for a trait under complex transmission», *Theoretical Population Biology* 9 (1976), pp. 238-259, y «The evolution of continuous variation, II: Complex transmission and assortative mating», *Theoretical Population Biology* 11 (1977), pp. 161-181, en el que se presentan dos estados, «experto» e «inexperto», cuyas probabilidades dependen del fenotipo de los padres y del genotipo del hijo. El rasgo es de capacidad general. Ni entonces ni posteriormente se prestó ninguna atención a la abundancia de datos sobre las reglas epigenéticas incrustadas en la cognición humana. El relato de este trabajo y otros previos relevantes para la coevolución gen-cultura se resume en Charles J. Lumsden y Edward O. Wilson, *Genes, Mind, and Culture: The Coevolutionary Process*, Harvard University Press, Cambridge, MA, 1981), pp. 258-263.

Evolución de la tolerancia a la lactosa del adulto. Sarah A. Tishkoff *et al.*, «Convergent adaptation of human lactase persistence in Africa and Europe», *Nature Genetics* 39, 1 (2007), pp. 31-40.

Coevolución gen-cultura y las expansiones de la dieta. Olli Arjama y Tima Vuoriselo, «Gene-culture coevolution and human diet», *American Scientist* 98 (2010), pp. 140-146.

La evolución de la dieta humana. Richard Wrangham, *Catching Fire: How Cooking Made Us Human*, Basic Books, Nueva York, 2009.

Coevolución gen-cultura y la evitación del incesto. La explicación de la evitación del incesto que aquí se da se ha extraído principalmente de Edward O. Wilson, *Consilience: The Unity of Knowledge*, Knopf, Nueva York, 1998 (hay trad. cast: *Consilience. La unidad del conocimiento*, Galaxia Gutenberg, Barcelona, 1999), puesta al día con literatura reciente.

Evidencia del efecto Westermarck. Arthur P. Wolf, *Sexual Attraction and Childhood Association: A Chinese Brief for Edward Westermarck*, Stanford University Press, Stanford, CA, 1995; Joseph Shepher, «Mate selection among second generation kibbutz adolescents and adults: Incest avoidance and negative imprinting», *Archives of Sexual Behavior* 1, 4 (1971), pp. 293-307; William H. Durham, *Coevolution: Genes, Culture, and Human Diversity*, Stanford University Press, Stanford, CA, 1991.

Enfermedades causadas por la endogamia. Jennifer Couzain y Joselyn Kaiser, «Closing the net on common disease genes», *Science* 316 (2007), pp. 820-822; Ken N. Paige, «The functional genomics of inbreeding depression: A new approach to an old problem», *BioScience* 60 (2010), pp. 267-277.

Exogamia y el efecto Westermarck. Las múltiples implicaciones culturales de la exogamia humana que surgen de la evitación del incesto son el tema de un tratado de Bernard Chapais, *Primeval Kinship: How Pair-Bonding Gave Rise to Human Society*, Harvard University Press, Cambridge, MA, 2008.

Una explicación alternativa del efecto Westermarck. William H. Durham, *Coevolution: Genes, Culture, and Human Diversity*, Stanford University Press, Stanford, CA, 1991.

Definición de «epigenético» y «reglas epigéneticas». Charles J. Lumsden y Edward O. Wilson, *Genes, Mind, and Culture: The Coevolutionary Process*, Harvard University Press, Cambridge, MA 1981; Tabitha M. Powledge, «Epigenetics and development», *BioScience* 59 (2009), pp. 736-741.

Visión del color. La explicación de la visión del color y el vocabulario usado aquí se ha tomado principalmente de Edward O. Wilson, *Consilience: The Unity of Knowledge*, Knopf, Nueva York, 1998 (hay trad. cast: *Consilience. La unidad del conocimiento*, Galaxia Gutenberg, Barcelona, 1999), puesta al día con literatura reciente.

Clasificación intercultural del color. Brent Berlin y Paul Kay, *Basic Color Terms: Their Universality and Evolution*, University of California Press, Berkeley, 1969.

Experimento de Nueva Guinea sobre la clasificación del color. Eleanor Rosch, Carolyn Mervis y Wayne Gray, *Basic Objects in Natural Categories*, University of California, Language Behavior Research Laboratory, Berkeley, documento de trabajo n.° 43, 1975.

Percepción y categorías del color. Trevor Lamb y Janine Bourriau, eds., *Colour: Art & Science*, Cambridge University Press, Nueva York, 1995; Philip E. Ross, «Draining the language out of color», *Scientific American* (abril de 2004), pp. 46-47; Terry Regier, Paul Kay y Naveen Khetarpal, «Color naming reflects optimal partitions of color space», *Proceedings of the National Academy of Sciences, U.S.A.*, 104, 4 (2007), pp. 1.436-1.441; A. Franklin *et al.*, «Lateralization of categorical perception of color changes with color term acquisition», *Proceedings of the National Academy of Sciences, U.S.A.*, 105, 47 (2008), pp. 18.221-18.225.

Investigación reciente en percepción del color. Paul Kay y Terry Regier, «Language, thought and color: Recent developments», *Trends in Cognitive Sciences* 10 (2006), pp. 53-54.

Lenguaje y percepción del color. Wai Ting Siok *et al.*, «Language regions of brain are operative in color perception», *Proceedings of the National Academy of Sciences, U.S.A.*, 106, 20 (2009), pp. 8.140-8.145.

Evolución de la percepción del color. André A. Fernández y Molly R. Morris, «Sexual selection and trichromatic color vision in primates: Statistical support for the preexisting-bias hypothesis», *American Naturalist* 170, 1 (2007), pp. 10-20.

21. CÓMO EVOLUCIONÓ LA CULTURA

Definición de cultura. Toshisada Nishida, «Local traditions and cultural transmission», en Barbara B. Smuts *et al.*, eds., *Primate Societies*, University of Chicago Press, Chicago, 1987, pp. 462-474; Robert Boyd y Peter J. Richerson, «Why culture is common, but cultural evolution is rare», *Proceedings of the British Academy* 88 (1996), pp. 77-93.

La naturaleza de las culturas de los animales y humana. Kevin N. Laland y William Hoppitt, «Do animals have culture?», *Evolutionary Anthropology* 12, 3 (2003), pp. 150-159.

Aprendizaje de rasgos culturales por parte de los chimpancés. Andrew Whiten, Victoria Horner y Frans B. M. de Waal, «Conformity to cultural norms of tool use in chimpanzees», *Nature* 437 (2005), pp. 737-740. Sobre la imitación del movimiento de un chimpancé frente a la observación de la manipulación de un artefacto por el chimpancé, véase Michael Tomasello tal como lo cita Greg Miller, «Tool study supports chimp culture», *Science* 309 (2005), p. 1.311.

Uso de utensilios por los delfines. Michael Krützen *et al.*, «Cultural transmission of tool use in bottlenose dolphins», *Proceedings of the National Academy of Sciences, U.S.A.*, 102, 25 (2005), pp. 8.939-8.943.

Capacidad de memoria de aves y papiones. Joël Fagot y Robert G. Cook, «Evidence for large long-term memory capacities in baboons and pigeons and its implications for learning and the evolution of cognition», *Proceedings of the National Academy of Sciences, U.S.A.*, 103, 46 (2006), pp. 17.564-17.567.

La naturaleza de la memoria funcional. Michael Baltar, «Did working memory spark creative culture?», *Science* 328 (2010), pp. 160-163.

Genes y desarrollo cerebral. Gary Marcus, *The Birth of the Mind: How a Tiny Number of Genes Creates the Complexity of Human Thought*, Basic Books, Nueva York, 2004 (hay trad. cast.: *El nacimiento de la mente. Cómo un número pequeñísimo de genes crea las complejidades del pensamiento humano*, Ariel, Barcelona, 2005); H. Clark Barrett, «Dispelling rumors of a gene shortage», *Science* 304 (2004), pp. 1.601-1.602.

El origen del pensamiento abstracto y del lenguaje sintáctico. Thomas Wynn, «Hafted spears and the archaeology of mind», *Proceedings of the National Academy of Sciences, U.S.A.*, 106, 24 (2009), pp. 9.544-9.545; Lyn Wadley, Tamaryn Hodgskiss y Michael Grant, «Implications for complex cognition from the hafting of tools with compound adhesives in the Middle Stone Age, South Africa», *Proceedings of the National Academy of Sciences, U.S.A.*, 106, 24 (2009), pp. 9.590-9.594.

Tasas de crecimiento del cerebro de los neandertales. Marcia S. Ponce de León *et al.*, «Neanderthal brain size at birth provides insights into the evolution of human life history», *Proceedings of the National Academy of Sciences, U.S.A.*, 105, 37 (2008), pp. 13.764-13.768.

Historia de los neandertales. Thomas Wynn y Frederick L. Coolidge, «A stone-age meeting of minds», *American Scientist* 96 (2008), pp. 44-51.

La hipótesis de la inteligencia. Michael Tomasello *et al.*, «Understanding and sharing intentions: The origins of cultural cognition», *Behavioral and Brain Sciences* 28, 5 (2005), pp. 675-691; comentario, pp. 691-735; Michael Tomasello, *The Cultural Origins of Human Cognition*, Harvard University Press, Cambridge, MA, 1999 (hay trad. cast.: *Los orígenes culturales de la cognición humana*, Amorrortu, Buenos Aires, 2007).

Inteligencia de chimpancés y de niños humanos. Esther Herrmann *et al.*, «Humans have evolved specialized skills of social cognition: The cultural intelligence hypothesis», *Science* 317 (2007), pp. 1.360-1.366.

Las cualidades de la inteligencia social avanzada. Eörs Szathmáry y Szabolcs Számadó, «Language: a social history of words», *Nature* 456 (2008), pp. 40-41.

22. Los orígenes del lenguaje

El argumento de la intencionalidad como predecesora del lenguaje. Michael Tomasello *et al.*, «Understanding and sharing intentions: The origins of cultural cognition», *Behavioral and Brain Sciences* 28, 5 (2005), pp. 675-691; comentario, pp. 691-735. Véase también Michael Tomasello, *The Cultural Origins of Human Cognition*, Harvard University Press, Cambridge, MA, 1999 (hay trad. cast.: *Los orígenes culturales de la cognición humana*, Amorrortu, Buenos Aires, 2007).

Singularidad del lenguaje humano. D. Kimbrough Oller y Ulrike Griebel, eds., *Evolution of Communication Systems: A Comparative Approach*, MIT Press, Cambridge, MA, 2004.

Lenguaje indirecto. Steven Pinker, Martin A. Nowak y James J. Lee, «The logic of indirect speech», *Proceedings of the National Academy of Sciences, U.S.A.*, 105, 3 (2008), pp. 833-838.

Las diferencias entre culturas en los turnos en las conversaciones difieren en el ritmo de la conversación. Tanya Stivers *et al.*, «Universals and cultural variation in turn-taking in conversation», *Proceedings of the National Academy of Sciences, U.S.A.*, 106, 26 (2009), pp. 10.587-10.592.

Vocalizaciones no verbales: variación entres culturas. Disa A. Sauter *et al.*, «Cross-cultural recognition of basic emotions through nonverbal emotional vocalizations», *Proceedings of the National Academy of Sciences, U.S.A.*, 107, 6 (2010), pp. 2.408-2.412.

Chomsky sobre Skinner. Noam Chomsky, «"Verbal Behavior" by B. F. Skinner (The Century Psychology Series), pp. viii, 478, New York: Appleton-Century-Crofts, Inc., 1957», *Language* 35 (1959), pp. 26-58.

Noam Chomsky, citas sobre gramática. Steven Pinker, *The Language Instinct: The New Science and Mind*, Penguin Books USA, Nueva York, 1994, p. 104 (hay trad. cast.: *El instinto del lenguaje. Cómo crea el lenguaje la mente*, Alianza, Madrid, 1999).

Limitaciones y variación en la gramática. Daniel Nettle, «Language and genes: A new perspective on the origins of human cultural diversity», *Proceedings of the National Academy of Sciences, U.S.A.*, 104, 26 (2007), pp. 10.755-10.756.

Climas cálidos y eficiencia acústica. John G. Fought *et al.*, «Sonority and climate in a world sample of languages: Findings and prospects», *Cross-Cultural Research* 38 (2004), pp. 27-51.

Genes y tono en las diferencias en el lenguaje. Dan Dediu y D. Robert Ladd, «Linguistic tone is related to the population frequency of the adaptive haplogroups of two brain size genes, *ASPM* and *Microcephalin*», *Proceedings of the National Academy of Sciences, U.S.A.*, 104, 26 (2007), pp. 10.944-10.949.

Lenguajes de evolución reciente. Derek Bickerton, *Roots of Language*, Karoma, Ann Arbor, MI, 1981; Michael DeGraff, ed., *Language Creation and Language Change: Creolization, Diachrony, and Development*, MIT Press, Cambridge, MA, 1999.

El lenguaje de signos de los beduinos al-Sayyid. Wendy Sandler *et al.*, «The emergence of grammar: Systemic structure in a new language», *Proceedings of the National Academy of Sciences, U.S.A.*, 102, 7 (2005), pp. 2.661-2.665.

El orden natural de la representación no verbal. Susan Goldin-Meadow *et al.*, «The natural order of events: How speakers of different languages represent events nonverbally», *Proceedings of the National Academy of Sciences, U.S.A.*, 105, 27 (2008), pp. 9.163-9.168.

Ausencia de un módulo del lenguaje. Nick Chater, Florencia Reali y Morten H. Christiansen, «Restrictions on biological adaptation in language evolution», *Proceedings of the National Academy of Sciences, U.S.A.*, 106, 4 (2009), pp. 1.015-1.020.

23. La evolución de la variación cultural

Apostar sobre seguro y la evolución de la plasticidad. Vincent A. A. Jansen y Michael P. H. Stumpf, «Making sense of evolution in an uncertain world», *Science* 309 (2005), pp. 2.005-2.007.

Genes codificadores y reguladores en el desarrollo. Rudolf A. Raff y Thomas C. Kaufman, *Embryos, Genes, and Evolution: The Developmental-Genetic Basis of Evolutionary Change*, Macmillan, Nueva York, 1983; reimpresión, Indiana University Press, Bloomington, 1991; David A. Garfield y Gregory A. Wray, «The evolution of gene regulatory interactions», *BioScience* 60 (2010), pp. 15-23.

Plasticidad y longevidad de desarrollo en castas de hormigas. Edward O. Wilson, *The Insect Societies*, Harvard University Press, Cambridge, MA, 1971; Bert Hölldobler y Edward O. Wilson, *The Superorganism: The Beauty, Elegance, and Strangeness of Insect Societies*, W. W. Norton, Nueva York, 2009.

24. Los orígenes de la moralidad y del honor

El fundamento biológico de la Regla Áurea. Donald W. Pfaff, *The Neuroscience of Fair Play: Why We (Usually) Follow the Golden Rule*, Dana Press, Nueva York, 2007.

El enigma del comportamiento cooperativo. Ernst Fehr y Simon Gächter, «Altruistic punishment in humans», *Nature* 415 (2002), pp. 137-140.

La selección de grupo y el rompecabezas evolutivo de la cooperación. Robert Boyd, «The puzzle of human sociality», *Science* 314 (2006), pp. 1.555-1.556; Martin Nowak, Corina Tarnita y Edward O. Wilson, «The evolution of eusociality», *Nature* 466 (2010), pp. 1.059-1.062.

Reciprocidad indirecta. Martin A. Nowak y Karl Sigmund, «Evolution of indirect reciprocity», *Nature* 437 (2005), pp. 1.291-1.298; Gretchen Vogel, «The evolution of the Golden Rule», *Science* 303 (2004), pp. 1.128-1.131.

Los complejos papeles del humor. Matthew Gervais y David Sloan Wilson, «The evolution and functions of laughter and humor: A synthetic approach», *Quarterly Review of Biology* 80 (2005), pp. 395-430.

Altruismo genuino en los humanos. Robert Boyd, «The puzzle of human sociality», *Science* 314 (2006), pp. 1.555-1.556.

Selección de grupo y altruismo. Samuel Bowles, «Group competition, reproductive leveling, and the evolution of human altruism», *Science* 314 (2006), pp. 1.569-1.572.

Diferencial de ingresos y calidad de vida. Michael Sargent, «Why inequality is fatal», *Nature* 458 (2009), pp. 1.109-1.110; Richard G. Wilkinson y Kate Pickett, *The Spirit Level: Why More Equal Societies Almost Always Do Better*, Allen Lane, Nueva York, 2009 (hay trad. cast.: *Desigualdad. Un análisis de la (in)felicidad colectiva*, Turner, Madrid, 2009).

Castigo altruista. Robert Boyd *et al.*, «The evolution of altruistic punishment», *Proceedings of the National Academy of Sciences, U.S.A.*, 100, 6 (2003), pp. 3.531-3.535; Dominique J.-F. de Quervain *et al.*, «The neural basis of altruistic punishment», *Science* 305 (2004), pp. 1.254-1.258; Christoph Hauert *et al.*, «Via freedom to coercion: The emergence of costly punishment», *Science* 316 (2007), pp. 1.905-1.907; Benedikt Herrmann, Christian Thöni y Simon Gächter, «Antisocial punishment across societies», *Science* 319 (2008), pp. 1.362-1.367; Louis Putterman, «Cooperation and punishment», *Science* 328 (2010), pp. 578-579.

25. LOS ORÍGENES DE LA RELIGIÓN

Creencia de los científicos en Dios. Gregory W. Graffin y William B. Provine, «Evolution, religion, and free will», *American Scientist* 95, 4 (2007), pp. 294-297.

Religión en Estados Unidos y en Europa. Phil Zuckerman, «Secularization: Europe—Yes, United States—No», *Skeptical Inquirer* 28, 2 (marzo-abril de 2004), pp. 49-52.

Sobre deísmo y la creación última. Thomas Dixon, «The shifting ground between the carbon and the Christian», *Times Literary Supplement* (22 y 29 de diciembre de 2006), pp. 3-4.

Ética universal y la ley moral. Paul R. Ehrlich, «Intervening in evolution: Ethics and actions», *Proceedings of the National Academy of Sciences, U.S.A.*, 98 10 (2001), pp. 5.477-5.480; Robert Pollack, «DNA, evolution, and the moral law», *Science* 313 (2006), pp. 1.890-1.891.

Predisposiciones cognitivas a la creencia religiosa. Pascal Boyer, «Religion: Bound to believe?», *Nature* 455 (2008), pp. 1.038-1.039.

Actividad cerebral e imaginaciones. J. Allan Cheyne y Bruce Bower, «Night of the crusher», *Time* (19 de julio de 2005), pp. 27-29. Un tratamiento completo de la función cerebral y la creencia en lo sobrenatural, que incluye fundadores religiosos y profetas, lo proporcionan los múltiples autores de *Neurotheology: Brain, Science, Spirituality, Religious Experience*, Rhawn Joseph, ed., University of California Press, San José, CA, 2002.

Sueños de ayahuasca. Frank Echenhofer, «Ayahuasca shamanic visions: Integrating neuroscience, psychotherapy, and spiritual perspectives», en Barbara Maria Stafford, ed., *A Field Guide to a New Meta-Field: Bridging the Humanities-Neurosciences Divide*, University of Chicago Press, Chicago, 2011. Los sueños que cita Echenhofer fueron registrados originalmente por el antropólogo Milcíades Chaves y el psiquiatra Claudio Naranjo.

Drogas alucinógenas y profetas religiosos. Richard C. Schultes, Albert Hoffmann y Christian Rätsch, *Plants of the Gods: Their Sacred, Healing, and Hallucinogenic Powers*, ed. rev., Healing Arts Press, Rochester, VT, 1998.

Los pasos evolutivos hasta la religión moderna. Robert Wright, *The Evolution of God*, Little, Brown, Nueva York, 2009.

26. LOS ORÍGENES DE LAS ARTES CREATIVAS

Atracción óptima en el diseño visual. Gerda Smets, *Aesthetic Judgment and Arousal: An Experimental Contribution to Psycho-Aesthetics*, Leuven University Press, Lovaina, Bélgica, 1973.

Biofilia y el hábitat humano preferido. Gordon H. Orians, «Habitat selection: General theory and applications to human behavior», en Joan S. Lockard, ed., *The Evolution of Human Social Behavior*, Elsevier, Nueva York, 1980, pp. 49-66; Edward O. Wilson, *Biophilia*, Harvard University Press, Cambridge, MA, 1984; Stephen R. Kellert y Edward O. Wilson, eds., *The Biophilia Hypothesis*, Island Press, Washington, DC, 1993; Stephen R. Kellert, Judith H. Heerwagen y Martin L. Mador, eds., *Biophilic Design: The Theory, Science, and Practice of Bringing Buildings to Life*, Wiley, Hoboken, NJ, 2008; Timothy Beatley, *Biophilic Cities: Inte-*

grating Nature into Urban Design and Planning, Island Press, Washington, DC, 2011.

Sobre la ficción como verdad. E. L. Doctorow, «Notes on the history of fiction», *Atlantic Monthly* Fiction Issue (agosto de 2006), pp. 88-92.

El alba de las artes creativas. Michael Balter, «On the origin of art and symbolism», *Science* 323 (2009), pp. 709-711; Elizabeth Culotta, «On the origin of religion», *Science* 326 (2009), pp. 784-787.

El significado del arte rupestre del Paleolítico. R. Dale Guthrie, *The Nature of Paleolithic Art*, University of Chicago Press, Chicago, 2005; William H. McNeill, «Secrets of the cave paintings», *New York Review of Books* (19 de octubre de 2006), pp. 20-23; Michael Balter, «Going deeper into the Grotte Chauvet», *Science* 321 (2008), pp. 904-905.

Instrumentos musicales del Paleolítico. Lois Wingerson, «Rock music: Remixing the sounds of the Stone Age», *Archaeology* (septiembre-octubre de 2008), pp. 46-50.

Canciones y danzas de cazadores y recolectores. Cecil Maurice Bowra, *Primitive Song*, Weidenfeld & Nicolson, Londres, 1962; Richard B. Lee y Richard Heywood Daly, eds., *The Cambridge Encyclopedia of Hunters and Gatherers*, Cambridge University Press, Nueva York, 1999.

La relación entre el lenguaje y la música. Aniruddh D. Patel, «Music as a transformative technology of the mind», en Aniruddh D. Patel, *Music, Language, and the Brain*, University of Oxford Press, Oxford, 2008.

27. Una nueva Ilustración

Controversia acerca de la teoría de la eficiencia inclusiva. Martin A. Nowak, Corina E. Tarnita y Edward O. Wilson, «The evolution of eusociality», *Nature* 466 (2010), pp. 1.059-1.062; respuesta de los críticos en *Nature* (marzo de 2011), online.

La globalización y la ampliación de la identificación personal en grupo. Nancy R. Buchan *et al.*, «Globalization and human cooperation», *Proceedings of the National Academy of Sciences, U.S.A.* 106, 11 (2009), pp. 4.138-4.142.

Índice analítico

abejas:
  eusociales, 165, 180-182, 186-187
  lenguaje, 267
África, salida, 98-106
agricultura, orígenes, 115, 117, 126-127
altruismo, 133-157, 161-188
  véase también eusocialidad
ambiente, en la evolución humana, 46, 50, 53-57
amígdala, 81, 124
Ammophila (avispas), 183
aprendizaje, 250-261
Ardipithecus, 42, 65
arte, 313-327
arte rupestre, 322-326
artes creativas, 315
atenienses, 85
australianos, 105
Australopitecinos, 47-53, 54, 69, 98-99
aves:
  comportamiento social, 49
  instinto, 189-191
  inteligencia, 55, 252
  memoria, 252
avispas, 179, 185

beduinos al-Sayyid, 272
biofilia, 315-317
biomasa, humanos y hormigas, 143-144
bonobos, 58
bosquimanos, africanos, 47
budismo, 89

camarón, eusocial, 165
carne, consumo, 47, 57-59, 66-67
carnívoros, tamaño del cerebro, 56-57
carrera, 43-46
causación, evolución, 196-197
causación próxima, 196-197
causación última, 196-197
caza, 45
cazadores-recolectores, 47, 101
chimpancés:
  bípedos, 41-43
  caza, 57-58
  comportamiento social, 56, 93
  cultura, 249-250, 260
  genética, 109
  guerra, 94

inteligencia, 55-56, 264-265
lucha, 93-94
chinos, evitación del incesto, 236
ciencia, papel, 22
civilización, origen y evolución, 121-129
clasificación, primates del Viejo Mundo (incluidos los humanos), 60-63
coevolución gen-cultura, 229-247
comunicación, variación genética, 112
véase también lenguaje, orígenes
conductismo, 189-190
cooperación, evolución, 66-67
cruzadas, 84
cuidado progresivo de la puesta, 169-172, 179-188
cultura:
definición, 249
origen y evolución, 27, 107-129, 226-261, 275-280

delfines, cultura, 250
dependencia de la densidad, control de la población, 95-97
deriva genética, 110
desarrollo infantil, 80
dinosaurios, 166
diversidad genética, humana, 101-102
dominancia ecológica, 134-188
drogas, en las visiones religiosas, 302-310

escarabajos, eusociales, 165, 179
eusocialidad, 31-36, 48, 59, 68-76, 133-144, 161-188
nueva teoría, 217-222

evitación del incesto, 234
evolución:
actual y futura, 117-120
fuerzas, 68-76, 198-222
homininos, 61-63
laberinto, 37-38
nueva teoría, 217-222
principios generales, 189-222
evolución genética:
humanos, 108-113, 117-120
insectos, 187-188
principios generales, 189-197

fenotipo/genotipo, 189-197
filogenia, homininos, 62-63
filosofía, 11, 22, 225
formación del grupo, 77-81
fuego, en la evolución humana, 46-47, 66-67
Fukomys (rata topo), 60

galaditas, 81
Gauguin, Paul, 11-15
gen egoísta, *véase* selección de parentesco
genocidio, 83-88
Göbekli Tepe, 127-128
gramática, 269-274
guerra, 82-97

Heterocephalus (ratas topo), 59, 165
hipótesis haplodiploide, 202-203
hombre de Flores, *véase Homo floresiensis*
Homo erectus, 57-59, 67, 100-101, 262-263

Homo floresiensis, 30, 99
Homo habilis, 52-53, 57, 262-263
Homo heidelbergensis, 323
Homo neanderthalensis, 30, 107-108, 254, 259
Homo sapiens:
  carrera, 45
  como una especie, 29-31, 52
  diagnóstico, 101
  preadaptaciones en la evolución, 38-49
  salida y expansión, 98-106
  sentidos, 311-312
  véase también naturaleza humana
homosexualidad, 295
honor, 292-293
hormigas, 134-157, 184-185
Humanae vitae, 226, 294
humanidades, 318-319, 333

Ilustración:
  antigua, 319
  nueva, 333-345
indios mandan, 307-308
innovaciones del Neolítico, 88
insectos, 32-36, 68, 135-157, 168-188
  paleozoicos, 162-164
insectos sociales, 28-29, 31-36, 133-188, 277
  véase también eusocialidad
instinto, 27, 189-197
inteligencia, 55, 253-258
intencionalidad, 263-266
introspección, 21
islamismo, 84

kibbutzim israelíes, 237

lenguaje, orígenes, 262-274
Libro del Apocalipsis, 304-305
literatura, 319-322
lobos:
  comportamiento social, 49
  depredación, 95-96
locomoción, 40-46
lugares de campamento, 48, 67, 263
Lutero, Martín, sobre Dios y la guerra, 84

mamíferos, evolución, 32-33
mano, evolución, 39
manufactura, 253-259
mayas, guerras, 86
memoria, 250-261
mente, 21-22, 253-261
mente consciente, 21-22
Milo, 85
mitos creacionistas, 19-20, 302
mortalidad debida a la guerra, 92
música, 326-329
mutaciones, 110, 191-193

naturaleza humana, 190, 225-247, 336
neandertales, *véase Homo neanderthalensis*
nidos, clave para la eusocialidad, 171-172, 178-188, 263
nidos protegidos, clave para la eusocialidad, 169-172, 179-188
Nueva Guinea, vocabulario del color, 244
Nuevo Mundo, invasión, 106

Paleolítico, período:
　arte, 90
　genocidio, 88-90
perros, perros salvajes africanos, comportamiento social, 49, 58, 166
perros salvajes africanos, 49, 166
personalidad, variación, 124-126
plasticidad, fenotipo, 195-196
preadaptaciones, a la eusocialidad, 37-49, 64-67, 171-172, 178-188, 262-264
predisposición, origen, 69, 165
prejuicio, origen, 79
primates, evolución, 61-62, 235
principio de Simon, orden y jerarquía, 123
pulgones, eusociales, 165, 180

rareza, de la eusocialidad, 161-167
ratas topo, eusociales, 59-60, 165
ratas topo desnudas, 59-60, 165, 218
razonamiento moral, 281-296, 335
　diversidad genética, 102-103
reflejos, 228-229
reglas epigenéticas, 227-247, 280
religión, 11, 19-21, 226, 297-310, 338-342
Ricardo I, rey de Inglaterra, 84
Ruanda, genocidio, 83

salida de África, 98-106
Salomón, sabiduría de la hormiga, 157
selección de grupo, 171-177, 187-188, 194-197, 203-222

selección de parentesco, 173-177, 198-216
selección natural multinivel, 68-76, 194, 198-222, 318, 335
simbiosis, social, 149-157
sociobiología, disciplina, 201-202
Sphecomyrma, 147
sueños, origen de la religión, 302-310
superorganismo, 177
Synalpheus, camarón eusocial, 165, 180

teología, *véase* religión
teoría de la eficacia inclusiva, 173-177, 198-216
teoría de la página en blanco, 253-254
termes, 145-146, 164-165
territorio, 96-97
tolerancia a la lactosa, 232-233
tribalismo, 77-81
trips, eusociales, 165, 180
Tucídides, 85

utensilios:
　chimpancé, 54
　humanos, 57, 254-259

viajes espaciales, 342-344
visión, evolución, 40
visiones, religiosas, 303-310
vocabulario del color, 241-247

yanomamo, 87, 248